U0331898

国家出版基金项目
NATIONAL PUBLICATION FOUNDATION

有色金属理论与技术前沿丛书

青海祁漫塔格成矿带典型多金属矿床成矿作用研究

STUDY ON MINERALIZATION OF TYPICAL POLYMETALLIC DEPOSITS OF QIMANTAGE METALLOGENIC IN QINGHAI PROVINCE

赖健清 黄 敏 王雄军
宋文彬 雷源保 孔德峰 著

中南大学出版社
www.csupress.com.cn

中国有色集团

内容简介

《青海祁漫塔格成矿带典型多金属矿床成矿作用研究》专著系作者近年来承担中国地质调查局青藏专项项目"祁漫塔格成矿带铁铜多金属成矿作用与勘查方法技术试验研究"的部分成果。本书系统介绍了祁漫塔格成矿带中肯德可克铁多金属矿床、卡尔却卡铜多金属矿床、虎头崖铅锌多金属矿床和尕林格铁多金属矿床的地质背景和矿床地质特征,开展了矿床地球化学和流体包裹体研究,分析成矿条件和矿床成因,总结区域成矿规律和成矿模式。本次研究填补了该地区矿床研究的空白,丰富了基础地质和矿床地质资料,对促进青藏高原地区地球科学研究和找矿预测有重要的理论和实际意义。本书可供有色金属矿床研究、找矿预测和生产单位的技术人员和相关专业大专院校师生使用。

作者简介 /

About the Authors

赖健清，男，1964 年生，博士，中南大学教授，博士生导师，任有色金属成矿预测与地质环境监测教育部重点实验室常务副主任，中南大学地质调查研究院总工。主要从事岩石学、矿床学、大地构造与成矿学、矿床定位预测、矿物流体包裹体等方向的教学和科学研究工作。先后参加和完成科研项目 50 余项，发表学术论文 190 篇，出版学术专著 8 部。获省部级科技奖励 8 项。

黄敏，男，1985 年生，博士，现为湖南科技大学土木工程学院地质系讲师。主要从事矿产地质、矿床学、成矿学及矿物流体包裹体研究与应用。参与多项纵向及横向课题，已在 Acta Geologica Sinica、有色金属学报、地球科学——武汉地质大学学报等核心期刊发表论文数篇。

学术委员会

Academic Committee

国家出版基金项目
有色金属理论与技术前沿丛书

主 任

王淀佐　中国科学院院士　中国工程院院士

委 员 （按姓氏笔画排序）

于润沧	中国工程院院士	古德生	中国工程院院士
左铁镛	中国工程院院士	刘业翔	中国工程院院士
刘宝琛	中国工程院院士	孙传尧	中国工程院院士
李东英	中国工程院院士	邱定蕃	中国工程院院士
何季麟	中国工程院院士	何继善	中国工程院院士
余永富	中国工程院院士	汪旭光	中国工程院院士
张文海	中国工程院院士	张国成	中国工程院院士
张懿	中国工程院院士	陈景	中国工程院院士
金展鹏	中国科学院院士	周克崧	中国工程院院士
周廉	中国工程院院士	钟掘	中国工程院院士
黄伯云	中国工程院院士	黄培云	中国工程院院士
屠海令	中国工程院院士	曾苏民	中国工程院院士
戴永年	中国工程院院士		

编辑出版委员会

总序

Preface

当今有色金属已成为决定一个国家经济、科学技术、国防建设等发展的重要物质基础，是提升国家综合实力和保障国家安全的关键性战略资源。作为有色金属生产第一大国，我国在有色金属研究领域，特别是在复杂低品位有色金属资源的开发与利用上取得了长足进展。

我国有色金属工业近30年来发展迅速，产量连年来居世界首位，有色金属科技在国民经济建设和现代化国防建设中发挥着越来越重要的作用。与此同时，有色金属资源短缺与国民经济发展需求之间的矛盾也日益突出，对国外资源的依赖程度逐年增加，严重影响我国国民经济的健康发展。

随着经济的发展，已探明的优质矿产资源接近枯竭，不仅使我国面临有色金属材料总量供应严重短缺的危机，而且因为"难探、难采、难选、难冶"的复杂低品位矿石资源或二次资源逐步成为主体原料后，对传统的地质、采矿、选矿、冶金、材料、加工、环境等科学技术提出了巨大挑战。资源的低质化将会使我国有色金属工业及相关产业面临生存竞争的危机。我国有色金属工业的发展迫切需要适应我国资源特点的新理论、新技术。系统完整、水平领先和相互融合的有色金属科技图书的出版，对于提高我国有色金属工业的自主创新能力，促进高效、低耗、无污染、综合利用有色金属资源的新理论与新技术的应用，确保我国有色金属产业的可持续发展，具有重大的推动作用。

作为国家出版基金资助的国家重大出版项目，"有色金属理论与技术前沿丛书"计划出版100种图书，涵盖材料、冶金、矿业、地学和机电等学科。丛书的作者荟萃了有色金属研究领域的院士、国家重大科研计划项目的首席科学家、长江学者特聘教授、国家杰出青年科学基金获得者、全国优秀博士论文奖获得者、国家重大人才计划入选者、有色金属大型研究院所及骨干企业的顶尖专家。

国家出版基金由国家设立，用于鼓励和支持优秀公益性出版项目，代表我国学术出版的最高水平。"有色金属理论与技术前沿丛书"瞄准有色金属研究发展前沿，把握国内外有色金属学科的最新动态，全面、及时、准确地反映有色金属科学与工程技术方面的新理论、新技术和新应用，发掘与采集极富价值的研究成果，具有很高的学术价值。

中南大学出版社长期倾力服务有色金属的图书出版，在"有色金属理论与技术前沿丛书"的策划与出版过程中做了大量极富成效的工作，大力推动了我国有色金属行业优秀科技著作的出版，对高等院校、研究院所及大中型企业的有色金属学科人才培养具有直接而重大的促进作用。

王淀佐

2010 年 12 月

前言 / Foreword

本书的选题来源于中国地质调查局 2011 年下达的青藏高原地质矿产调查与评价专项，柴达木周边及邻区成矿带地质矿产调查评价计划项目，祁漫塔格成矿带铁铜多金属成矿作用与勘查方法技术试验研究工作项目，编码：1212011121220。专著内容主要涉及区域成矿条件，典型矿床特征及成矿作用，区域成矿规律与成矿模式等，重点开展了肯德可克矽卡岩型铁多金属矿床、虎头崖热液型铅锌矿床、卡尔却卡矽卡岩 – 斑岩型铜矿床、尕林格矽卡岩型铁多金属矿床等典型矿床的地质 – 地球化学特征及流体包裹体研究，分析矿床成因和成矿机制，总结区域成矿规律，建立区域成矿作用模式。

研究工作坚持从点到面，再从面到点的基本研究思路，主要从以下几个方面展开：

（1）整理前人基础资料和研究成果，结合大量野外调查，并采集典型岩、矿样品，查明研究区点到面的基本地质特征及背景。

（2）通过对重点区域的地质 – 地球化学剖面测量，室内测试整理，了解区内典型矿床的地层和构造情况，并分析地层含矿性及构造控矿作用。

（3）对典型岩、矿石样品进行光、薄片磨制并鉴定，重新厘定区内地层岩性，查明岩石与矿石的矿物成分、结构构造及矿物生成顺序，划分成矿阶段，反演成岩成矿过程。

（4）对区内采集的典型样品进行全岩及单矿物的岩石化学、稀土元素、微量元素、硫、铅、氢、氧等稳定同位素分析，了解成岩成矿年代、成矿物质来源，查明典型矿床成因，进而探究区域大地构造演化过程、成岩成矿动力学机制及区域成矿规律。

（5）对区内典型矿床开展流体包裹体岩相学、显微测温及成分分析研究，从成矿流体角度分析成矿物理化学条件（温度、压力、pH)、流体演化史及流体成矿作用。

(6)在前人研究基础上，总结区内成矿系列，进一步发现空间上相互依存的不同矿种和不同矿化类型矿床的内在联系，总结成矿规律并建立较新的区域矿床成矿模式。

研究工作经历了从 2011 年至 2013 年三年的野外工作及随后的室内测试鉴定和综合研究，累计完成典型矿床解剖 4 个，矿点检查 11 个，采集岩矿综合研究样品 859 件，室内开展光、薄片鉴定 403 件，岩石化学全分析 36 件，岩石及单矿物微量元素和稀土元素分析 112 件，单矿物硫同位素测试 30 件、铅同位素测试 40 件，矿物流体包裹体测温 33 件，矿物流体包裹体气、液相成分分析 19 件，氢氧同位素分析 7 件，矿物流体包裹体显微拉曼光谱分析 2 件。

通过研究取得的主要成果和认识如下：

1)用地洼学说的观点阐述了区域地质背景及构造演化，将大地构造演化分为前寒武纪前地槽演化阶段、寒武纪初地槽演化阶段前期、加里东地槽激烈前半期、海西地槽激烈后半期、印支地槽褶皱带期、印支末地槽封闭及地台发展阶段初期、燕山运动初期地台衰亡、中 – 晚侏罗世进入地洼演化阶段，目前尚处于地洼激烈期。

2)系统开展区域典型矿床岩体的主量元素、稀土元素、微量元素地球化学研究，结合地层围岩、矽卡岩及矿石矿物等不同地质体的稀土元素地球化学研究，探讨了构造背景及成因。结果显示祁漫塔格地区侵入岩应为早期壳源岩浆重熔而成，形成于造山作用过程中，其间发生混染，具多来源特点。不同地质体成岩物质以壳源组分为主，局部含深源组分。

3)通过流体包裹体开展区域典型矿床成矿流体特征研究，结果显示流体包裹体以气、液两相水溶液包裹体为主，含盐类子矿物水溶液包裹体为辅。普遍发育的不混溶包裹体群显示成矿流体在成矿过程中发生了不混溶或沸腾作用，揭示成矿流体的不混溶分离及沸腾作用对本区成矿的重要性。区内多金属成矿环境以中温及浅 – 中深为主。流体包裹体成分分析表明祁漫塔格地区成矿流体来源于演化程度较高的岩浆水，后期受大气降水等外来低温、低盐度流体混合稀释，成矿热液总体为含二氧化碳和甲烷的 $F^- - Cl^- - SO_4^{2-} - Na^+ - K^+ - Ca^{2+}$ 型水。

4)利用同位素示踪分析了区域成矿物质来源，显示祁漫塔格地区矿石铅组成具混合铅特征，这种混合是一种与岩浆作用有关的以壳源铅为主并混合了少量深源地幔铅的作用。祁漫塔格矿石硫一部分来源于岩浆，一部分来源于成矿围岩，具多源性。

5）对区域典型矿床进行了系统解剖，总结了矿床地质特征及矿床成因，认为肯德可克为矽卡岩型－热液叠加改造型矿床；卡尔却卡为斑岩－矽卡岩复合型矿床；虎头崖矿床与尕林格矿床为典型的接触交代矽卡岩型矿床。

6）从区域角度查明与成矿密切的矿源层及赋矿地层、成矿岩体年代及作用方式、成矿构造、成矿带特征，总结区域成矿规律，建立了祁漫塔格地区区域多金属成矿模式。

研究工作由赖健清全盘负责，野外工作由王雄军组织和负责；肯德可克矿区地质－地球化学及流体包裹体研究由黄敏负责；虎头崖矿区地质－地球化学及流体包裹体研究由雷源保负责；卡尔却卡矿区地质－地球化学工作由黄敏、宋文彬负责，流体包裹体研究由宋文彬负责；尕林格矿区地质－地球化学研究由孔德峰负责；区域成矿条件和成矿规律研究由黄敏负责。参加野外工作和室内资料整理的还有谷湘平，毛先成，易立文，王业成，查道函，莫青云，雷浩，陶诗龙等。全文最后由赖健清和黄敏统稿并完成定稿。

研究工作得到中国地质调查局的资助，中国地质调查局西安地质调查中心对工作的开展进行了指导和协调；项目负责人鲁安怀教授、柳建新教授对研究工作的顺利开展给予了高度的重视和深切的关怀；野外工作得到青海省第三地质矿产勘查院、青海省有色地质勘查局地质矿产勘查院、青海格尔木市金涌矿业有限公司、青海格尔木市庆华矿业有限公司、青海格尔木市胜华矿业有限公司、湖南省418地质队、山金西部地质矿产勘查有限公司等单位和个人的大力支持和协助；室内工作得到中南大学地球科学与信息物理学院、有色金属成矿预测与地质环境检测教育部重点实验室(中南大学)、澳实分析检测(广州)有限公司、中国有色桂林矿产地质研究院有限公司、中国科学院广州地球化学研究所、武汉地质矿产研究所、北京核工业测试中心等单位测试部门的支持和帮助；著作中还大量引用了前人的研究方法、研究资料和成果。本书的出版得到中南大学创新驱动项目的资助。在此一并表示诚挚的谢意！

目录 / Contents

第一章 区域成矿地质背景

研究区位于东昆仑西段祁漫塔格山,西为青海省和新疆维吾尔自治区边界,东达青海省乌图美仁乡,南跨越那陵格勒河,北接柴达木盆地,总体呈北西—南东向展布。研究区地处青藏高原腹地,具高寒缺氧、昼夜温差悬殊等气候特征。年平均气温 –3℃,最高气温 20℃,最低气温 –31℃。区内年降水量约 150 mm,降水集中于 5—9 月份。野外生产活动也主要集中于 5—9 月份,研究区地广人稀,无固定居民点,仅有极少数季节性流动的藏、蒙牧民在区内从事放牧活动,无其他农业生产。

1.1 大地构造分区及演化

按地洼学说理论,祁漫塔格的构造分区属昆仑地洼区中东段(图 1 – 1)。本区新元古代之前为前地槽阶段,其代表构造层为一套深变质岩,岩性由各种变粒岩、片麻岩、混合岩、白云质大理岩组成,以金水口群为代表。

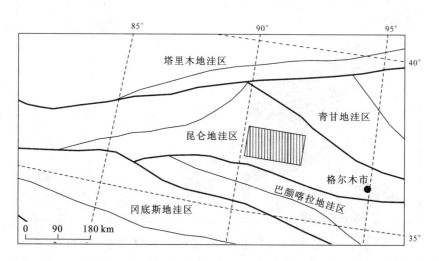

图 1 – 1 祁漫塔格构造分区略图(阴影区为工作区;据陈国达,1996)

从寒武纪开始本区进入地槽阶段,区内中部出现隆起带:地背斜,南北两侧发生了地槽拗陷,地槽构造层由寒武系至三叠系的各地层组成(陈国达,1996)。寒武纪至泥盆纪期间,地壳活动强度逐渐增大,火山喷发频繁,形成一套陆源碎屑－火山岩建造，以滩间山群为代表。加里东期，侵入岩活动强烈，在本区产生了以花岗岩为主的岩浆建造。石炭纪进入地槽余动期，构造层主要为浅变质的灰岩、砾石、砂泥质岩等，局部可见陆源碳酸盐建造，以石炭系石拐子组、下二叠统打柴沟组地层为代表。进一步细分，以昆中、昆北断裂带为界，构造演化存在差异。地槽阶段昆北断裂以北地区已经进入褶皱带期，昆中断裂及以南地区则还处于地槽阶段，局部发育新生地槽，地质构造演化较复杂。海西期侵入岩遍及全区，以花岗岩建造最为强烈。三叠纪末，地槽完全封闭，形成一系列线状紧闭型褶皱。经历短暂的地台阶段后，自中、晚侏罗世进入地洼期，及至喜山期均存在强烈活动，目前尚处于地洼激烈期(陈国达，1996)。

1.2　区域地层

祁漫塔格地区地层从老到新主要分布有前寒武系、奥陶—志留系、泥盆系、石炭系、二叠系、三叠系、古近系和第四系(图1－2)。据丰成友等(2010)，将各地层分述如下：

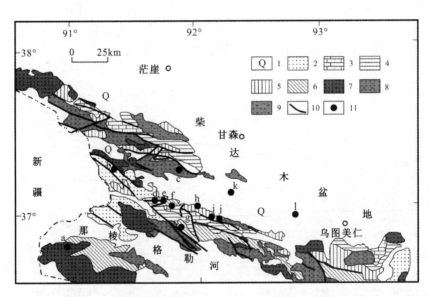

图1－2　祁漫塔格地区地质矿产简图(源自丰成友等，2012)

1—第四系；2—三叠系；3—石炭系；4—泥盆系；5—奥陶—志留系；6—前寒武系；7—印支期侵入岩；8—海西期侵入岩；9—加里东期侵入岩；10—断裂；11—矿床

1.2.1　前寒武系

前寒武系地层主要分布于祁漫塔格地区的南北两侧隆起带，走向呈北西西向，主要有：古元古界金水口群(Pt_1J)、中－新元古界蓟县系狼牙山组(Jxl)。

（1）古元古界

古元古界由活动的滨海－浅海相泥砂质岩－基性火山岩－镁质碳酸盐岩的中高级变质岩系组成，厚约万米，称金水口群。金水口群西起祁漫塔格—那陵格勒河，东至大灶火—白沙河地区，呈北西西向分布，延伸数百公里，是区内出露最古老地层，也是祁漫塔格地区及其邻区重要的赋矿层位（卫岗，2012）。岩性由各种变粒岩、片麻岩、混合岩、混合花岗岩、白云质大理岩及角闪岩等组成（青海省地质矿产局，1991）。

（2）中－新元古界

区内中－新元古界地层分布在昆中断裂带以北，主要出露蓟县系狼牙山组，其分布特征和岩性如下：

蓟县系狼牙山组岩石类型复杂，主要岩性有条纹状大理岩、细粒白云质大理岩、条带状矽卡岩化大理岩、细晶白云岩、灰岩、生物碎屑灰岩、结晶灰岩等，还有少量硅质岩、长石石英粉砂岩、板岩、千枚岩、绢云母石英岩等，是一套以浅变质碳酸盐岩为主夹碎屑岩的地层（雷源保，2013）。狼牙山组主要分布于小庙－冰沟一带，与下伏小庙组呈平行不整合接触，出露厚度大于 5 km。区内的虎头崖铅锌矿、维宝铅锌矿均产于狼牙山组中（卫岗，2012）。

1.2.2　古生界

（1）奥陶系—志留系

区内出露的奥陶系—志留系地层为一套海相中－基性火山岩、砂岩、碳酸盐岩夹硅质岩建造，称为滩间山群（OST），以近东西向分布于祁漫塔格地区中部。岩性特征由下而上分为碎屑岩组、火山岩组、碳酸盐岩组三个部分（青海省地质矿产局，1991），为柴达木盆地地区及周边重要赋矿层位，区内肯德可克多金属矿、尕林格铁矿等均赋存于该套地层中（青海省地质矿产局，1990）。其三个岩组特征分叙如下：

碎屑岩组：该组岩性主要出露于祁漫塔格中部，地层受后期构造叠加改造，褶皱发育，变形、变位强烈，变质及糜棱岩化普遍，塑性流变特征明显。由于受侵入岩接触交代作用和热液蚀变作用影响，矽卡岩化、角岩化和硅化等围岩蚀变强烈（雷源保，2013）。岩石类型主要有糜棱岩化（岩屑）长石石英砂岩、钙质粉砂岩、钙质板岩、千枚岩、泥质硅质岩、少量石英片岩、角岩等。千枚岩、板岩原岩为粉砂岩和黏土岩，泥质硅质岩经热接触变质作用部分变为角岩（青海省地质矿产局，1997）。

火山岩组：祁漫塔格中、西段的滩间山群火山岩组的岩石类型以玄武岩、基性岩屑凝灰岩为主。而祁漫塔格北带中的火山岩组则以流纹质熔岩角砾岩、凝灰质角砾岩、玄武岩、安山岩、英安岩、流纹岩为主，夹条带状硅质岩、板岩、绢云母千枚岩及片岩等。普遍发育角岩化、绿泥石化和糜棱岩化（徐国端，2010）。多以断块出现，缺失顶底，局部地区向下与碎屑岩组、向上与碳酸盐岩组形成整合接触关系，厚度约 500 m。

碳酸盐岩组：仅发育在祁漫塔格地区北部，局部与上述火山岩呈整合接触关系，未见顶，与上泥盆统地层呈不整合接触。碳酸盐岩组主要为厚层状白云岩、（硅质）结晶灰岩、大理岩和粉砂岩，厚约百米（青海省地质矿产局，1990）。中段岩性主要为厚层条带状大理岩、中厚层结晶灰岩夹钙硅质角岩、长英质角岩、片岩和少量含铁石英砂岩。厚度变化较大，从几百米到上千米不等（青海省地质矿产局，1991）。

（2）泥盆系

泥盆系地层在祁漫塔格中部不连续分布，总体走向为近东西向，主要由黑山沟组（D_3h）、哈尔扎组（D_3hr）、牦牛山组（D_3m）组成。

黑山沟组：出露于柴达木盆地西南缘祁漫塔格北部乌兰乌珠尔一带，与滩间山群呈不整合接触，与上覆哈尔扎组为整合接触关系，厚约千米，为一套复成分砂砾岩建造。上部为厚层状泥钙质粉砂岩夹生物碎屑灰岩、细粒石英砂岩、凝灰质岩屑砂岩及英安岩；下部为凝灰质粉砂岩、岩屑砂（砾）岩、玄武岩等；底部为巨厚层状粗砂（砾）岩（李洪普，2010）。

哈尔扎组：分布特征基本与黑山沟组类似，二者为整合接触关系，与下石炭统石拐子组或大干沟组呈不整合接触关系。在西部哈尔扎地区以火山岩为主，主要有英安质凝灰岩、熔结角砾凝灰岩、英安岩、流纹岩夹砾岩、泥钙质粉砂岩、泥质板岩等，厚约 300 m；东部主要为钙质粉砂岩、粉砂质黏土岩、晶屑凝灰岩及少量含生物碎屑灰岩，厚约 500 m，是一套火山碎屑沉积夹钙碱性火山岩建造（卫岗，2012）。

牦牛山组：本组岩层在祁漫塔格地区分布十分普遍，特别是祁漫塔格东部，多见于肯得可克、野马泉、四角羊沟、牛苦头沟等地，以不整合接触覆盖于滩间山群地层之上，其上为石拐子组和大干沟组岩层。牦牛山组分为下部碎屑岩段和上部火山岩段（徐国端，2010）。下部碎屑岩段主要为砾岩、含砾砂岩、岩屑砂岩，局部夹中基性火山岩，主要为复成分砂砾岩建造，厚约 500 m。上部火山岩段分布面积更广，西北部以熔岩为主，主要为玄武岩、安山岩、流纹岩夹中酸性凝灰熔岩、熔岩角砾岩，以及泥质粉砂岩、板岩、泥岩及砂质灰岩等，厚度近千米（青海省地质矿产局，1990）。东南部以火山碎屑岩为主，有安山质火山角砾岩、英安质凝灰（熔）岩、玄武岩、杏仁状安山岩、英安岩及少量流纹岩。厚度变化较大，最大厚度约 2 km。

（3）石炭系

集中分布于祁漫塔格中、北部，自下而上有下石炭统石拐子组（C_1s）、大干沟组（C_1dg）、上石炭统缔敖苏组（C_2d），组与组之间为整合接触或平行不整合接触关系,厚度不大,主要由碎屑岩和碳酸盐岩组成。

石拐子组:在区内零星出露,厚度不大,分下部碎屑岩段和上部碳酸盐岩段。碎屑岩段主要由砾岩、含砾粗砂岩、长石石英岩屑砂岩组成,夹少量粉砂岩。厚度变化较大,其值在 200~900 m 之间,不整合覆盖于牦牛山组、哈尔扎组之上。碳酸盐岩段由粉晶生物碎屑灰岩组成,夹(硅质)粉晶白云岩、灰岩、硅质岩和少量石英砂岩。厚度变化较大,最厚达 400 m(雷源保,2013)。

大干沟组:分布特征与石拐子组类似,且范围更广,与石拐子组为整合接触关系,与缔敖苏组为平行不整合接触关系。根据岩石组合特征分为下部碎屑岩段和上部碳酸盐岩段(李洪普,2010)。下部碎屑岩段主要为厚层复成分砾岩、长石石英岩屑砂岩,其次有石英长石砂岩夹粉砂岩。厚度变化较大,最大厚度约600 m。上部碳酸盐岩段主要为白云质生物碎屑灰岩、结晶灰岩夹钙质石英砂岩、粉砂岩、硅质岩和白云岩等。地层厚度变化大,最薄仅几十米,最厚达千米(黄敏,2010)。

缔敖苏组:主要分布在石拐子、巴音郭勒河一带,其分布面积相对较小。主要为中厚块层状亮晶生物碎屑灰岩、白云质灰岩、生物灰岩等,厚度变化较大,介于百米到千米之间。顶部夹炭质页岩,局部地区底部发育含赤铁矿砂砾岩(卫岗,2012)。

(4)二叠系

二叠系地层仅出露于祁漫塔格山北坡,为下-中二叠统打柴沟组($P_{1-2}d$),其呈北西西向狭长条带状展布于祁漫塔格东部的野马泉、四角羊沟地区以及祁漫塔格北缘小盆地到石拐子一带,与下伏缔敖苏组为不整合接触关系,未见顶,最厚近千米。本组岩性主要为白云质灰岩、白云岩、结晶灰岩、生物(碎屑)灰岩及少量粉砂质灰岩、钙质粉砂岩,厚约 500 m(李洪普,2010)。

1.2.3 中生界

本区中生界地层相对简单,以三叠系鄂拉山组(T_3e)火山岩为主。其主要分布于景忍、小灶火一带,肯德可克外围也有零星分布。

鄂拉山组:分为三个部分,下部为中基性火山岩及碎屑岩,以安山岩、玄武安山岩夹凝灰岩、长石砂岩为主并含少量凝灰质板岩、安山质火山角砾岩;中部为中酸性火山岩,岩性为英安质熔岩角砾岩、凝灰岩、火山集块(角砾)岩、英安岩;上部为安山质火山岩,岩性与中部类似,为熔岩角砾岩、火山集块(角砾)岩、凝灰岩等,厚三千多米(青海省地质矿产局,1997)。火山岩围绕火山机构呈环状、半环状展布,层状延展,其早期以正常沉积碎屑岩为主夹中基性火山岩或互层;中晚期火山活动较强烈,爆发相、喷溢相均有,为中酸性-中性火山喷发产物(雷源保,2013)。

1.2.4 新生界

本区的新生界主要有古近系路乐河组($E_{1-2}l$)、新近系狮子沟组(N_2s)和第四系(Q)。

（1）古近系

古近系古－始新统路乐河组主要分布于巴音郭勒河与尕林格矿区一带，分别呈不整合覆盖于金水口群、大干沟组、鄂拉山组之上。以洪积相、坡积堆积为主，河流相沉积次之。岩性为砾岩、砾状砂岩、泥质砂岩等，厚600~1200 m（青海省地质矿产局，1991）。

（2）新近系

新近系上新统狮子沟组主要出露于那陵格勒河北侧山麓低洼处，为一套粗砂岩、粉砂岩及砾岩组合。砂岩中有明显水平层理及砾岩透镜体，大体具河流－滨湖相沉积特点（青海省地质矿产局，1990）。

（3）第四系

第四系分布较广，以冰积、洪积、风积等多种沉积物覆盖于祁漫塔格水系、河谷、盆地等地层表面。

1.3 区域构造

祁漫塔格地区经历了漫长的地质年代，构造演化历史复杂，从地层强烈变形变质到强烈褶皱，及至挤压断裂，形成不同的构造单元。本区北界为北西向的柴达木南缘断裂，南界为近东西向的昆中断裂，西界为北东向的阿尔金断裂，东界毗连西祁连山构造带。区内构造线方向以北西向为主，总体上为一东向长宽、西向窄短类似三角形的构造格局（青海省地质矿产局，1990）。

1.3.1 褶皱构造

祁漫塔格地区经历多期造山活动，不同时代地层的褶皱强烈程度有明显差异；区内多期岩浆活动和断裂破坏，使地层褶皱形态残缺不全，且区内大面积出露第四系，许多构造形迹被掩盖。

（1）中新元古代褶皱带

出露于祁漫塔格南部昆中断裂带北侧四角羊沟—牛苦头沟一带，走向近东西，为陡倾的长轴线型紧密褶皱。轴及两翼地层产状陡倾，沿走向和倾向呈波状弯曲，翼部次级褶皱及层间小褶皱发育，可见地层层理。受岩浆活动及断裂影响，褶皱形态不完整，连续性差，由中新元古界碎屑岩、碳酸盐岩组成，为祁漫塔格复式向斜的南翼组成部分（李洪普，2010）。

（2）早古生代褶皱带

该褶皱带沿祁漫塔格山主脊北侧—肯德可克一带展布，走向近东西，往东被第四系坡积物掩埋。以长轴线型紧密褶皱为主，特征与早期褶皱相似，轴及两翼较陡,沿走向和倾向均呈波状弯曲,两翼层间小褶皱较发育。由下古生界碎屑岩、火山岩、碳酸盐岩组成,是祁漫塔格复式向斜核部的次级背斜(青海省地质矿产局,1991)。

(3)晚古生代褶皱带

不连续出露于早古生代褶皱带及两侧,形态特征为短轴线型褶皱,主要由泥盆系陆相火山岩和石炭-二叠系碳酸盐岩、碎屑岩组成,构成祁漫塔格复式向斜核部的次级褶皱。

(4)中新生代褶皱

中、新生代宽缓短轴褶皱,与下伏地层有明显交角,零散分布于前述三种褶皱区,是本区中次级褶皱的更次一级褶皱构造。

1.3.2 断裂构造

祁漫塔格地区断裂构造十分复杂,分北西西向、北西向、北东向和近东西向四组,规模各异,许多断裂具多期活动特征。主要断裂简述如下:

(1)祁漫塔格北缘断裂(带)

出露于鸭子泉一带,沿祁漫塔格山北缘分布,走向近东西向,横向切割鸭子泉构造混杂岩带,是祁漫塔格复合造山带与柴达木陆块的分界线。在本区东部可见断裂露头,宽约百米,由数条断层夹断块组成。断块片理化发育,沿片理发育剪切褶皱,反映早期脆韧性剪切变形特征。脆性断层主要有三条,从北到南产状分别为 181°∠45°、334°∠68° 及 6°∠71°,显示正滑-走滑-逆冲三期活动(雷源保,2013)。

(2)阿尔金断裂

位于新疆阿尔金山,走向为北东向,延伸数万米,两端均延出研究区,是由数条北东向断裂组成的断裂带,倾向东南,倾角大于50°,往东边发散,西边收敛。阿尔金断裂(带)是青藏高原的北界(姜春发等,1992),也是本次研究区的西北边界。

(3)昆中断裂(带)

断裂(带)呈近东西向展布,总体向北倾,倾角较陡。其北为祁漫塔格复合造山带,南为昆中复合造山带,分隔了南、北两个性质极不相同构造单元。断裂北侧前寒武系变质基底岩系广泛出露,此外奥陶纪、石炭纪及三叠纪等各个时代岩浆岩均有出露。在断裂以南,主要出露泥盆系、石炭系、二叠系,是一套正常沉积的碎屑岩和碳酸盐岩建造,岩浆活动微弱,变质程度较低(徐国端,2010)。物探资料显示本断裂带为重力梯度带,南侧重力较低,北侧重力较高,同时也是带状强磁区与广阔宽缓磁场区的分界带,表明断裂带两侧地壳结构存在差异。断裂在古近系早期表现为正断层的拉张性质,晚期则为逆断层的挤压逆冲性质(青海省地质矿产局,1990)。

（4）祁漫塔格主脊断裂

位于祁漫塔格山中部主脊一带，呈北西向展布。地貌上表现为切割山脊的线性沟谷，断裂面较宽，糜棱岩、碎裂岩及断层角砾岩十分发育。断裂带两侧发育强劈理化带和牵引褶皱，表明具多期活动。该断裂在早古生代就开始形成，断裂深度可达上地幔，是本区重要的深大断裂（黄敏，2013）。

（5）黑山—那棱格勒河断裂

出露于祁漫塔格山南缘，近东西向展布，主体被第四系覆盖，只能从卫星照片上发现。断裂带北部为洪积扇，向东沿那棱格勒河延伸。黑山—那棱格勒河断裂带附近出露有早古生代基性－超基性火山岩，可能反映该断裂带在早古生代深切到上地幔，也属深大断裂范畴。新生代以后，断裂的活动控制了南部盆地演化，南盘持续下沉，接受巨厚的磨拉石沉积，成为沿断裂带的盆地汇水区域，具多期活动特征（青海省地质矿产局，1997）。

1.4 区域岩浆岩

祁漫塔格地区岩浆活动十分强烈，岩浆岩分布较广。侵入岩从加里东期至燕山期均有分布，侵入活动以华力西期最强烈，岩性以中性岩和酸性岩为主；喷出岩主要产生于晚奥陶世、晚泥盆世和晚三叠世三个时期，岩性从基性至酸性均有分布（黄敏，2010）。按不同时代分叙如下：

1.4.1 侵入岩

（1）前寒武纪

前寒武纪的侵入岩出露面积小，主要为分布于布伦台和大灶火一带的橄榄岩及辉长岩，呈近东西向展布，侵入古元古界金水口岩群，为拉斑玄武岩系列岩浆岩组合（赵俊伟等，2009）。

（2）奥陶纪

奥陶纪的侵入岩主要出露于那陵格勒河与祁漫塔格山两个带上。那陵格勒侵入岩带由零星分布的中酸性小岩体组成，岩性为花岗闪长岩。岩体侵入到古元古界金水口岩群中，并被后期晚三叠世花岗岩侵入。侵入体中含少量闪长岩包体，属弱过铝质钙碱性系列的花岗闪长岩，属被动机制侵入岩。岩石中 Rb－Sr 同位素年龄值为 467.1 ± 12Ma（赵俊伟等，2009）。祁漫塔格侵入岩带分布在祁漫塔格山和乌兰乌珠尔一带，受祁漫塔格主脊断裂控制，侵入金水口岩群和滩间山群地层，并被后期志留纪—侏罗纪各期岩体侵入。祁漫塔格侵入岩亦为中酸性岩体，岩性为中细粒片麻状花岗闪长岩，弱片理构造发育，岩石中可见暗色闪长岩包体，属偏铝质－弱过铝质高钾钙碱性系列（徐国端，2010）。

（3）志留纪

志留纪的侵入岩出露于乌兰乌珠尔一带，为酸性侵入岩，岩性由中粗粒（斑状)黑云母二长花岗岩和少量正长花岗岩组成,侵入于滩间山群及晚奥陶世花岗岩体内,并被后期花岗岩侵入。岩体中含零星闪长岩包体,属偏铝质-弱过铝质钾钙碱性岩石系列(卫岗,2012)。

(4)泥盆纪

主要有出露于滩北山—野马泉—稳流河一带的中酸性岩体和出露于巴音郭勒地区的基性-超基性岩体。前者呈岩基和岩株产出,岩性以石英闪长岩、花岗闪长岩、斑状(黑云母)二长花岗岩为主。大量测年研究显示岩体同位素年龄为(361.3±3.0)Ma～(375.2±1.6)Ma(李洪普,2010)。巴音郭勒地区的不规则基性-超基性的复式小岩株,岩性以辉长岩、橄长岩和苏长岩为主,具明显垂直分带。侵入金水口岩群和早泥盆世的斑状二长花岗岩,又被早侏罗世岩体侵入。

(5)二叠纪

二叠纪侵入岩分布在乌兰乌珠尔和小灶火等地,以岩株状侵入于古元古界-石炭系,跟上覆鄂拉山组火山岩为不整合接触,又被早侏罗世岩体侵入。岩性主要为花岗闪长岩、中细粒石英闪长岩和(黑云母)二长花岗岩。岩浆岩测年研究显示同位素年龄为(266.1±1.6)Ma～(288.8±2.9)Ma。

(6)三叠纪

三叠纪侵入岩出露较广,在野马泉、景忍、尕林格、牛苦头沟等地均有分布,为不规则条带状、椭圆状岩株侵入于金水口岩群、滩间山群、缔敖苏组、大干沟组和鄂拉山组,又被早侏罗世花岗岩侵入。岩性有花岗闪长岩、正长花岗岩和斑状二长花岗岩。野马泉和尕林格等矿床的形成均与该期岩体密切相关(雷源保,2013)。

1.4.2　火山岩

祁漫塔格地区漫长地质年代里发生过许多次火山活动,动力学背景、火山活动强度及持续时间均有差异,形成各类火山岩,按时间先后简叙如下:

前寒武纪火山岩主要分布于万保沟群中,呈长条带状或构造块体分布,为一套海相的基性火山岩,岩石类型以玄武岩、玄武安山岩及少量粗面岩为主,并伴有硅质岩、灰岩及少量碎屑岩。

寒武纪—奥陶纪火山岩主要分布在肯德可克—野马泉一带,由基性、中酸性火山岩构成,基性火山岩以玄武岩为主,中酸性火山岩以安山岩、英安岩、流纹岩及凝灰岩为主。火山岩局部以较大的残留体赋存于晚期侵入岩中,受后期构造和岩浆作用影响,变质变形较强,韧性剪切带发育,岩石普遍受热接触变质作用(赵俊伟等,2009)。

泥盆纪火山岩主要为分布在肯德可克—尕林格—小灶火一带的牦牛山组火山岩和哈尔扎组火山岩。前者岩性复杂,不同的区域具有不同的岩性特征,从基性到中酸性均有,并夹许多火山碎屑岩。后者多以不规则的透镜状产出,规模较小,熔岩有玄武岩、英安岩等,火山碎屑岩以流纹质熔结角砾岩和凝灰岩为主(徐国端,2010)。

三叠纪火山岩主要分布于祁漫塔格地区的景忍、小灶火一带,肯德可克外围也有零星出露,属陆相喷发,喷发强度大。主要岩性下部为中酸性岩,中部为中基性-中酸性岩,上部为酸性岩,构成一个中酸性-中基性-酸性旋回。岩石以火山碎屑岩为主,有凝灰质角砾岩、凝灰熔岩、凝灰质岩屑砂岩夹流纹岩,蚀变微弱,厚度较大,含沉积夹层(徐国端,2010)。

1.5 区域矿产

东昆仑地区构造复杂、岩浆活动强烈、成矿条件良好,是中国著名成矿带中的"金腰带"(姜春发,1992)。祁漫塔格矿集区正位于东昆仑西段,已探明的金属矿床主要有:卡尔却卡铜矿、乌兰乌珠尔铜矿、鸭子沟铜矿、肯德可克铜铁多金属矿、景忍铁铜多金属矿、群力铁铜多金属矿、虎头崖铜铅锌矿、四角羊沟铅锌矿、野马泉铅锌矿、金鑫铅锌矿、尕林格铁矿等。这些矿床大致呈北西西向密集分布于本区中部的祁漫塔格山附近,矿床成因多样,以矽卡岩型、斑岩型、岩浆热液型和叠生改造多因复成型为主(表1-1)。

表1-1 东昆仑祁漫塔格地区矿床概况

矿种	矿床类型	成矿时代	位置	代表性矿床(点)
铁	矽卡岩型	海西-印支期	祁漫塔格中东部	肯德可克铁矿床 尕林格铁矿床 野马泉铁矿床
		印支期	祁漫塔格南部	群力铁矿床
铜	斑岩型	印支期	祁漫塔格西南部	卡尔却卡铜矿、乌兰乌珠尔铜矿
	矽卡岩型	海西-印支期	祁漫塔格中部	群力铜多金属矿床
钴	叠生改造型	印支期	祁漫塔格中部	肯德可克钴多金属矿床
钨锡	岩浆热液型	印支期	祁漫塔格西部(新疆)	白干湖钨锡矿床
铅锌	矽卡岩型	海西-印支期	祁漫塔格中东部	虎头崖铅锌矿床 四角羊沟铅锌矿床
金	热液叠生型	印支-燕山期	祁漫塔格中部	肯德可克多金属矿床

第二章 肯德可克铁铜多金属矿地质特征与成矿作用

青海省肯德可克多金属矿位于东昆仑西段的祁漫塔格山脉与柴达木盆地的接壤地带，隶属青海省格尔木市乌图美仁乡管辖。矿区东距格尔木市 385 km；西北距石油基地花土沟镇约 280 km。有简易公路通往矿区，交通便利。矿区属山岳地貌，南部高，北部低。沟谷较宽，较平坦。矿区海拔 4000 ~ 4366 m，平均海拔 4182 m，相对高差 50 ~ 350 m。矿区多被第四系风积砂土覆盖。

矿区内出露地层主要为奥陶—志留系滩间山群、泥盆系牦牛山组、石炭系大干沟组和缔敖苏组以及第四系坡积物（图 2 - 1）。矿区基底构造为一近东西向单斜构造，矿区中南部发育一轴向近东西向的挤压紧闭型向斜。断裂构造按走向分为东西向、北东向和北北西向三组。区域上岩浆岩成带出现，以中酸性岩为主，明显受北西向和北东向断裂控制。矿区岩浆活动主要表现为侵入活动，地表仅出露少量闪长岩和石英正长斑岩，规模较小（张绍宁，2004）。

2.1 矿床地质特征

2.1.1 地层

（1）奥陶—志留系滩间山群

该岩群是矿区内最老的地层单元，呈狭窄长条状出露于矿区中部。与区域滩间山岩群比，肯德可克矿区的该套地层属下岩组，下岩组下部岩性为碳酸盐岩，上部以硅质岩夹碎屑岩为主。

滩间山群下岩组上段（OST_1^a）：出露于矿区东北部，其北与上泥盆统火山岩呈不整合接触。为乳白色厚—巨厚层状粗粒大理岩，夹灰岩及硅质岩条带；灰褐色矽卡岩夹灰白色大理岩透镜体。岩层基本北倾，倾角 $50° ~ 60°$，地表出露厚度较大。

滩间山群下岩组下段（OST_1^b）：主要分布于矿区中部，岩组南部以断裂为界与大干沟组大理岩呈断层接触，北部则与上泥盆统火山岩呈不整合接触。岩性为灰褐色条带状、斑杂状矽卡岩化硅质岩，局部为矽卡岩、灰绿色泥钙质硅质岩及灰黑色炭质板岩等。地表岩层总体倾向西北，倾角 $35° ~ 50°$，出露较厚。

（2）上泥盆统牦牛山组

上泥盆统岩群主要分布在矿区北部，与滩间山群呈角度不整合，局部呈"残留体"产出。岩性主要为安山岩、凝灰质熔岩、火山角砾岩、粉砂岩等。根据出露

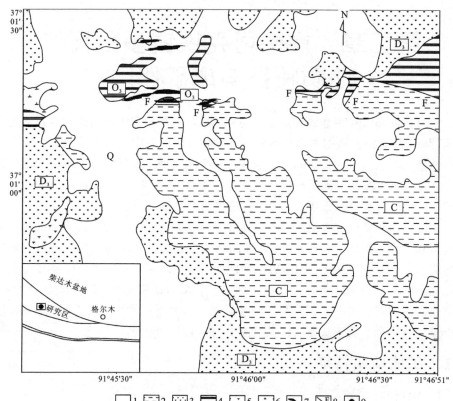

图 2 - 1 肯德可克矿区地质简图(据张绍宁,2004)

1—第四系;2—石炭系;3—上泥盆统牦牛山组;4—奥陶－志留系滩间山群;
5—石英正长斑岩;6—闪长岩;7—矿体;8—断层;9—矿区

部位、岩性特征和变质情况,可分为上、下两个部位:

牦牛山组下岩段(D_3m^a):分布于矿区南部及东南部,岩性以浅灰色流纹岩为主,凝灰质熔岩、英安质凝灰岩次之,且夹有流纹岩、火山角砾岩、少量硅质岩。岩石具不同程度的绿泥石化和绿帘石化。向北倾,倾角变化较大,介于30°～70°间,出露厚度较大。

牦牛山组上岩段(D_3m^b):出露于矿区北部及肯德可克沟以西地区,岩性下部以灰色英安质凝灰熔岩为主,夹少量流纹岩、流纹质凝灰熔岩;上部以灰黑色致密块状流纹岩为主,夹有流纹质凝灰熔岩及火山角砾岩。岩相变化不大、岩性较简单,平缓向南倾,亦可见向北缓倾。

(3)石炭系

石炭系在区内分布相对广泛,主要分布于矿区中南部。与上泥盆统牦牛山组呈不整合接触,构成该区向斜的主体,是一套以碳酸盐岩为主的沉积岩,该套地层中生物化石丰富。依其岩石组合特征分下、上两个岩组。

下部大干沟组(C_1dg):分布于矿区西南部,岩性为杂砂岩、粉砂岩、白云质结晶灰岩。地层向南倾,倾角25°~35°,地表出露厚度较薄,岩性、岩相稳定,产海百合(茎)、有孔虫、蜓类等化石,与上奥陶统地层呈断层接触关系。

上部缔敖苏组(C_2d):矿区南部可见该组岩石大面积出露,自下而上可分四个岩性段:第一岩性段(C_2d^1),为灰黑色生物碎屑结晶灰岩,富含腕足类、蜓类化石;第二岩性段(C_2d^2),为白云岩、白云质大理岩夹结晶灰岩透镜体,产蜓类化石;第三岩性段(C_2d^3),下部为灰色结晶灰岩,上部为白云质大理岩、白云岩,产口类及腕足类化石;第四岩性段(C_2d^4),为角砾状灰岩,构成肯德可克矿区向斜的核部。

(4)第四系

主要为风积、洪积物、残坡积物及植被层,厚度较薄,分布广泛,以矿区内沟谷为主。

2.1.2　构造

(1)褶皱构造

矿区基底构造由肯德可克矿区内主要含矿地层——滩间山群在地表构成一单斜构造,走向近东西向,向北倾。矿区中南部为一轴向近东西的由石炭系构成的向斜构造,为挤压紧闭型,两翼不对称:北翼陡、南翼缓,枢纽呈波浪状起伏,向西翘起。该向斜的形成,是受区域性近东西向逆断层作用的结果,其轴部及其靠近轴部的两翼,形成较多的层间剥离(虚脱)与裂隙,为导矿和储矿提供了条件。

(2)断裂构造

本区历经了复杂的地质构造演化发展过程,断裂构造发育。根据断裂走向,大致可分为三组:EW 向断裂、NE 向断裂及 NNW 向断裂。

EW 向断裂:主要为 F_1 和 F_{10}。

1)F_1 逆断层:是矿区内规模最大的断层。产于矿区中北部肯德可克沟以东地区。该断层是石炭系与滩间山群地层在矿区内的界限,总体上是一北倾逆断层,倾角较大,约为 65°,长约 2 km。破碎带宽度不一,呈黄褐色的氧化蚀变带。断层深部,破碎带宽度增宽,且被矿体充填,具明显控矿特点。F_1 断层具压扭性剪切特点,其表现有:塑性岩石如炭质板岩具强烈片理化,沿片理发育有眼球状方解石;岩石发生明显塑性变形,可见矽卡岩化硅质岩中硅质成分呈不连续的蠕虫状分布,石英有明显的重结晶现象,且具波状消光;岩石中可见褶皱弯曲,有明显糜棱岩化特征,表明岩石在韧性变形中发生了重熔与重结晶现象。

2)F_{10} 逆断层:该断层作为矿区内主要控矿构造之一,未出露地表,大部分被铁矿体充填。在矿区南部,它是运移含矿热液的主要通道和矿液交代与沉淀的场所。表现为该断裂控制了区内铁矿体的基本形态和产状。同时，由于该断层的晚期活动切开了向斜的层间构造以及石炭系与上奥陶统地层间的不整合面，使得矿体在这几种构造的复合部位出现膨大富集。从深部资料分析，该断层规模较大，不只是一条孤立断层，具多期次活动性特征，且严格控制了矽卡岩的分布。磁铁矿体中见有被交代或胶结的围岩角砾，角砾具明显棱角状说明断层发生过张性扩张。总体上来看 F_{10} 的力学性质为先压后张。

F_1、F_{10} 逆断层是区内最主要的控矿构造，其控矿作用主要有：断层面一个北倾，一个南倾，二者交于肯德可克背斜的轴部，形成了上窄下宽的良好储矿空间。肯德可克矿区主要的矿体均产于此二断层间，受它们联合控制；这两组断裂发育地段蚀变强烈，矿化也相应强烈；矿区北部的 F_1 逆断裂被铁、钴、金、铋矿体充填，而南部的 F_{10} 逆断裂则被铁和铅锌矿体充填；此二组断裂生长演化时间长，且长期处于活动状态，时剪时张，这些特性为矿质活化提取、运移沉淀和富集提供了良好条件。

NE 向断裂：

NE 向断裂主要出露于矿区南部，多为平推断层，形成较晚，错断了早期形成的 EW 走向断层与部分地层。断层走向 20°~50°，规模较小。这些断裂错断了矿体，破坏了矿体的空间连续分布，起到破坏矿体的作用。这些断裂发育时间较晚，断层面较直立，破碎带较窄，且被第四系覆盖，延伸长度不明。

NNW 向断裂：

这组断裂未见地表露头，通过航片解译并参照地貌特征能大概定位，主要位于肯德可克沟、野马沟等地。这些沟谷均为 NNW 向，推测沟谷的形成与此组断裂密切相关。由于第四系沉积掩盖，推测矿区内肯德可克沟和野马沟均为隐伏断层（张绍宁，2004）。

2.1.3　岩浆岩

肯德可克地区岩浆活动不发育，区内少见岩体分布。少数岩体呈岩株、岩墙或岩基状产出，也有呈脉状产出者，岩性以侵入岩为主，火山岩次之，还有少量浅成岩脉。火山岩形成于海西期，侵入岩属于印支－燕山期产物。岩性上火山岩为泥盆系的角砾熔岩，侵入岩主要以闪长岩、花岗闪长岩、花岗岩为主，呈岩株侵入于滩间山群碳酸盐岩夹硅质岩、泥盆系火山岩和石炭系结晶灰岩中。印支－燕山期岩浆作用制约着肯德可克矿床后期叠加改造成矿作用。

（1）火山岩

岩性主要为二长闪长角砾熔岩，具碎屑熔岩结构［图 2-2(a)］，块状构造。碎屑物质主要为晶屑，少量岩屑。角砾具斑状结构，基质为隐晶质或微晶结构。斑晶主要由碱性长石和斜长石组成，并含少量外来岩屑角砾。长石多被绢云母化和高岭石化。碱性长石为正长石，可见卡斯巴双晶［图 2-2(b)］，呈板状，粒径

0.5～2.5 mm；斜长石相对较少，晶形较差，粒径 1～2 mm；外来岩屑主要为硅质岩屑，棱角明显，粒径较大，多在 2 mm 以上。总体上，斑晶中正长石占 25%，斜长石占 10%，硅质角砾约 5%，基质由微晶长石组成，泥化形成高岭石等。

（2）侵入岩

侵入岩主要为中酸性岩类，岩性有闪长岩、花岗闪长岩、花岗岩等，岩石结构为斑状结构及半自形粒状结构，块状构造。斑晶大小 1～5 mm，成分主要为斜长石、角闪石和少量碱性长石。斜长石又以中长石为主，多呈他形－半自形柱状或板状晶，可见聚片双晶，偶见环带，晶体表面出现不同程度的绢云母化［图 2－2(c)］。角闪石主要为普通角闪石，呈绿色或灰绿色，为半自形－自形长柱状晶形，可见六边形状，粒径 0.4～2 mm。角闪石表面出现不同程度的绿泥石化及绿帘石化［图 2－2(d)］，并有铁质析出。碱性长石中以正长石为主，具自形、半自形板状或圆粒状晶形，可见卡斯巴双晶，表面有较强的绢云母化蚀变，粒径 0.4～1.4 mm，还有少量具格子双晶的微斜长石［图 2－2(e)］。基质由斜长石、角闪石、碱性长石、石英及黑云母等组成。基质中的长石大多为微晶质或隐晶质，石英呈他形粒状或不规则晶粒状，波状消光，粒径为 0.06～0.3 mm，主要充填于其他矿物颗粒之间［图 2－2(f)］。副矿物主要为磁铁矿和黄铁矿，以他形或半自形不等粒状充填于其他矿物之间。

（3）岩石化学成分

岩石的化学成分分析由中国广州澳实矿物研究室采用 X 荧光光谱分析法（ME－XRF06）完成，各项检测出限均为 0.01%，结果见表 2－1。化学成分分析结果显示样品的 SiO_2 含量为 57.12%～72.10%，平均含量为 63.25%，大体属于硅酸弱饱和类岩石，并含少量过饱岩石，如 KPB－21。

侵入岩样品全碱 AKL［$w(K_2O)+w(Na_2O)$］为 3.45%～6.78%，平均值为 5.20%；$w(K_2O)/w(Na_2O)$ 值为 0.36～1.59，均值为 0.80；$w(K_2O)/w(K_2O+Na_2O)$ 值为 0.27～0.61，平均为 0.42。里特曼组合指数(σ)值为 0.62～1.91，小于 3.3，应属钙碱性岩。在 SiO_2 重量百分数与碱度指数图解上(图 2－3)，所有岩浆岩样品均处于钙碱性岩区，表明肯德可克矿区岩浆岩均属钙碱性岩系列。A/CKN 为 1.45～2.43(小于 1.1)，显示铝质饱和。熔岩样品较少，化学成分与侵入岩相似。

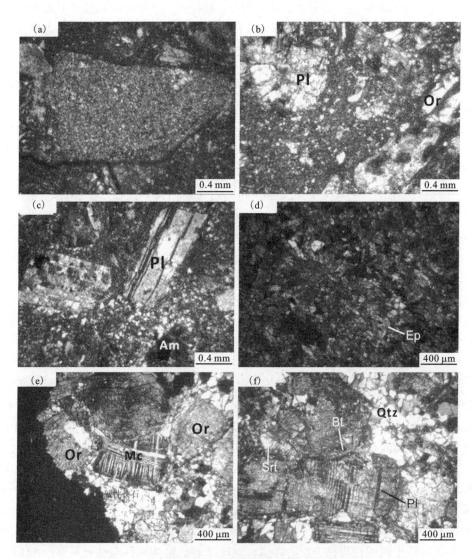

图 2-2 肯德可克岩浆岩显微鉴定典型现象示意图

(a)角砾熔岩中的角砾(+);(b)斜长石和正长石构成的角砾具斑状结构(+);(c)具聚片双晶的斜长石构成的斑状结构(+);(d)角闪石蚀变为细粒粒状绿帘石(+);(e)具卡式双晶的正长石表明蚀变明显,格子双晶明显的微斜长石(+);(f)他形粒状晶形的石英(+)。Pl—斜长石;Am—铁铝榴石;Ep—绿帘石;Or—正长石;Mc—微斜长石;Bi—黑云母;Srt—绢云母;Qtz—石英

表 2 – 1　肯德可克地区岩浆岩全岩分析结果统计表（$w/\%$）

编号	KPB – 21	BK – 5	KPB – 10	BK – 4	DC1 – 2	BK – 3	KW – 33	KW – 29	KW – 30
岩石类型	黑云母二长花岗岩	二长闪长斑岩	二长闪长斑岩	闪长斑岩	闪长斑岩	闪长斑岩	闪长玢岩	二长闪长角砾熔岩	二长闪长角砾熔岩
SiO_2	72.10	66.55	66.11	58.38	61.34	57.12	60.56	65.56	61.50
TiO_2	0.26	0.33	0.43	0.72	0.39	0.85	0.76	0.35	0.82
Al_2O_3	14.47	16.46	17.15	17.25	15.72	17.65	16.54	18.87	18.39
TFe_2O_3	2.83	2.32	2.87	6.88	9.25	7.36	7.70	2.25	5.68
MnO	0.11	0.04	0.13	0.14	0.09	0.13	0.10	0.06	0.16
MgO	0.68	0.74	0.56	2.36	3.31	2.15	2.26	0.65	0.96
CaO	2.20	3.99	3.41	6.16	3.02	7.26	2.61	2.03	5.07
Na_2O	2.92	2.62	3.09	3.12	2.50	2.66	3.48	2.30	2.98
K_2O	3.08	4.16	2.91	1.35	0.95	2.28	1.27	4.68	1.44
P_2O_5	0.09	0.07	0.07	0.14	0.10	0.16	0.17	0.08	0.15
LOI	0.98	2.40	2.30	3.37	3.12	2.12	4.20	2.73	2.50
Total	99.72	99.68	99.03	99.87	99.79	99.74	99.65	99.56	99.65
σ	1.23	1.91	1.52	1.22	0.62	1.64	1.20	2.10	1.01
AKL	6.00	6.78	6.00	4.47	3.45	4.94	4.75	6.98	4.42
A/CNK	1.76	1.53	1.82	1.62	2.43	1.45	2.25	2.09	1.94
AR	2.12	1.99	1.82	1.47	1.45	1.49	1.66	2.00	1.46

测试单位：广州澳实矿物实验室；$A/CKN = w(Al_2O_3)/[w(CaO) + w(K_2O) + w(Na_2O)]$

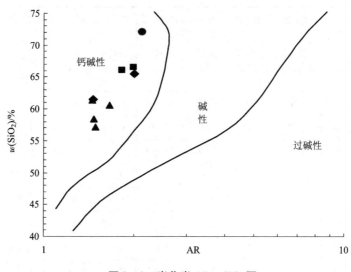

图 2 - 3   岩浆岩 AR - SiO$_2$ 图

其中 $AR = [w(Al_2O_3) + w(CaO) + w(Na_2O) + w(K_2O)] / [w(Al_2O_3) + w(CaO) - w(Na_2O) + w(K_2O)]$

2.1.4　矿石特征

（1）矿石矿物组成

研究区矿石类型复杂，矽卡岩是区内主要含矿岩石。主要矿石类型有以下几种：矽卡岩型磁铁矿石、矽卡岩型黄铁黄铜矿石、矽卡岩型磁铁闪锌矿石、磁铁矿石、含闪锌矿的黄铁黄铜矿石等。据前人（王力等，2003；伊有昌等，2006）研究，肯德可克多金属矿区还产出有钴铋金矿石、钴矿石、铋金矿石、钴金矿石、钴镍矿石、钼矿石等。

如按矿石来分，铁（锌）矿石的金属矿物主要为磁铁矿，其次是黄铁矿、闪锌矿等；钴－铋－金矿石的金属矿物主要是黄铁矿、胶黄铁矿、毒砂、自然铋、硫钴矿、自然金等；铅矿石的主要金属矿物有方铅矿，其次有闪锌矿、黄铁矿和少量黄铜矿。矿石的化学成分复杂，铁矿石以 Fe 为主，其次有 Zn 及 Pb、Cu 等；银－铅矿石主要有 Pb，其次为 Ag、Zn 及少量的 Cu 等；钴－铋－金矿石主要有 Au、Co、Bi 和少量 Ag、Mo 等。

（2）矿石结构和构造

矿石构造以网脉浸染状、团块状、斑杂状、不规则细脉状为主，次为条带状、角砾状构造。而矿石结构较为复杂，以他形粒状、半自形不等粒状、自形粒状、交代、熔蚀等结构较为常见。矿石组构特征既反映热水沉积作用特点，又反映后期热液叠加成矿作用的特征。结合分析矿石组构所反映的矿床成因信息，对以下几种结构构造作简要介绍。

矿石结构：

（1）自形－半自行晶粒状结构：金属矿物中黄铁矿呈自形晶－半自形晶，粒度最大达 0.5 mm，最小为微粒级。不均匀分布在矿石中［图 2 -4(a)］。

（2）他形晶粒状结构：绝大多数金属矿物为不规则粒状，属他形粒状结构。

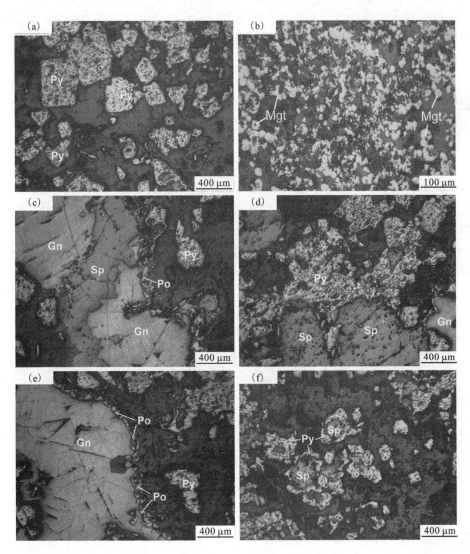

图 2 - 4　肯德可克矿区主要金属矿物结构

Mgt—磁铁矿，Py—黄铁矿，Sp—闪锌矿，Gn—方铅矿，Po—磁黄铁矿

包括磁铁矿、黄铁矿、黄铜矿等呈他形晶粒状不规则分布于脉石中或集结成团块分布于其他矿物颗粒和空隙中。部分黄铁矿呈他形晶粒状结构产出[图2-4(a)]。

(3)交代结构：较早形成的矿物被晚期生成的矿物交代主要有：磁铁矿成星点状交代脉石矿物[图2-4(b)]；方铅矿沿裂隙交代闪锌矿[图2-4(c)]；黄铁矿交代闪锌矿，黄铁矿中还留有闪锌矿的交代残余晶体[图2-4(d)]。

(4)反应边结构：为交代结构的特殊亚类，特点是交代反应仅仅在矿物晶体周边进行。如图2-4(e)所示，明显可见磁黄铁矿紧密沿方铅矿晶体周边进行交代形成反应边结构。

(5)侵蚀结构：特点是交代矿物常呈尖楔形侵入被交代矿物中，或交代矿物呈星状出现在被交代矿物中。如图2-4(f)所示，闪锌矿局部被黄铁矿交代成孤岛状，视觉上类似于包含结构。

(6)压碎结构：主要为晶形较好的黄铁矿、方铅矿被压碎所形成的结构。

矿石构造：

(1)块状构造：具此类构造的矿石其金属矿物含量大于75%，不含或含少量脉石矿物，主要由磁铁矿、黄铁矿和黄铜矿形成致密块状或团块状集合体，多分布于矿体膨大与核心部位[图2-5(a)]。

(2)浸染状构造：主要见于磁铁矿石、铅锌矿石、黄铜黄铁矿石。浸染状构造是本区矿石最主要构造类型[图2-5(b)]。

(3)脉状构造：金属矿物沿裂隙呈脉状穿插于脉石中，或晚生成的金属矿物穿插于较早期形成的金属矿物裂隙中，也是本区分布较普遍和常见的构造。常见晚期磁黄铁矿、黄铁矿以较规则平直细脉、树枝状细脉穿插于早期形成的磁铁矿或脉石矿物中[图2-5(c)]。

(4)胶状构造及变胶状构造：是由非晶质矿物集合体构成的条带或同心圆状构造，主要分布在磁铁矿矿石、黄铁矿矿石和部分磁黄铁矿矿石中[图2-5(d)、2-5(e)]。

(5)斑杂状构造：金属矿物杂乱无章地分布于脉石中，无明显规律可循。一般来说矿物集合体呈各种形态的斑点斑块，有时可见其被交代。主要产出于磁铁矿矿石、黄铁矿矿石和部分铅锌矿矿石中[图2-5(f)]。

(6)角砾状构造：角砾成分有含矿围岩(矽卡岩、碳酸盐岩)角砾和矿石角砾两种，一般角砾受到胶结物的溶蚀。角砾状构造主要见于主矿体的膨大部位。矿石类型多为黄铁矿石、铅锌矿石等。

(7)条带(条纹)状构造：主要见于少数磁铁矿石中，为脉石矿物与磁铁矿呈近于平行相间的条带(条纹)，有时磁铁矿条带中含有大量脉石形成浸染条带状构造。

(a)呈块状产出的黄铁矿

(b)呈浸染状产出的黄铁矿

(c)呈脉状产出的黄铁矿

(d)胶状磁铁矿

(e)胶状磁铁矿

(f)呈斑杂状构造的黄铁矿

图2-5 肯德可克矿区主要矿石构造

Mgt—磁铁矿,Py—黄铁矿

2.1.5 围岩蚀变

矿床围岩蚀变有硅化、绿泥石化、碳酸盐化、金云母化、绿帘石化、绢云母化。其中矽卡岩化、碳酸盐化和硅化最强。与矿体关系密切的是矽卡岩化和硅

化。矿体边部，由外向内蚀变分带明显：硅化(碳酸盐化、绿泥石化)→矽卡岩化
→矿体。最早发生的围岩蚀变是硅化，明显受后期矽卡岩化作用影响，其后是碳
酸盐化，最后为绿泥石化、绿帘石化和绢云母化。受岩层和后期动力变质作用影
响，蚀变一般沿裂隙发育，多呈层状分布，次为网脉状分布。

矽卡岩化：以石榴子石矽卡岩、透辉石矽卡岩、绿帘石矽卡岩、阳起石矽卡
岩为主。潘彤(2008)对区内矽卡岩化硅质岩进行了稀土地球化学研究，分析结果
表明本区矽卡岩化硅质岩稀土元素特征与 Stanton R L(1986)提出的热水沉积型
层矽卡岩特征相似，具海底热水喷流沉积的特点。

绿泥石化：绿泥石化是一种中、低温热液蚀变作用，绿泥石化在矿区主要以
晚期蚀变的形式叠加于矽卡岩、矽卡岩化硅质岩上。

碳酸盐化：主要形成方解石和白云石。方解石和白云石主要充填于矽卡岩之
中，常呈微晶集合体，自形—半自形粒状，晚期方解石脉在矽卡岩中交代矽卡岩
矿物。

前人总结蚀变作用与矿化关系得出：与铁、锌和钼矿化密切相关的为矽卡岩
化和碳酸盐化，与金矿化密切相关的为硅化和绢云母化(伊有昌，2006)。

2.1.6 成矿期与成矿阶段

肯德可克矿床经历了漫长成矿作用时期，具热水喷流成矿特征且后期叠加矽
卡岩成矿及晚期岩浆构造热液改造，前期以铁矿化为主，后期在热液叠加改造下
形成多金属矿化。根据成矿地质特征、矿物共生组合、矿石结构及矿物穿插关
系，结合前人区域构造演化过程研究，将矿床的成矿作用划分为以下几个期次：

(1)热水喷流-沉积作用期：该期形成了特殊层矽卡岩和硅质岩、泥钙质硅
质岩、炭质硅质岩，矿化类型和矿石构造主要为由大量非晶质微细粒的黄铁矿、
磁黄铁矿构成的胶状构造。部分矿体产于奥陶-志留系滩间山群硅质岩中，地层
控矿作用明显，同时热水沉积作用为后期成矿提供了重要的物质基础。

(2)矽卡岩期：即矽卡岩-磁铁矿期，是肯德可克多金属矿床最主要的铁成
矿期，可分为矽卡岩阶段和磁铁矿阶段：

① 矽卡岩阶段：早期喷流沉积作用下形成的层矽卡岩受热液活动影响，发生
一系列变化，形成了大量矽卡岩矿物，诸如：石榴子石、透辉石、硅灰石、符山
石、阳起石等。

② 磁铁矿阶段：该阶段形成的金属矿物主要为磁铁矿。根据矿石矿物产出
特征——磁铁矿矿石中分布许多绿帘石矽卡岩角砾以及磁铁矿矿脉穿插矽卡岩
[图2-6(a)]可知，磁铁矿形成晚于矽卡岩阶段。该阶段时间跨度相对较短，形
成的矿物也较少，非金属矿物以石英为主。

(3)热液活动期：即硫化物碳酸盐期，该期热液的叠加改造使得磁铁矿脉被
硫化物脉贯穿[图2-6(b)]，硫化物脉又被末期碳酸盐岩脉穿插[图2-6(b)]。

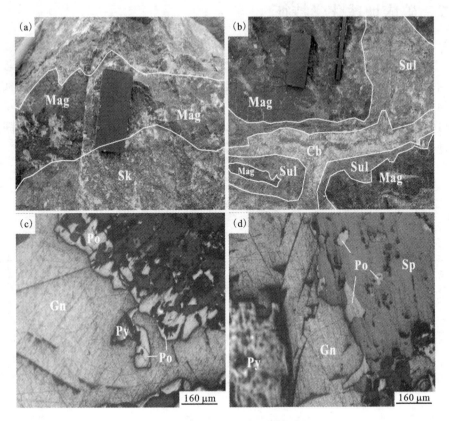

图 2 - 6　肯德可克矿床矿体特征

（a）矽卡岩被磁铁矿脉穿插；（b）硫化物脉穿插磁铁矿，其又被碳酸盐岩脉穿插；（c）磁黄铁
矿被后期方铅矿交代形成孤岛状交代残余；（d）闪锌矿与方铅矿接触边界平直；Mag—磁铁
矿，Sk—矽卡岩，Sul—硫化物，Cb—碳酸盐矿物，Po—磁黄铁矿，Gn—方铅矿，Sp—闪锌矿

显微镜下可见磁黄铁矿被后期方铅矿［图 2 - 6（c）］和闪锌矿［图 2 - 6（d）］交代
形成孤岛状交代残余，闪锌矿与方铅矿接触边界平直［图 2 - 6（d）］，为同一阶段
产物。根据这些特征，又将硫化物碳酸盐期细化为磁黄铁矿 - 黄铁矿 - 黄铜矿 -
方解石阶段（S_1）和方铅矿 - 闪锌矿 - 黄铁矿 - 黄铜矿 - 方解石阶段（S_2）以及碳
酸盐化阶段（C）。S_1 与 S_2 阶段是多金属成矿最重要时期，为多金属主成矿阶段，
是铜、钴矿的集中成矿阶段，生成的金属矿物种类繁多，主要有：黄铜矿、磁黄铁
矿、黄铁矿、方铅矿、闪锌矿、方钴矿、辉钴矿、自然铋、自然金等；非金属矿物
主要有：石英、方解石等。构造控矿在本期也是一个重要因素，构造活动使得成
矿物质活化，成矿热液沿断裂、裂隙系统进行迁移、萃取矿质、沉淀富集成矿，富
矿体多赋存在断裂构造发育、构造破碎带和热液蚀变较强烈的部位。

2.2 矿床地球化学特征

2.2.1 稀土元素特征

稀土元素地球化学研究在示踪成矿物资来源、反映成矿条件及成矿过程等方面起重要的作用,在矿床成因中得到广泛应用。稀土元素含量由中国广州澳实矿物研究室采用质谱仪定量分析法(ME－MS81)完成,大部分元素检测限小于 1×10^{-6},稀土元素标准化采用 Sun 和 McDonough 球粒陨石标准值(1989,下同)。各地质体的稀土元素含量及特征值见表 2-2,配分见图 2-7。

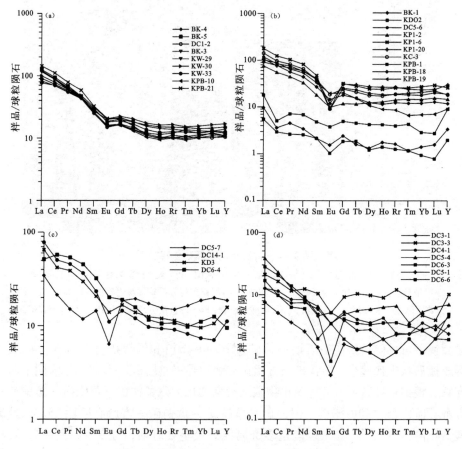

图 2-7 肯德可克不同地质体稀土元素配分图

(a)岩浆岩;(b)围岩;(c)矽卡岩;(d)矿石

岩浆岩样品稀土配分模式十分相似[图 2-7(a)],均为右倾,轻稀土较陡,重稀土平坦,属轻稀土富集型。稀土总量(∑REE)介于 $106.69 \times 10^{-6} \sim 154.97 \times 10^{-6}$,

表 2 - 2 肯德可克地区不同地质体稀土元素含量及特征值表

$w/10^{-6}$

样品	岩性	La	Ce	Pr	Nd	Sm	Eu	Gd	Tb	Dy	Ho	Er	Tm	Yb	Lu	Y
BK-4	闪长斑岩	21.50	44.70	5.44	20.20	4.30	1.08	4.12	0.68	4.12	0.86	2.50	0.38	2.43	0.37	24.00
BK-5	二长闪长斑岩	29.70	57.80	6.49	21.90	3.97	0.93	3.46	0.55	3.08	0.65	2.00	0.35	2.24	0.33	19.00
DC1-2	闪长斑岩	28.50	54.70	6.16	21.30	3.85	0.87	3.37	0.52	2.98	0.59	1.70	0.27	1.75	0.26	16.60
BK-3	闪长斑岩	19.60	42.20	5.14	20.00	4.15	1.16	4.35	0.69	3.95	0.81	2.30	0.34	2.05	0.33	22.10
KW-29	二长闪长角砾熔岩	27.40	53.30	5.74	20.10	3.78	0.89	3.35	0.51	2.82	0.57	1.85	0.27	1.94	0.30	17.30
KW-30	二长闪长角砾熔岩	23.50	48.20	5.70	22.50	4.78	1.18	4.59	0.76	4.43	0.92	2.75	0.39	2.67	0.42	26.90
KW-33	闪长玢岩	18.30	42.80	5.21	21.30	4.51	1.05	3.88	0.63	3.47	0.70	2.11	0.32	2.08	0.33	20.00
KPB-10	二长闪长斑岩	28.40	54.60	5.85	20.80	3.86	0.93	3.30	0.49	2.65	0.54	1.67	0.24	1.74	0.28	16.80
KPB-21	黑云母二长花岗岩	33.90	67.90	7.48	27.20	4.98	1.20	4.18	0.59	2.86	0.56	1.73	0.25	1.83	0.31	17.40
DC5-7	绿帘石石矽卡岩	8.2	13.1	1.43	5.5	2.21	0.37	3.82	0.73	4.40	0.88	2.48	0.42	3.20	0.51	29.6
DC14-1	石榴子石矽卡岩	18.5	30.9	4.34	17.1	3.59	0.64	2.98	0.45	2.47	0.53	1.51	0.21	1.26	0.18	17.6
KD03	石榴子石矽卡岩	15.4	25.7	3.69	13.9	3.16	0.81	3.43	0.52	3.17	0.68	1.89	0.26	1.63	0.27	24.9
DC6-4	石榴子石矽卡岩	12.2	35.1	5.10	21.2	4.94	1.17	3.91	0.59	2.95	0.60	1.78	0.25	1.89	0.32	15.0
BK-1	大理岩	2.3	2.2	0.43	1.6	0.33	0.09	0.50	0.06	0.34	0.10	0.27	0.03	0.24	0.04	5.3
KD02	结晶灰岩	1.3	1.8	0.25	1.2	0.33	0.06	0.38	0.07	0.31	0.08	0.21	0.03	0.16	0.02	3.1
KPB-1	大理岩	4.3	3.1	0.68	3.2	0.74	0.22	1.02	0.17	1.08	0.24	0.66	0.11	0.49	0.07	14.3

续表 2－2

样品	岩性	w/10⁻⁶ La	Ce	Pr	Nd	Sm	Eu	Gd	Tb	Dy	Ho	Er	Tm	Yb	Lu	Y
DC5－6	变质粉砂岩	27.8	51.5	7.17	27.2	5.96	0.52	5.25	0.88	5.04	1.05	3.12	0.47	3.07	0.52	30.0
KPB－18	变质含细砂泥岩	21.6	47.5	5.35	20.7	4.15	0.85	3.72	0.59	3.18	0.66	2.08	0.31	2.08	0.33	18.8
KPB－19	长石石英砂岩	24.2	53.6	6.18	25.1	5.06	1.14	4.17	0.58	2.78	0.51	1.44	0.17	1.17	0.18	14.6
KP1－2	碳硅质岩	17.9	33.8	4.24	15.5	2.79	0.57	2.45	0.44	3.15	0.74	2.38	0.38	2.50	0.40	23.3
KP1－6	绢云母硅质岩	42.2	75.6	9.80	38.2	7.24	0.54	6.56	1.06	6.26	1.37	4.31	0.66	4.68	0.75	41.1
KP1－20	硅质岩	25.1	46.8	6.50	27.6	6.27	0.69	6.41	1.13	6.94	1.52	4.45	0.62	4.02	0.61	47.2
KC－03	硅质岩	33.5	59.1	7.79	30.5	5.86	1.09	5.01	0.79	4.54	0.99	3.16	0.51	3.55	0.57	29.0
DC3－1	黄铜矿矿石	3.0	7.0	0.80	3.9	0.70	0.30	0.80	0.10	0.70	0.11	0.20	0.05	0.20	0.05	5.0
DC3－3	磁黄铁黄铜矿矿石	5.0	10.0	1.10	5.8	1.60	0.30	1.90	0.39	2.50	0.51	2.00	0.23	0.80	0.10	16.0
DC4－1	方铅矿矿石	3.0	6.0	0.70	3.5	0.90	0.20	1.10	0.15	0.90	0.24	0.40	0.06	0.60	0.07	7.0
DC5－4	磁黄铁黄铜矿矿石	9.0	14.0	1.20	3.9	1.00	0.20	1.00	0.21	1.50	0.36	1.10	0.09	0.90	0.16	11.0
DC6－3	黄铜闪锌矿矿石	4.0	6.0	0.60	2.8	0.30	0.20	0.40	0.05	0.30	0.05	0.20	0.05	0.20	0.05	3.0
DC5－1	磁铁矿矿石	1.8	3.1	0.34	1.2	0.22	0.03	0.33	0.05	0.40	0.11	0.38	0.06	0.47	0.08	3.7
DC6－6	黄铁磁黄铁矿	6.6	12.5	1.32	4.3	0.74	0.05	0.84	0.13	0.84	0.20	0.59	0.08	0.45	0.05	7.7

续表 2 - 2

样品	岩性	w(LREE)/10^{-6}	w(HREE)/10^{-6}	w(ΣREE)/10^{-6}	w(LREE)/w(HREE)	δEu	δCe	w(Sm)/w(Nd)
BK - 4	闪长斑岩	97.22	15.46	112.68	6.29	0.77	0.99	0.21
BK - 5	二长闪长斑岩	120.79	12.66	133.45	9.54	0.75	0.98	0.18
DC1 - 2	闪长斑岩	115.38	11.44	126.82	10.09	0.72	0.97	0.18
BK - 3	闪长斑岩	92.25	14.82	107.07	6.22	0.83	1.01	0.21
KW - 29	二长闪长角砾熔岩	111.21	11.61	122.82	9.58	0.75	0.99	0.19
KW - 30	二长闪长角砾熔岩	105.86	16.93	122.79	6.25	0.76	0.99	0.21
KW - 33	闪长玢岩	93.17	13.52	106.69	6.89	0.75	1.06	0.21
KPB - 10	二长闪长斑岩	114.44	10.91	125.35	10.49	0.78	0.98	0.19
KPB - 21	黑云母二长花岗岩	142.66	12.31	154.97	11.59	0.78	1.00	0.18
DC5 - 7	绿帘石石砂卡岩	30.81	16.44	47.25	1.87	0.39	0.86	0.40
DC14 - 1	石榴子石砂卡岩	75.07	9.59	84.66	7.83	0.58	0.82	0.21
KD03	石榴子石砂卡岩	62.66	11.85	74.51	5.29	0.75	0.81	0.23
DC6 - 4	石榴子石砂卡岩	79.71	12.29	92.00	6.49	0.79	1.09	0.23
BK - 1	大理岩	6.95	1.58	8.53	4.40	0.68	0.51	0.21
KD02	结晶灰岩	4.94	1.26	6.20	3.92	0.52	0.72	0.28
KPB - 1	大理岩	12.24	3.84	16.08	3.19	0.77	0.40	0.23

续表 2-2

样品	岩性	$w(LREE)$ /10^{-6}	$w(HREE)$ /10^{-6}	$w(\sum REE)$ /10^{-6}	$w(LREE)$ /$w(HREE)$	δEu	δCe	$w(Sm)$ /$w(Nd)$
DC5-6	变质粉砂岩	120.15	19.40	139.55	6.19	0.28	0.87	0.22
KPB-18	变质含细砂泥岩	100.15	12.95	113.10	7.73	0.65	1.05	0.20
KPB-19	长石石英砂岩	115.28	11.00	126.28	10.48	0.74	1.05	0.20
KP1-2	碳硅质岩	74.80	12.44	87.24	6.01	0.65	0.92	0.18
KP1-6	绢云母硅质岩	173.58	25.65	199.23	6.77	0.23	0.88	0.19
KP1-20	硅质岩	112.96	25.70	138.66	4.40	0.33	0.88	0.23
KC-03	硅质岩	137.84	19.12	156.96	7.21	0.60	0.86	0.19
DC3-1	黄铜矿矿石	15.70	2.21	17.91	7.10	1.22	1.09	0.18
DC3-3	磁黄铁黄铜矿矿石	23.80	8.43	32.23	2.82	0.53	1.00	0.28
DC4-1	方铅矿矿石	14.30	3.52	17.82	4.06	0.61	0.98	0.26
DC5-4	磁黄铁黄铜矿矿石	29.30	5.32	34.62	5.51	0.60	0.90	0.26
DC6-3	黄铜闪锌矿矿石	13.90	1.30	15.20	10.69	1.77	0.85	0.11
DC5-1	磁铁矿矿石	6.69	1.88	8.57	3.56	0.34	0.91	0.18
DC6-6	黄铁磁黄铁矿	25.51	3.18	28.69	8.02	0.19	0.98	0.17

测试单位:中国广州澳实矿物实验室;标准化:样品稀土元素实测含量/球粒陨石平均含量,球粒陨石值(Sun and McDonough,1989)

平均值为 123.63×10^{-6}，轻重稀土比 $w(LREE)/w(HREE) > 6$，轻稀土富集强烈。铕异常(δEu)值为 $0.72 \sim 0.83$，均值 0.77，属铕负异常型，可见明显铕谷。铈异常(δCe)值为 $0.97 \sim 1.06$，均值 1.0，属正常型。矿区岩浆岩 $w(Sm)/w(Nd) = 0.18 \sim 0.21 < 0.3$，说明岩浆成岩物质以壳源为主(Yuan, et al., 2002)。

地层围岩稀土配分模式图根据稀土含量大致可分两组[图 2 -7(b)]，一组为碳酸盐岩类，岩性以大理岩、结晶灰岩为主，稀土配分曲线整体较平缓；另外一组为硅质岩、泥岩和砂岩，稀土配分曲线整体较平缓。前者稀土总量 $w(\sum REE)$ 较低，为 $6.20 \times 10^{-6} \sim 16.08 \times 10^{-6}$，均值 10.27×10^{-6}，轻重稀土比 $w(LREE)/w(HREE)$ 为 $3.19 \sim 4.40$，属轻稀土弱富集型；后者稀土总量 $w(\sum REE)$ 较高，为 $87.24 \times 10^{-6} \sim 199.23 \times 10^{-6}$，均值 137.29×10^{-6}，轻重稀土比 $w(LREE)/w(HREE)$ 为 $4.40 \sim 10.48$，属轻稀土强富集型。铕异常(δEu)值为 $0.23 \sim 0.77$，为负异常型，整体差异较小。两组样品铈异常相差较大，其中碳酸盐岩类(δCe)值为 $0.40 \sim 0.72$，均值 0.54，为负异常型；而后者铈异常值介于 $0.86 \sim 1.05$，均值 0.93，为弱负异常 - 正常型。一般来说海洋沉积物中亏损 Ce，表明区内碳酸盐岩形成环境以海相为主，其他沉积岩可能形成于陆相环境。地层围岩样品的 $w(Sm)/w(Nd) = 0.18 \sim 0.28 < 0.3$，说明矿区围岩成岩物质来源于地壳。

矽卡岩稀土元素配分模式图显示曲线均右倾，轻稀土部分较陡，重稀土平坦 [图 2 -7(c)]。稀土总量 $w(\sum REE)$ 为 $47.25 \times 10^{-6} \sim 92.00 \times 10^{-6}$，轻重稀土比 $w(LREE)/w(HREE) = 1.87 \sim 7.83$，属轻稀土富集型。铕异常($\delta$Eu)值为 $0.39 \sim 0.79$，均值 0.63，为负铕异常。铈异常(δCe)值为 $0.81 \sim 1.09$，均值 0.89，为弱负异常型。矽卡岩 4 个 $w(Sm)/w(Nd)$ 值，除一个值较大为 0.40 外，其余均小于 0.3，反映矽卡岩主要来源于地壳，并含少量深部幔源物质。

各典型矿石稀土总量较低，为 $8.57 \times 10^{-6} \sim 34.62 \times 10^{-6}$，曲线右倾，轻稀土较重稀土陡，轻重稀土比 $w(LREE)/w(HREE)$ 变化较大，为 $2.82 \sim 10.69$，总体上属轻稀土富集[图 2 -7(d)]。铕异常变化大，δEu 值介于 $0.19 \sim 1.77$，从负异常到正异常均有出现，表明矿石形成的物理化学环境存在差异，特别是氧化还原条件的差异，也表明成矿具多期多阶段性。铈异常(δCe)值为 $0.85 \sim 1.09$，均值 0.96，大体上为铈正常型。值得注意的是，矽卡岩跟矿石的稀土配分模式不管从稀土总量、轻重稀土富集程度或是铕、铈异常上都较相似，说明矽卡岩与矿石存在较好的继承性，表明成矿与矽卡岩关系密切。

2.2.2　微量元素特征

(1)岩体微量元素含量特征

微量元素研究是良好的化学指示剂，被广泛运用于成岩过程判断、源区示踪等方面，本次研究的测试单位及方法跟主量元素分析相同，分析结果见表 2 -3。

表2-3 肯德可可矿区岩体微量元素含量

单位:10⁻⁶

编号	岩性	Rb	Ba	Th	U	K	Ta	Nb	La	Ce	Sr	Nd	P	Zr	Hf	Sm	Ti	Nb*	Nd/Th	Nb/Ta
BK-4	闪长斑岩	76.4	299	6.8	2.1	11207.0	0.5	6.3	21.5	44.7	301.0	20.2	619.7	136	3.7	4.3	4315.3	0.2	2.98	12.60
BK-5	二长闪长斑岩	199.5	742	18.7	5.6	34534.1	0.8	8.4	29.7	57.8	344.0	21.9	314.2	214	5.7	4.0	1977.8	0.1	1.17	10.50
DC1-2	闪长斑岩	58.9	394	13.0	3.7	7886.4	0.7	7.2	28.5	54.7	241.0	21.3	453.9	149	4.0	3.9	2337.4	0.3	1.64	10.29
BK-3	闪长斑岩	84.3	514	5.7	1.6	18927.4	0.5	6.2	19.6	42.2	346.0	20.0	707.0	150	3.8	4.2	5094.4	0.2	3.49	12.40
KW-29	二长闪长角砾熔岩	228.0	756	19.8	6.8	38850.9	0.8	7.3	27.4	53.3	215.0	20.1	331.7	149	4.4	3.8	2097.7	0.1	1.02	9.13
KW-30	二长闪长角砾熔岩	77.0	361	8.4	2.1	11954.1	0.6	7.2	23.5	48.2	315.0	22.5	667.7	142	4.1	4.8	4914.6	0.2	2.69	12.00
KW-33	闪长玢岩	73.1	341	9.6	2.8	10542.9	0.6	7.4	18.3	42.8	249.0	21.3	741.9	142	3.8	4.5	4555.0	0.3	2.22	12.33
KPB-10	二长闪长斑岩	147.5	586	19.0	6.3	24157.3	0.8	7.3	28.4	54.6	327.0	20.8	323.0	149	4.3	3.9	2577.2	0.1	1.10	9.13
KPB-21	黑云母二长花岗岩	134.0	472	16.3	2.3	25568.6	1.3	9.3	33.9	67.9	395.0	27.2	379.7	248	6.6	5.0	1558.3	0.2	1.67	7.15

测试单位:中国广州澳实矿物实验室

岩浆岩微量元素蛛网图2-8表明，矿区岩浆岩亏损Ba、Nb、Sr、P、Ti元素，具有大陆弧造山带花岗岩特征(李昌年，1992)。所有样品的曲线分布特征相似，可能表明具有相同的源区。

Bea F. et al.(2001)认为壳源岩石的$w(\mathrm{Nd})/w(\mathrm{Th})$值约为3，而幔源岩石的$w(\mathrm{Nd})/w(\mathrm{Th})$值 > 15。从表2-3可知，肯德可克矿区岩浆岩的$w(\mathrm{Nd})/w(\mathrm{Th})$ = 1.02 ~ 3.49，靠近壳源岩石值。此外，岩体的$w(\mathrm{Nb})/w(\mathrm{Ta})$值为7.15 ~ 12.60，均值7.15，接近Dostal(2000)提出的壳源岩浆$w(\mathrm{Nb})/w(\mathrm{Ta})$值(约为9)。这些微量元素特征表明矿区岩浆岩主要由壳源物质演化而来。赵振华(1997)研究发现大陆壳物质或当岩浆混染了大陆壳物质时，$\mathrm{Nb} * < 1(\mathrm{Nb} * = 2\mathrm{Nb}_N/\mathrm{K}_N + \mathrm{La}_N)$，本文岩体该值为0.1 ~ 0.3，远小于1。结合前述主量元素研究，岩浆岩A/CNK均大于1，显示过铝质特征，表明矿区岩体应由陆壳沉积物熔融而成。

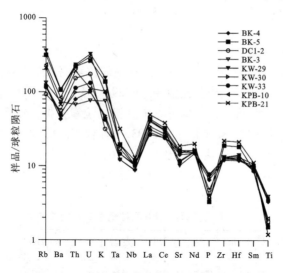

图2-8 肯德可克岩浆岩微量元素蛛网图

(2)围岩微量元素特征

孙丰月等(2003)对肯德可克矿区硅质岩(围岩)微量元素研究表明，硅质岩中的微量元素种类和含量都较丰富(表2-4)。包括普通金属元素，如Cu、Pb、Zn、Co、Ni等，又含有贵金属元素Au、Ag，说明硅质岩为非正常沉积作用的产物(郑明华等，1994)。特别是硅质岩中的As、Sb等元素的富集，可以作为识别热水沉积作用的重要指标(Bostrom K，1979；Marching V，1982)。从表中可知，肯德可克地区的硅质岩中Sb和As的平均含量分别为29.28×10^{-6}和7420.3×10^{-6}，大于普通沉积页岩许多倍，说明其具有明显的热水喷流沉积的特点。而且围岩中的这些微量元素为成矿提供丰富的物质来源，特别是Cu、Zn、Co等元素。该结论与匡俊(2002)研究结果类似,他对矿区的硅质岩进行了对比研究,表明其矿区硅质岩具有热水沉积的特征;成矿元素 Co、Bi、Au、Ni、Cu 的含量较高,是很好的矿源层。区内 Fe、Co、Bi、Au 矿体主要赋存于滩间山群及其与石炭系不整合面的虚脱部位。

表 2-4   肯德可克矿床硅质岩多元素分析结果

硅质岩	Ag	Cu	Pb	Zn	Co	Ni	Au	As	Sb	Bi
KB8-H1	0.64	165.0	37.0	110.0	23.5	130.0	18.0	1523.	27.40	31.30
KB8-H3	0.46	90.0	135.0	155.0	18.0	120.0	7.0	559.0	51.0	50.0
CM10-H2	10.6	12700	275.0	550.0	95.0	154.1	38.0	279.2	15.10	104.0
CM10-H4	6.9	47.0	41.0	81.0	17.5	135.4	1560.	27320	23.60	44.00

据孙丰月等,2003;Au 单位为 $w/10^{-9}$,其他单位为 $w/10^{-6}$

2.2.3   铅同位素特征

同位素测试由武汉地质矿产研究所(宜昌同位素测试中心)完成,铅同位素测试利用 MAT261 质谱仪,同位素比值用 NBS2981 标准样进行矫正,分析总体误差小于 0.05%。表 2-5 给出了肯德可克矿区铅同位素数据,分析可知,$n(^{206}Pb)/n(^{204}Pb)$ 比值范围为 18.464 ~ 18.703,均值为 18.594,极差为 0.239;$n(^{207}Pb)/n(^{204}Pb)$ 比值范围为 15.602 ~ 15.761,均值为 15.651,极差为 0.159;而 $n(^{208}Pb)/n(^{204}Pb)$ 比值范围为 38.176 ~ 38.687,均值为 38.338,极差 0.511。

表 2-5   肯德可克 Pb 同位素组成及相关参数

样品号	矿物名称	$n(^{206}Pb)/n(^{204}Pb)$	$n(^{207}Pb)/n(^{204}Pb)$	$n(^{208}Pb)/n(^{204}Pb)$	表面年龄/Ma	μ	$w(Th)/w(U)$	$\Delta\alpha$	$\Delta\beta$	$\Delta\gamma$
KD02	方铅矿	18.560	15.602	38.176	59.6	9.45	3.55	73.91	17.73	21.36
KD04-1	黄铁矿	18.703	15.761	38.687	155.0	9.75	3.72	89.59	28.49	39.19
KD05	黄铁矿	18.615	15.645	38.296	74.2	9.53	3.58	78.21	20.59	25.20
KD05	磁铁矿	18.617	15.643	38.347	70.2	9.53	3.60	78.02	20.44	26.39
KD06	黄铁矿	18.576	15.618	38.271	68.4	9.48	3.59	75.51	18.80	24.28
KD07	磁铁矿	18.594	15.625	38.237	64.1	9.49	3.56	76.22	19.24	23.19
KM-4	磁铁矿	18.464	15.654	38.361	63.0	9.56	3.59	68.62	21.13	26.46
KM-5	方铅矿	18.621	15.657	38.328	85.1	9.55	3.59	79.39	21.42	26.52

测试单位:国土资源部宜昌地质矿产研究所同位素实验室

根据单阶段铅演化模式,利用 Geokit 软件计算出铅同位素各特征参数(表 2-5)。$w(\text{Th})/w(\text{U})$ 值范围为 3.55~3.72,平均值为 3.60。矿石 μ 值介于 9.45~9.75 之间,平均值为 9.541。其中有 1 个超过 9.58 的高值为 9.75,其他均低于 9.58,这一范围介于地壳 $\mu_C=9.81$ 与原始地幔 $\mu_0=7.80$ 之间,反映出壳幔混合铅特征。

一般来说具高 μ 值($\mu>9.58$)的铅为高放射性壳源铅,$\mu<9.58$ 的铅为低放射性深源铅。本矿床铅同位素的 μ 值为 9.45~9.75,均值为 9.54,有 1 个大于 9.58 的高值为 9.75,其余低于 9.58,说明本区铅同位素同时具有深源铅和壳源铅特征。$w(\text{Th})/w(\text{U})$ 比值为 3.55~3.72,均值为 3.60,数据位于中国大陆上地壳平均值 3.47 和全球上地壳平均值 3.88 之间,表明矿物形成于上地壳。在铅同位素组成 Zartman-Doe 图解(图 2-9)中,样品均落在上地壳和造山带铅演化线之间,集中于造山带铅演化线上,主要为造山带铅与上地壳铅的混合产物。综合分析认为,肯德可克矿石铅可能来源于与造山作用有关的壳幔混合物质。

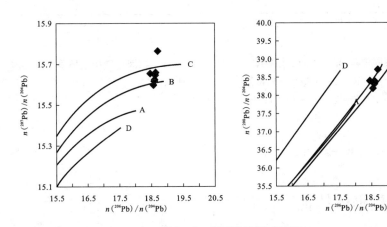

图 2-9　铅同位素组成图解

A—地幔;B—造山带;C—上地壳;D—下地壳

研究表明,最能反映源区变化的是 $n(^{207}\text{Pb})/n(^{204}\text{Pb})$ 和 $n(^{208}\text{Pb})/n(^{204}\text{Pb})$ 的变化,而 $n(^{206}\text{Pb})/n(^{204}\text{Pb})$ 只对成矿时代有所反映。用 $\Delta\beta$ 和 $\Delta\gamma$ 进行成因示踪,能提供更多更丰富的地质过程与物质来源信息。为更进一步探讨本区矿石铅来源,计算出矿物与同时代地幔的相对偏差值 $\Delta\alpha$、$\Delta\beta$ 和 $\Delta\gamma$(表 2-5),进行铅同位素成因 $\Delta\beta-\Delta\gamma$ 分类图解(图 2-10)分析。图中投影点均位于与岩浆作用有关的壳幔混合俯冲铅源区,表明矿石铅应来于与造山作用有关的壳幔混合物质。此外,在铅同位素构造环境判别图解中(图 2-11),样品都位于造山带范围内。由此可见,本区矿石铅的同位素组成具混合铅特征,这种混合是一种与岩浆作用有关的幔源铅与壳源铅的混合,揭示成矿物质在成矿过程中受到多源混染的强烈影响。该结论与原始岩浆来源于深部地幔,且后期与地壳发生了混染作用吻合。因此,区内矿石铅应属壳、幔混合铅。

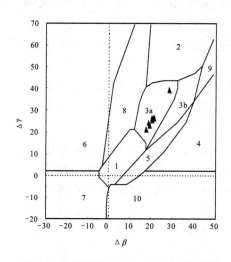

图 2-10 铅同位素 $\Delta\beta$-$\Delta\gamma$ 分类图解

1—地幔铅;2—上地壳铅;3—上地壳与地幔混合的俯冲带铅(3a 岩浆作用,3b 沉积作用);4—化学沉积型铅;5—海底热水作用铅;6—中深变质作用铅;7—深变质下地壳铅;8—造山带铅;9—古老页岩上地壳铅;10—退变质铅

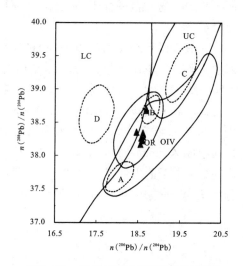

图 2-11 铅同位素构造环境判别图解

LC—下地壳;UC—上地壳;OIV—洋岛火山岩;OR—造山带

2.3 流体包裹体特征

2.3.1 样品及研究方法

(1)包裹体显微测温研究

本文测试分析样品采自肯德可克矿床典型矿体及边部矿化围岩,选取硫化物碳酸盐期 S_1 阶段、S_2 阶段和 C 阶段新鲜样品共 7 件(见表 2-6)。室内将样品磨制成测温片(双面抛光厚度 0.06~0.08 mm)后,先在透-反射显微镜下进行岩相、矿相及包裹体特征研究,然后确定显微测温对象并进行测温。

显微测温在中南大学流体包裹体实验室完成,采用英国产 Linkam THMS-600 型地质用冷热台,温度范围 -196~600℃,经标准人工包裹体校准,-196~30℃范围内精度为 ±0.1℃,30~600℃范围内为 ±1℃。设置的温度变化速率一般为 10℃/min,在相变点温度附近,按需要设置为 0.1~1℃/min。

利用显微冷热台测定了水溶液包裹体的冻结温度 T_f；初始熔化温度 $T_i(\text{ice})$；冰最终熔化温度 $T_m(\text{ice})$；二氧化碳熔化温度 $T_m(\text{CO}_2)$；二氧化碳笼合物熔化温度 $T_m(\text{cla})$；二氧化碳部分均一温度 $T_h(\text{CO}_2)$ 和完全均一温度 T_h。利用冰最终熔化温度（水溶液包裹体）或二氧化碳笼合物熔化温度（含二氧化碳包裹体），通过 Brown(1989) 的 FLINCOR 计算机程序，采用 Brown 和 Lamb(1989) 的等式计算了包裹体捕获流体的盐度、密度，并估算了矿物形成压力。

表 2 – 6　肯德可克矿区测温样品特征

样号	采样位置	样品特征	矿化阶段
KM7	125 号矿体	含黄铁矿及黄铜矿的磁黄铁矿矿石	S_1
KM5	125 号矿体	含磁黄铁矿及黄铜矿的黄铁矿矿石	S_1
KD05	58 号矿体	含团块状方铅矿及黄铁矿的方铅矿矿石	S_2
KM20	85 号矿体	含方铅矿及黄铁矿的闪锌矿矿石	S_2
KM2	85 号矿体	脉状黄铁矿矿石	C
KD04 – 1	58 号矿体边部	团块状黄铁矿、黄铜矿化大理岩	C
KD02	58 号矿体边部	细脉状硫化物化结晶灰岩	C

（2）激光拉曼光谱分析

在显微测温基础上挑选出的单个富气相包裹体（≥10μm）用于激光拉曼光谱分析。工作在中国科学院广州地球化学研究所矿物学与成矿学重点实验室完成，测试仪器为英国 Renishaw 公司生产的 RM – 2000 型激光拉曼光谱仪，使用 Ar^+ 激光器，分辨率 ±1cm^{-1}，波长 514.5 nm，激光功率 20 mW，扫描速度 40s/2 次叠加，100cm^{-1} ~4000cm^{-1} 全波段一次取谱。

2.3.2　显微测温

（1）流体包裹体类型

包裹体岩相学表明，矿区硫化物矿石及矿化围岩样品中发育大量流体包裹体，主矿物均为方解石，为硫化物碳酸盐期的产物。包裹体大小不一，集中于 4~10 μm，多为不规则状，少量负晶型，分布较孤立，均为原生包裹体。根据室温下相态特征，将其划分为 3 类：

水溶液包裹体（Ⅰ型）：室温下由盐水溶液和气泡构成，按包裹体的均一特征又可分为两个亚类：Ⅰa 型（富液相水溶液包裹体）和 Ⅰb 型（富气相水溶液包裹体）。Ⅰa 型包裹体气相体积分数为 4%~65%，集中于 20%~40%［图 2 – 12(a)］，均一成液相；Ⅰb 型包裹体气相体积分数为 80%~95%，均一到气相，随机分布于方解石颗粒中。

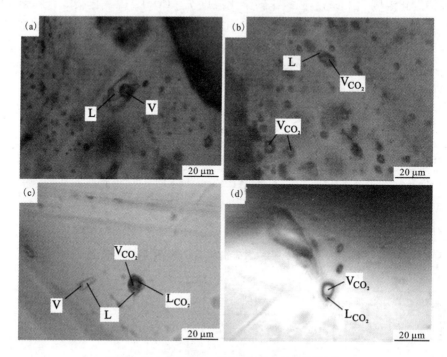

图2-12 肯德可克矿区流体包裹体显微照片

(a)水溶液包裹体;(b)水溶液-CO_2包裹体,可见水溶液相和二氧化碳两相,亦见与其发育于同一颗方解石颗粒中的纯CO_2单气相包裹体,为不均一捕获;(c)水溶液-CO_2包裹体,可见明显三相,并与水溶液包裹体共生;(d)纯CO_2包裹体。L—水溶液相;V—气相;L_{CO_2}—CO_2液相;V_{CO_2}—CO_2气相

水溶液-CO_2包裹体(Ⅱ型):室温下呈水溶液和CO_2两相,偶见三相共存。按包裹体均一特征分为两个亚类:Ⅱa型中水溶液相占优势,$C/T < 60\%$,均一成液相;Ⅱb型中CO_2相占优势,$C/T > 60\%$,均一成气相,室温条件下主要为水溶液相和CO_2气相[图2-12(b)],偶见水溶液相、CO_2液相和CO_2气相共存[图2-12(c)]。Ⅱ型包裹体发育在闪锌矿矿石和矿化围岩的方解石中。

纯CO_2包裹体(Ⅲ型):室温下CO_2呈两相[图2-12(d)],根据包裹体均一特征分为Ⅲa、Ⅲb两类:在CO_2临界温度(31℃)以内Ⅲa型均一成液相,Ⅲb均一成气相。Ⅲ型与Ⅱ型包裹体分布一致,主要发育在闪锌矿矿石和矿化围岩的方解石中。

(2)显微测温结果

本次研究共计观测157个包裹体,测温结果及计算值见表2-7,利用不同成矿阶段统计的均一温度及盐度绘制直方图(图2-13)。

表 2 - 7　肯德可克多金属矿床流体包裹体显微测温结果统计表

样号	阶段	类型/(个数)	大小/μm	V/T(C/T)(20℃)	T_f/℃	$T_m(CO_2)$/℃	$T_m(cla)$/℃	$T_h(CO_2)$/℃	$T_i(ice)$/℃
KM7	S1	I(17)	6~20	15~30	-77~-70				-68.0~-53.0
KM5	S1	I(8)	4~12	15~30	-84~-82				-52.0~-49.0
KM20	S2	I(43)	4~20	5~95	-65~-34				-22.0~-20.0
		I(16)	5~18	18~90	-58~-36				-21.0
KD05	S2	II(3)	7~16	28~85	-97~-95	-57.6~-56.6	4.9*		
		III(1)	18	80	-97	-57.2		26.0toV	
KM2	C	I(7)	4~10	4~14	-55~-44				
		I(21)	4~20	8~35	-50~-35				
KD04-1	C	II(3)	6~10	55~70	-100	-58.8	7.3	24.5,29.5(toL)	
		III(8)	6~12	15~85	-96*	-57.5~-56.0		24.5~30.9(toL),30.5(toV)	
		I(2)	4,8	12,18	-44,-38				
KD02	C	II(2)	8,8	80,80	-98,-95	-60.0-55.0	7.0*		
		III(3)	6~9	100	-99~-92	-58.7~-58.0		27.5,28.3(toL)	

续表 2-7

样号	阶段	类型/(个数)	大小/μm	V/T(C/T)(20℃)	T_m(ice)/℃	T_h/℃	盐度/%	密度/(g·cm⁻³)
KM7	S1	I(17)	6~20	15~30	-27.2 ~ -16.5	185~351(toL)	19.8~25.0	0.82~1.05
KM5	S1	I(8)	4~12	15~30	-26.8 ~ -25.0	215~307(toL)	24.3~24.9	0.92~1.05
KM20	S2	I(43)	4~20	5~95	-9.7 ~ -0.9	175~380(toL);280 and239(toV)	1.5~13.6	0.56~1.00
		I(16)	5~18	18~90	-8.9 ~ -1.1	181~480(toL);295*(toV)	1.9~16.0	0.82~0.99
KD05	S2	II(3)	7~16	28~85		219and221(toV),261(toL)	9.1*	1.06*
		III(1)	18	80				0.27*
KM2	C	I(7)	4~10	4~14	-10.5 ~ -3.0	114~150(toL)	5.0~14.5;	0.97~1.12
		I(21)	4~20	8~35	-6.7 ~ -0.5	132~286(toL)	0.9~10.1	0.74~1.01
KD04-1	C	II(3)	6~10	55~70		285(toL)	5.2*	0.89*
		III(8)	6~12	15~85				0.37~0.72
KD02	C	I(2)	4,8	12,18	-3.2,-1.2	187,210(toL)	2.1,5.3	0.90,0.90
		II(2)	8,8	80,80			5.7*	0.83*
		III(3)	6~9	100				

注:主矿物均为方解石;V/T(C/T):气相(CO_2相)占整个包裹体比例;T_f:冻结温度;T_m(CO_2):CO_2熔化温度;T_m(cla):CO_2笼合物熔化温度;T_h(CO_2):CO_2部分均一温度;T_h:完全均一温度;T_m(ice):冰点熔化温度;T_i(ice):冰点初始熔化温度;温度单位均为℃;*代表只有一个值或一组数值中唯一的高(低)值。

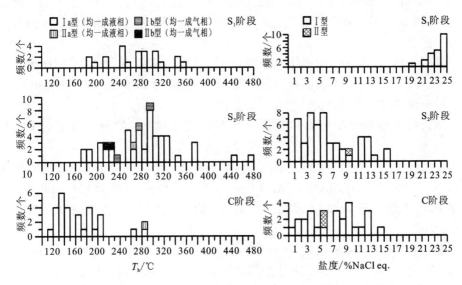

图 2 – 13　流体包裹体均一温度及盐度直方图

1)S$_1$ 阶段流体包裹体测温特征

本阶段包裹体均为 I a 型水溶液包裹体,包裹体冻结温度全部低于 – 70℃。升温测得初融温度为 – 68.0 ~ – 49.0℃,冰溶化温度为 – 27.2 ~ – 16.5℃,均值为 – 20.7℃,计算出流体盐度为 19.8% ~ 25.0%,均值为 24.1%。气相体积分数介于 15% ~ 30%,均一温度范围为 185 ~ 351℃,集中于 240 ~ 320℃(图 2 – 13),均值为 272℃,均一成液相。据包裹体均一温度及盐度值计算出流体密度为 0.82 ~ 1.05g/cm^3。

2)S$_2$ 阶段流体包裹体测温特征

本阶段样品除发育 I 型水溶液包裹体外,还在同一主矿物中共生 II 型水溶液 – CO$_2$ 包裹体和 III 型纯 CO$_2$ 包裹体。

I 型包裹体:包裹体冻结温度为 – 65 ~ – 34℃,测得部分包裹体初融温度为 – 22.0 ~ – 20.0℃,冰溶化温度为 – 9.7 ~ – 0.9℃,计算出盐度为 1.5% ~ 16.0%,平均值 6.8%。均一温度变化范围大:175 ~ 480℃,气相体积分数较小(V/T < 65%)者(I a 型)均一成液相,气相体积分数大(V/T > 80%)者(I b 型)均一成气相,均一成气相最低值为 239℃,表明不均一捕获特征(图 2 – 13)。据包裹体均一温度及盐度值计算出流体密度为 0.56 ~ 1.00g/cm^3。

II 型包裹体:水溶液 – CO$_2$ 包裹体的冻结温度为 – 97 ~ – 95℃,固相熔化温度为 – 57.6 ~ – 56.6℃。CO$_2$ 笼合物熔化温度唯一的测量值为 4.9℃,计算出盐度为 9.1%。II a 型包裹体均一成液相,只测得一个完全均一温度值 261℃;II b

型均一成气相,测得两个完全均一温度值:219℃和221℃,同样显示不均一捕获特征(如图2-13)。本阶段Ⅱ型包裹体的CO_2在常温下呈单气相状态,未测得部分均一温度。

Ⅲ型包裹体:纯CO_2包裹体只测得一个值,冻结温度为-97℃,固相熔化温度为-57.2℃,低于纯CO_2固相熔化温度,均一温度为26.0℃,均一成气相。

3)碳酸盐化阶段(C)流体包裹体测温特征

本阶段Ⅱ型和Ⅲ型包裹体数量比S_2阶段有所增加,特别是Ⅲ型纯CO_2包裹体。

Ⅰ型包裹体:均为Ⅰa型包裹体,冻结温度为-55~-35℃,冰融化温度为-10.5~-0.5℃,计算出盐度为:0.9%~14.5%。均一温度为114~286℃,集中于120~210℃(图2-13),均值为167℃,均一成液相,计算出密度为0.74~1.12g/cm³。

Ⅱ型包裹体:冻结温度为-100~-95℃,固相熔化温度为-60.0~-55.0℃。测得两个笼合物熔化温度:7.3℃和7.0℃,对应两个盐度值为5.2%和5.7%。本阶段Ⅱ型包裹体的碳质相出现了CO_2两相,CO_2部分均一温度值为:24.5~29.5℃,均一成液相。测得一个完全均一成水溶液相温度值285℃。

Ⅲ型包裹体:纯CO_2包裹体冻结温度为-99~-92℃,升温时,固相熔化温度为-58.7~-56.0℃。Ⅲa型包裹体均一温度为24.5~30.9℃,均一成液相,Ⅲb型包裹体均一为气相,只有一个值为30.5℃。

2.3.3 激光拉曼分析

在显微测温基础上,针对各类富气相包裹体进行了精确的激光拉曼光谱成分定性分析,部分扫描谱图见图2-14。图中可见明显的CO_2峰(1285cm^{-1}和1388cm^{-1})以及CH_4峰(2919cm^{-1}),表明包裹体气相成分中含较高密度CO_2和CH_4。CO_2作为一种弱酸性气体对成矿流体pH的缓冲调节作用显著,存在于流体中的CO_2利于促进流体的相分离,而CH_4等有机气体具还原性,共同影响着矿质的运移沉淀(Chi et al.,2006;Lai et al.,2007;池国祥等,2008)。

由于主矿物方解石具极强荧光反射干扰(部分波谱起始强度达10000),大大削弱了CO_2和CH_4特征峰,导致波峰不明显。实验扫描过程中,部分样品可见明显H_2O的特征峰(3250~3500 cm^{-1}),但在最终图谱上并无显示,推测H_2O的特征峰被掩盖在反射干扰波谱中。显微测温显示Ⅱ型与Ⅲ型包裹体气相成分中含有CO_2和其他成分气体,结合拉曼光谱分析认为这些组分以CH_4为主。

据徐国端(2010)对肯德可克矿床群体包裹体成分分析,显示矿区流体包裹体液相成分中含有Cl^-、F^-、NO_3^-、SO_4^{2-}、Ca^{2+}、Na^+、K^+离子。阳离子按含量排序为$w(Ca^{2+}) > w(Na^+) > w(K^+)$;阴离子为$w(Cl^-) > w(SO_4^{2-}) > w(F^-) > w(NO_3^-)$。气相成分以$CO_2$和$H_2O$为主,并含有$CH_4$和少量$C_2H_2$以及极少量的$H_2$

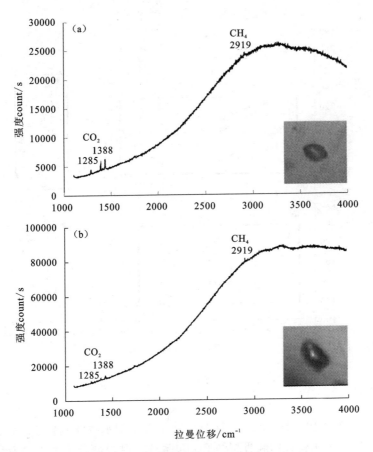

图 2 − 14　流体包裹体激光拉曼光谱图

（a）Ⅲ型包裹体；（b）Ⅱ型包裹体

和 C_2H_6 等有机气体，与显微测温和激光拉曼分析结果吻合。

2.3.4　讨论

（1）成矿流体特征

本次显微测温研究共获得肯德可克矿区包裹体均一温度 - 盐度数据 112 对，均一温度与盐度关系见图 2 - 15。图中可见散点呈片状集中展布，大致代表三类流体。

S_1 阶段样品中的包裹体均为Ⅰ型水溶液包裹体，冰的初始熔化温度为 − 68 ~ − 49℃，部分值低于 $CaCl_2$ − H_2O 流体体系共结温度（初熔温度）− 49.8℃，表明流体中除含 $CaCl_2$ 外还有其他组分，成分分析证实这些组分为 Na^+ 和 K^+。本阶段包裹体的气体体积分数（V/T）为 15% ~ 30%，均一温度集中于 240 ~ 320℃，全部均一成液相，表明包裹体捕获的是一种中高温均一流体。

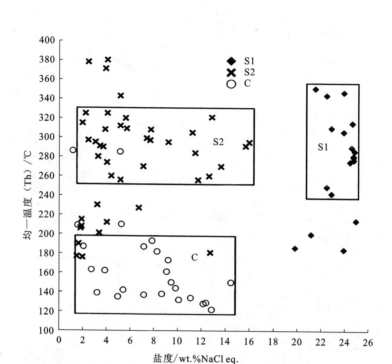

图2-15 包裹体均一温度-盐度关系图

S₂阶段与S₁阶段相比，同一主矿物中除发育Ⅰ型水溶液包裹体外，还密切共生Ⅱ型水溶液 - CO₂包裹体和Ⅲ型纯CO₂包裹体。测得部分Ⅰ型水溶液包裹体的初融温度为 - 22 ~ - 20℃，接近 NaCl - H₂O 体系共结温度 - 20.8℃ 和 NaCl - KCl - H₂O 体系共结温度 - 22.9℃，表明流体含有 NaCl、KCl 组分，与成分分析结果吻合。Ⅰ型包裹体气相体积分数为 5% ~ 95%，变化大，Ⅰa 型包裹体($V/T <$ 65%)均一成液相，Ⅰb 型包裹体($V/T > 80\%$)均一成气相，均一成气相的最低温度为239℃，显示不均一捕获特征。Ⅱ型和Ⅲ型包裹体在冷冻回温过程中，固相熔化温度为 - 57.6 ~ - 56.6℃。据 Angus(1976)的资料，CO₂三相点温度为 - 56.6℃，是判定 CO₂ 存在与否的特定温度。表明此两类包裹体气相成分以 CO₂ 为主，含有少量杂质。激光拉曼分析和群体包裹体成分分析证实这些组分为 CH₄ 和少量其他有机气体。测得一个Ⅱa 型包裹体均一温度为261℃，两个Ⅱb 均一温度为219℃和221℃，同样显示不均一捕获特征。

以上结果表明本阶段水溶液包裹体与富 CO₂ 包裹体代表流体的两个端元，这两个端元的包裹体具大致相同的均一温度(219℃和239℃)，且富气相端元主要均一到气相，富液相端元主要均一到液相，说明 S₂ 阶段捕获的包裹体群为不混溶包裹体群，S_2 阶段流体是由 S_1 阶段均一流体通过不混溶作用演变而来。结合成分分析表明这一过程是原始 $H_2O - NaCl - CO_2$ 超临界流体发生相分离的结果。

C 阶段 I 型水溶液包裹体气相体积分数集中于 15% ~ 25%，盐度为 0.9% ~ 14.5%，均一温度为 114 ~ 210℃，均一成液相。样品中同样发育大量 II 型水溶液 - CO_2 包裹体和 III 型纯 CO_2 包裹体，III 型多于 II 型，这两类包裹体的固相熔化温度为 -60℃ ~ -55℃，表明气相 CO_2 不纯，可能含 CH_4 等其他组分。本阶段 II 型包裹体中碳质相出现气、液两相，表明随着温度降低，流体中 CO_2 和 H_2O 分离得更彻底。总体上 C 阶段捕获的流体为低温中低盐度流体。

根据 Roedder(1977；1984)研究，流体 Na^+、K^+ 比值可作为判断其来源的标志。一般来说，岩浆热液 $w(Na^+)/w(K^+) < 1$，本文流体液相成分的 $w(Na^+)/w(K^+) > 1$，表明成矿流体应不直接来源于岩浆(Sun et al.，2013)。此外，流体的 $w(Cl^-)/w(F^-)$ 比值也可作为判定成矿流体来源依据：本文 $w(Cl^-)/w(F^-) > 1$，说明成矿流体有地下水或天水混入。结合早期 S_1 阶段流体高温高盐度特征，推测肯德可克多金属矿床成矿流体应为演化程度较高且后期有低温低盐度流体混入的岩浆流体。图 2 - 15 所示，S_1 阶段流体盐度变化范围小，相分离后流体盐类易溶于富 H_2O 端元，富 H_2O 端元流体经后期混溶、稀释并伴随自然降温演化，在高温和低温阶段，被捕获形成盐度值各异且连续分布的包裹体，在图上表现为数据点离散。

(2)成矿温度

S_1 阶段包裹体全部均一为液相，未见沸腾或不均一捕获现象，均一温度集中于 240 ~ 320℃，后文将对测值进行校正，成矿作用以磁黄铁矿化、黄铁矿化为主。S_2 阶段流体发生不混溶分离，其捕获端元组分的流体包裹体均一温度基本代表成矿作用温度。其中 I 型和 II 型包裹体分别捕获于富液相端元(富 $NaCl - H_2O$ 流体)和富气相端元(富 CO_2 相流体)，I 型水溶液包裹体均一成气相最低值为 239℃，II 型水溶液 - CO_2 包裹体中气相体积分数最大且均一成气相的最低温度为 219℃，两个端元温度相近，所以 219 ~ 239℃基本代表 S_2 阶段成矿作用温度。成矿作用以方铅矿化、闪锌矿化和黄铁矿化为主。C 阶段 I 型水溶液包裹体均一温度为 114 ~ 286℃，集中于 120 ~ 210℃，均值为 167℃，属低温范畴，成矿以细脉硫化物的形式伴生于碳酸盐矿物中，表明流体成矿作用进入末期。

(3)成矿压力及深度估算

研究认为：如果样品同时捕获到纯 CO_2 包裹体和纯水包裹体，则可通过纯 CO_2 包裹体和纯水包裹体的均一温度，在 H_2O 和 CO_2 体系联合 $P - T$ 图解上获得包裹体捕获压力(卢焕章等，1999；2000；2004)。本文利用 C 阶段包裹体捕获的两个端元组分进行等容线相交法估算压力，H_2O 端元密度由盐度小于 5% 的 I 型水溶液包裹体计算得出：0.87 ~ 0.95 g/cm^3，均值为 0.92 g/cm^3，CO_2 端元密度由 III 型包裹体计算得出：0.60~0.72 g/cm³，均值为 0.66 g/cm³。两个端元的包裹体等容线相交获得包裹体的捕获压力如图 2-16 所示，压力范围为 30~87 MPa。

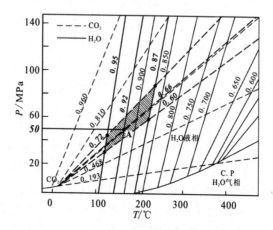

图 2-16 H₂O 和 CO₂体系联合 P-T 图解

（据 Roedder and Bodnar，1980）

因为 S₁阶段流体包裹体的均一温度值是在常压条件下获得，所以需进行校正（邓小华等，2009；王旭东等，2012）。图 2-16 中，两个端元密度均值等容线相交于 A 点，对应压力值 50MPa，用该值校正 S₁阶段成矿温度为 270~350℃，属于中温环境。

此外，利用下限 30MPa 计算出静水压力深度最小值为 3 km；取大陆岩石平均密度值 2.70g/cm³，以 87MPa 压力上限计算静岩压力深度最大值为 3.2 km，结果一致，表明流体处于静水压力和静岩压力共存的体系。原始成矿流体在断裂等构造影响下，发生不混溶分离，此时处于较开放的静水压力体系；后期在矿区挤压紧闭型向斜形成与断裂相互作用过程中，流体系统交替于封闭与开放之间，即静岩压力体系与静水压力体系间。总体上，成矿深度应为中深环境。

（4）流体演化及成矿作用

肯德可克多金属矿床经历了多期成矿作用，原始成矿流体具高温高盐度特征，可能来源于岩浆（高永宝等，2009；张爱奎等，2010）。包裹体成分分析表明流体中富含 Na⁺、K⁺等离子，Na 与 Fe、K 与 Cu 可形成可溶性络合物，使 Fe 跟 Cu 迁移富集（武广等，2013；Xu et al.，2013）。矿区铁矿化是高温高盐度流体与围岩相互交代的产物。该矿化期溶液中的铁，除部分参加形成硅酸盐矿物外，大量以磁铁矿形式出现。经矽卡岩-磁铁矿期作用后，流体演变成富含 CO₂的中高温中高盐度流体，CO₂可能来源于岩浆或为流体演化过程中与围岩相互作用产生，特别是碳酸盐矿物脱碳反应的产物（如 CaCO₃ + SiO₂——→CaSiO₃ + CO₂）。磁铁的析出，削弱了流体的酸性和氧化性。

　　赋矿层位奥陶—志留系滩间山群是一套碳酸盐岩和硅质岩夹火山碎屑岩，这些岩石类型常富含 Au、Ag、Co、Sb、As、Cu 等多金属元素，在区域上也是非常重要的矿源层。此外，矿区东西向断裂是区内最主要的控矿构造，该组断裂时剪时张交替反复，含丰富矿质并有各种络合离子及挥发分的成矿流体沿断裂上涌，受压力和温度影响，原本均一的超临界 $NaCl-H_2O-CO_2$ 流体发生 CO_2 不混溶分离，流体酸性进一步减弱，增强了如 S^{2-} 等高价离子活度，促使硫化物沉淀，导致铅锌铜硫化物在这些构造中大量沉淀富集成矿。由于流体 pH 值升高，也影响了金硫氢络合物稳定性，并在流体中还原性气体综合作用下，Au^+ 被还原成自然金沉淀。后期大气降水或地下水等低温低盐度流体的混合稀释使流体中残余的矿质进一步沉淀，形成少量脉状硫化物及大量碳酸盐矿物。

　　综上所述，肯德可克矿床经历了漫长成矿作用时期，前期以铁矿化为主，后期在热液叠加改造下形成多金属矿化。硫化物碳酸盐期主要经历三个成矿阶段：磁黄铁矿－黄铁矿－黄铜矿－方解石阶段（S_1 阶段）、闪锌矿－方铅矿－黄铁矿－黄铜矿－方解石阶段（S_2 阶段）和碳酸盐化阶段（C 阶段）。每个阶段流体特征有所不同：从 S_1 阶段中高温（270～352℃）、高盐度（19.8%～25.0%）流体到 S_2 阶段中低温（219～239℃）、中低盐度（1.5%～16.0%）流体及至 C 阶段低温（120～210℃）、低盐度（0.9%～14.5%）流体，反映流体从高温到低温、从高盐度到低盐度、从均一到不混溶分离的成矿演化过程（图 2-17）。

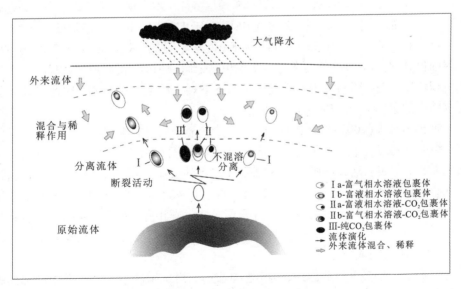

图 2-17　肯德可克矿床成矿流体演化示意图

2.4　成矿作用及成因

2.4.1　大地构造环境

肯德可克矿区地处柴达木盆地西南缘，大地构造位置位于塔柴板块的祁漫塔格弧后裂陷构造带中部的加里东期火山盆地。该区从加里东期开始到海西－印支期经历了多次边缘造山作用。特别是早古生代基底地壳拉张，造成祁漫塔格裂陷槽，在经历拉张后，迅速闭合，产生海底喷流作用。海底火山喷流带来了众多成矿元素，同时沉积了许多陆源物质，与海底火山喷流共同作用，在盆地内沉积形成富含 Co、Bi、Au 等成矿元素的硅质岩和碎屑岩，为后期成矿提供了物质基础。印支期东昆仑地区转入陆内演化阶段，伴随巴颜喀拉洋封闭，该区发生强烈的壳－幔相互作用，岩石圈拆沉、地幔岩浆底侵作用显著，大量幔源物质、能量参与构造岩浆活动和成矿作用，对矿床进一步富集和改造。

2.4.2　控矿因素

（1）地层与成矿的关系

肯德可克多金属矿床的矿体赋存于滩间山群的碎屑岩、矽卡岩化硅质岩中，分别有铜铅锌矿体、钴铋金矿体，以及磁铁矿体等。矿床受地层层位和岩性控制明显，表现为矿体顺层产出，形态呈层状、似层状、不规则透镜状、豆荚状、扁豆状。矿体产状与地层产状相似，为东西走向。

矿区地层以碳酸盐岩、硅质岩、砂岩及砂质泥岩为主，其中奥陶—志留系滩间山群碳酸盐岩与硅质岩夹火山碎屑岩具矿源层特征。本次稀土元素地球化学研究显示围岩配分曲线右倾，稀土总量 $w(\sum REE)$ 介于 $113.10 \times 10^{-6} \sim 156.96 \times 10^{-6}$，低于同类岩石。$\delta Eu$ 值为 $0.33 \sim 0.74$，为 Eu 负异常，铈异常(δCe)值为 $0.8 \sim 0.97$，为弱的负异常。Ce、Eu 负异常与热水沉积物金属物相似，说明成岩过程有热水喷流沉积作用参与，原始成岩物质混入了向下渗透而后上升的海水，因此能够保留海水固有的$\sum REE$低，Ce 亏损等特点。

据孙丰月等(2003)对区内硅质岩、含炭钙质板岩进行含成矿元素化学分析研究，结果表明围岩中成矿元素丰度值高出同类岩石许多倍。其中矿化较好的为含炭钙质板岩，表明陆源物质的加入携带了丰富的成矿物质。上部硅质岩呈层状，见明显浸染状矿化，局部有团块状矿化，说明在海底火山喷流作用过程中，来源深部的流体及成矿物质在海盆地中沉积形成硅质岩并富集矿质，滩间山群岩系具矿源层特征。总体上，矿区地层与成矿关系密切，特别是滩间山群地层。

（2）构造与成矿的关系

研究区历经多个构造旋回，构造极其发育，褶皱构造主要为矿区中南部的轴向近东西的挤压紧闭型向斜构造，在该向斜形成过程中，其轴部及其近轴部两翼区域，形成一些层间剥离(虚脱)与裂隙，为导矿、控矿和储矿提供了条件。此外，与成矿最为密切的当属断裂构造。具体来说主要有三条规模较大的断层，根据断裂走向分为：东西向断裂、北东向断裂及北北西向断裂。东西向断裂是区内重要的控矿构造，主要包括 F_1 逆断层和 F_{10} 逆断层。F_1 逆断层具压扭性剪切特点，断层向深部，破碎带宽度增宽，且被矿体充填，具明显控矿特征；F_{10} 逆断层为隐伏断层，力学性质为先压后张，该断层大部分被铁矿体充填。这两条断层的控矿作用具体表现在：断层面一个北倾，一个南倾，二者交于肯德可克背斜的轴部，形成了上窄下宽的储矿空间。区内主要矿体均产于此二断层间，受它们联合控制。同时，断裂生长演化时间长，且长期处于活动状态，时剪时张，这些特性为矿质活化提取、运移沉淀和富集提供了良好条件。

总体上，区内控矿断裂具以下典型特征：一是北西向占绝对优势；二是矿体产出时的断裂面力学性质为张扭性。断裂走向急剧变化部位或断裂倾角急剧变化部位属张性扩容部位，为成矿提供了有利空间，而且受断裂控制的矿体一般具尖灭再现、膨胀收缩和明显侧伏的特点。

(3) 岩浆活动与成矿关系

东昆仑成矿带岩浆活动比较强烈，其中以中酸性岩浆活动为主，侵入期次有加里东、华力西、印支、燕山四个主要期次，经历了复杂的构造 - 岩浆 - 沉积作用。

肯德可克地区少见岩体分布，少量岩体呈岩株、岩墙或岩基状产出，也有呈脉状产出者，岩性以侵入岩为主，火山岩次之，还有少量浅成岩脉。火山岩形成于海西期，侵入岩属于印支 - 燕山期。岩性上火山岩为泥盆系的角砾熔岩，侵入岩主要以闪长岩、花岗闪长岩、花岗岩为主，呈岩株侵入于滩间山群碳酸盐岩夹硅质岩、泥盆系火山岩和石炭系结晶灰岩中。印支 - 燕山期岩浆作用制约着肯德可克矿床后期叠加改造成矿作用。

本次化学成分分析结果显示岩浆岩样品的 SiO_2 含量在 57.77% ~ 72.1% 之间，属于硅酸弱饱和到饱和类岩石。侵入岩样品 $w(Na_2O) > w(K_2O)$，为钠质岩石，岩石碱总量偏高，具明显富硅富钠富碱特征；里特曼组合指数小于 1.8，属钙碱性岩。熔岩样品以钠质岩石为主，里特曼组合指数小于 2.1，属广义上的钙碱性岩。

岩体稀土元素地球化学分析显示岩体配分曲线右倾，属轻稀土富集型，轻重稀土比远大于 1，轻稀土相对富集强烈。铕异常 (δEu) 值介于 0.72 ~ 0.79，属铕弱负异常型，铈异常 (δCe) 值介于 0.89 ~ 0.97，属弱负异常型，岩浆分异作用不明显，$w(Sm)/w(Nd) > 0.3$，表明岩体具幔源特征。$w(Ce)/w(Yb) - w(Eu)/w(Yb)$ 图解中样品间具明显线性分布特征，说明岩体的形成过程发生了混合作用，应为壳幔混合型成因。

岩体微量元素研究，表明本区原始岩浆来源于深部地幔，且后期与地壳发生了混染作用，既有非造山型花岗岩特征又有造山型花岗岩特征，岩体在形成过程中有较强的分异结晶作用。通过聚类分析可知，岩浆具多源性，既带来了深源的成岩物质，又受到了陆壳物质的叠加和改造。

综合来说，岩浆不仅从深部带来了成矿物质，同时也为成矿作用提供热源，岩浆活动与矿区后期叠加改造成矿作用关系密切。

（4）流体活动与成矿关系

本次流体包裹体研究显示矿区包裹体液相成分中含有 Cl^-、F^-、NO_3^-、SO_4^{2-}、Ca^{2+}、Na^+、K^+离子。阳离子按含量排序为 $w(Ca^{2+}) > w(Na^+) > w(K^+)$；阴离子含量排序为 $w(Cl^-) > w(SO_4^{2-}) > w(F^-) > w(NO_3^-)$。气相成分以 CO_2 和 H_2O 为主，并含有 CH_4 和少量 C_2H_2 以及极少量的 H_2 和 C_2H_6 等气体。CO_2 作为一种弱酸性气体对成矿流体 pH 值的缓冲调节作用显著，存在于流体中的 CO_2 利于促进流体的相分离，而 CH_4 等有机气体具还原性，共同影响着矿质的运移沉淀。

肯德可克矿床经历了漫长成矿作用时期，前期以铁矿化为主，后期在热液叠加改造下形成多金属矿化。通过对多金属主成矿期的包裹体显微测温研究可知，S_1 阶段包裹体全部均一为液相，均一温度集中于 $240 \sim 320℃$，成矿作用以磁黄铁矿化、黄铁矿化为主。S_2 阶段流体发生不混溶分离，其捕获端元组分的流体包裹体均一温度基本代表成矿作用温度。其中 I 型和 II 型包裹体分别捕获于富液相端元（富 $NaCl - H_2O$ 流体）和富气相端元（富 CO_2 相流体），I 型水溶液包裹体均一成液相最低值为 $239℃$，II 型水溶液 - CO_2 包裹体中气相体积分数最大且均一成气相的最低温度为 $219℃$，两个端元温度相近，所以 $219 \sim 239℃$ 基本代表 S_2 阶段成矿作用温度。成矿作用以方铅矿化、闪锌矿化和黄铁矿化为主。C 阶段 I 型水溶液包裹体均一温度为 $114 \sim 286℃$，集中于 $120 \sim 210℃$，均值为 $167℃$，属低温范畴，成矿以细脉硫化物的形式伴生于碳酸盐矿物中，表明流体成矿作用进入末期。总之，每个阶段流体特征各有不同：从 S_1 阶段中高温（$270 \sim 352℃$）、高盐度（$19.8\% \sim 25.0\%$）流体到 S_2 阶段中低温（$219 \sim 239℃$）、中低盐度（$1.5\% \sim 16.0\%$）流体及至 C 阶段低温（$120 \sim 210℃$）、低盐度（$0.9\% \sim 14.5\%$）流体，反映流体从高温到低温、从高盐度到低盐度、从均一到不混溶分离的成矿演化过程。

肯德可克多金属矿床原始成矿流体具高温高盐度特征，可能来源于岩浆。流体中富含 Na^+、K^+ 等离子，Na 与 Fe、K 与 Cu 可形成可溶性络合物，使 Fe 与 Cu 迁移富集。矿区铁矿化是高温高盐度流体与围岩相互交代的产物。该矿化期溶液中的铁，除部分参加形成硅酸盐矿物外，大量以磁铁矿形式出现。磁铁矿的析出，削弱了流体的酸性和氧化性。经矽卡岩 - 磁铁矿期作用后，流体演变成富含 CO_2 的中高温中高盐度流体。受矿区断裂构造影响，含丰富矿质和各种络合离子及挥发分的成矿流体沿断裂上涌，受压力和温度影响，原本均一的超临界 $NaCl - H_2O - CO_2$ 流体发生 CO_2 不混溶分离，流体酸性进一步减弱，增强了如 S^{2-} 等高价离子活度,促使硫化物沉淀,导致铅锌铜硫化物在这些构造中大量沉淀富集成矿。由于流体 pH 升高,也影响了金硫氢络合物稳定性,并在流体中还原性气体综合作用下,Au^+ 被还原成自然金沉淀。后期大气降水或地下水等低温低盐度流体的混合稀释使流体中残余的矿质进一步沉淀,再次对矿床叠加富集改造。

2.4.3　矿床成因

肯德可克矿区位于柴达木盆地的西南缘的祁漫塔格弧后盆地,其总体特征为多期成矿叠加改造而成。本区从早古生代开始基底地壳拉张,祁漫塔格裂陷槽形成,在拉张环境中,沿同生断裂发生了热水喷流沉积作用。这种环境利于热水对流循环,来源地壳或上地幔的流体沿同沉积断裂上升,并不断萃取如滩间山群等富矿质围岩中的有用组分形成成矿流体,遇到沿张性断裂不断下渗的低温海水引发化学反应,矿质主体以沉积方式富集,形成本区大量具原生沉积组构的微细粒胶状黄铁矿和磁黄铁矿以及具隐晶质结构且富含铁锰氢氧化物的硅质岩。反应后残余少量矿质的流体继续被加热并与周围岩石发生反应,或与汇入的陆源碎屑发生反应,不断萃取富集矿质,循环作用。但因肯德可克多金属矿床的裂陷环境活动时限较短、热动力能量较小,仅形成规模较小的矿体,该期成矿作用是矿质的预富集,为后期岩浆热液叠加改造奠定了基础。

加里东期原特提斯洋盆逐渐缩小,洋壳向北俯冲,本区处于弧后裂陷带,火山岩表现为亲弧裂谷双峰式特征。海西—印支期,东昆仑进入古特提斯洋演化阶段,洋壳迅速由南向北向俯冲,洋、陆壳挤压抬升,本区发生强烈构造变形,使深大断裂发生压扭性运动,这些构造多具深切割和多期活动特征。印支早期以挤压俯冲作用为主,晚期则为造山作用,表现为剧烈的壳 – 幔相互作用,岩石圈发生拆沉导致岩浆底侵。深部地质作用及壳幔相互作用深化和扩大了肯德可克矿床的成矿体系,岩浆沿构造向浅部侵入运移,为矿床的叠加改造提供了物源和热源,在喷流沉积成矿作用基础上,叠加复合形成特有的矽卡岩及铁、铜、铅锌等金属矿化。

印支—燕山期,本区进入强烈陆陆碰撞阶段,中酸性岩浆岩广泛发育,并显示出壳 – 幔岩浆混合的特征。在岩浆热液交代成矿作用下,成矿流体继续向浅部运移,受大气降水或其他浅部地下水的影响,在有利构造空间或破碎围岩中形成中、低温热液矿化,如钴、金矿化等。

综合肯德可克多金属矿床成矿地质构造背景、成矿特征、矿床地球化学,认为该矿床从基底地壳拉张,演变为裂陷槽和伸展盆地,早古生代发生火山及喷流活动,形成早期矿化和硅质岩;晚古生代复杂的岩浆活动形成矽卡岩成矿系统;在印支—燕山期岩石圈拆沉和幔源岩浆底侵作用及构造影响下,矿床又叠加了多次热液活动,具多因复成特点,其成矿模式见图 2 – 18。

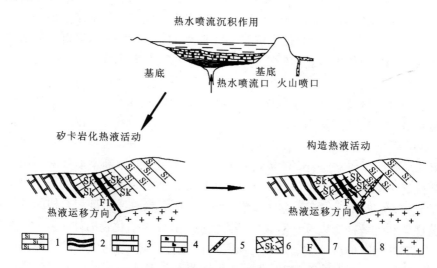

图 2－18　肯德可克多金属矿床成因模式图

1—硅质岩；2—钙质板岩；3—大理岩；4—钙质灰岩；5—破碎角砾岩；

6—矽卡岩；7—断裂构造；8—矿体；9—中酸性侵入岩

第三章 卡尔却卡铜多金属矿地质特征与成矿作用

3.1 矿床地质特征

卡尔却卡铜多金属矿床位于那陵格勒河以南的祁漫塔格中央山脉，从肯德可克由便道向南翻越山梁约 30 km 至那陵格勒河边，在河的北岸顺便道向西 50 km 至胜华矿业公司选矿厂，过河向南 20 km 至胜华矿业矿山，海拔在 4300 m 以上。

矿区主要出露的地层为滩间山群大理岩、基性火山岩以及第四系坡积物。构造以断裂构造（主要为北北西向）为主，褶皱构造不发育。侵入岩主要为似斑状黑云母二长花岗岩和花岗闪长岩（李东生，2010）（图 3-1）。

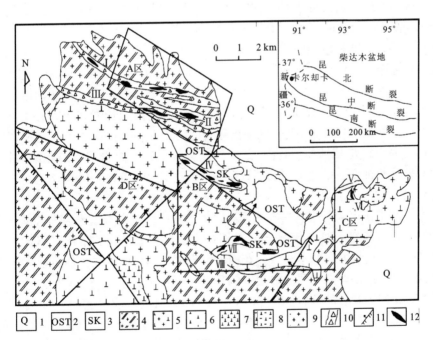

图 3-1 卡尔却卡铜多金属矿床地质简图（李东生，2010）

1—第四系；2—滩间山群；3—矽卡岩；4—似斑状黑云母二长花岗岩；

5—花岗闪长岩；6—石英闪长岩；7—闪长岩；8—闪长玢岩；

9—花岗岩；10—破碎蚀变带；11—断层；12—矿体

3.1.1　地层

（1）金水口群

矿区可见金水口群主要分布于岩基边部或者呈捕虏体形式被包裹于各期的岩体中，岩性以灰黑色含石榴子石、矽线石或堇青石的黑云斜长片麻岩为主。

（2）滩间山群

滩间山群主要分布于矿区的 B 区和 C 区，D 区也有少量分布，四周被岩体包围，多呈不规则孤岛状发育。岩性主要为大理岩和基性火山岩。

（3）第四系

主要为河谷冲积砂、砾和黏土，分布于河谷和山前地区。

3.1.2　构造

矿区主要发育断裂构造，褶皱构造不发育。区内主要的断裂为一系列近平行的北西西向断裂，被少量的北东走向断层截切，形成了宽度从 10～50 m 不等的断层破碎带。北西西向断裂是区内的主要控矿构造，显示出多期活动的特点，断裂挤压较强烈，力学性质表现为压扭性。

A 区的似斑状黑云母二长花岗岩体中共圈出近平行的断裂 3 条，长度大于7.3 km，宽 50～150 m 不等，总体产状为走向 NW–SE 向，倾角 65°～80°。破碎带中可见云煌岩脉和后期的花岗闪长岩脉。发育石英绢云母化、绿泥石化、绿帘石化、泥化等，含少量石英硫化物脉，其中含铜，氧化带有许多孔雀石和蓝铜矿。矿化主要类型为黄铁矿化、黄铜矿化等。该组断裂是 A 区的主要控矿构造。

B、C 区的主要控矿断裂均发育在华力西晚期花岗闪长岩体中，主要为北西西向断裂，宽 20～180 m 不等，区内出露长度约 2.3 km，第四纪覆盖物发育。断裂带内主要为碎裂大理岩、矽卡岩、碎裂似斑状二长花岗岩和碎裂花岗闪长岩。发育高岭石化蚀变。矿化主要为铅锌矿化、褐铁矿化和黄铁矿化等。

3.1.3　岩浆岩

卡尔却卡矿区的岩浆岩具有多期次侵入的特征。侵入岩主要为黑云母二长花岗岩和花岗闪长岩。似斑状黑云母二长花岗岩呈岩基产出，整体呈 NWW 向展布，与区域构造线方向基本一致。花岗闪长岩主要呈岩株状侵入似斑状黑云母二长花岗岩中，产出形态主要为较规则的长条状，整体展布亦呈 NWW 向。根据资料，本区花岗闪长岩的锆石 SHRIMP U–Pb 年龄为（237±2）Ma（N=15，NSWD=0.8），应形成于中三叠世，为印支期岩浆活动的产物（王松等，2009）。另 A 区局部可见闪长岩、石英闪长岩、闪长玢岩和花岗细晶岩等呈小岩株、岩脉、岩枝产出，与花岗闪长岩空间关系密切。

（1）岩相学特征

似斑状黑云母二长花岗岩：多呈浅肉红色，中–粗粒似斑状结构，构造类型主要为块状构造，局部片麻状构造，造岩矿物主要以钾长石、斜长石及石英为主；

暗色矿物以角闪石和黑云母为主；副矿物含量较少，主要有磁铁矿和赤铁矿等，以他形或他形-半自形不等粒状充填于其他矿物之间，形成于晚二叠世。

花岗闪长岩：呈岩株状侵入于前者，岩石为灰白色，中-细粒结构，块状构造，主要矿物成分为斜长石、钾长石、石英、角闪石和黑云母，其他矿物含量较少。

另外根据钻孔（ZK3901）资料，矿区深部可见矿化的花岗闪长斑岩和花岗斑岩等小岩体，岩体铜矿化厚度大，品位低，反映了斑岩型矿体的存在。岩石主要呈肉红色-灰白色，斑状结构，块状构造，斑晶为石英、钾长石、斜长石和黑云母。粒径大小约为 1.2~2.5 mm，斑晶约占 15%~20%，基质为隐晶质，主要为斜长石，其次为石英和正长石，粒径大小约为 0.06~0.3 mm（王松等，2009）。

（2）主量元素特征

主量元素分析是研究岩浆岩最重要的方法之一，对于岩浆岩的精确鉴定、对比，分析其联系、成因、演化等都非常重要。表 3-1 显示样品 SiO_2 含量为 58.2%~71.6%，属于中酸性岩，与 TAS 图解（图 3-2）投点一致，均落入花岗岩、花岗闪长岩及闪长岩区。A/CNK 值为 0.87~1.10（≤1.1），为铝质不饱和或弱饱和。全碱含量（AKL）为 5.16%~8.08%，碱度率指数（AR）为 1.56~3.20，里特曼指数（σ）为 1.52~2.34（<3.3），为钙碱性岩。

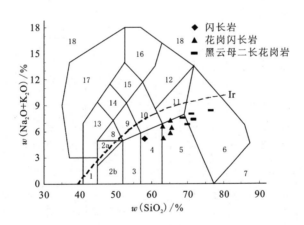

图 3-2 TAS 图解（据 Middlemost，1994）

1—橄榄辉长岩；2a—碱性辉长岩；2b—亚碱性辉长岩；3—辉长闪长岩；4—闪长岩；5—花岗闪长岩；6—花岗岩；7—硅英岩；8—二长辉长岩；9——二长闪长岩；10—二长岩；11—石英二长岩；12—正长岩；13—副长石辉长岩；14—副长石二长闪长岩；15—副长石二长正长岩；16—副长正长岩；17—副长深成岩；18—霓方钠岩/磷霞岩/粗白榴岩
Ir—Irvine 分界线，上方为碱性，下方为亚碱性

表 3-1 岩浆岩主量元素化学组成及参数

w/%

岩性	闪长岩	花岗闪长岩					黑云母二长花岗岩			
样品	IIIB-29	KE-3-18	IA-1	KD17-3	IIA-55	KTA-1	ZKB28-1	IA-3	ZKB28-6	AD-2
SiO_2	58.20	65.24	65.66	65.28	63.12	69.80	71.60	71.49	68.39	71.03
TiO_2	0.84	0.56	0.60	0.61	0.56	0.34	0.23	0.19	0.33	0.22
Al_2O_3	16.96	14.56	15.14	15.68	17.61	14.85	14.35	13.82	14.62	13.92
TFe_2O_3	7.08	5.10	4.69	3.57	4.61	3.64	2.82	3.15	3.43	2.60
MnO	0.11	0.06	0.07	0.09	0.05	0.05	0.02	0.04	0.02	0.01
MgO	2.97	1.75	1.92	1.82	1.19	0.90	0.61	0.59	0.83	0.69
CaO	6.47	4.88	3.87	4.52	4.54	2.76	2.21	1.93	2.00	1.49
Na_2O	3.17	2.78	3.27	3.57	4.43	3.85	3.86	3.58	3.55	2.18
K_2O	1.99	3.10	3.23	3.69	2.22	3.03	3.51	3.89	4.03	5.90
P_2O_5	0.16	0.11	0.13	0.12	0.13	0.10	0.06	0.06	0.09	0.06
LOI	0.71	0.67	0.80	0.62	0.97	0.81	0.72	0.84	2.29	1.82
Total	98.66	98.81	99.38	99.57	99.43	100.13	99.99	99.58	99.58	99.92
σ	1.68	1.52	1.84	2.34	2.15	1.76	1.89	1.94	2.22	2.31
AKL	5.16	5.88	6.50	7.26	6.65	6.88	7.37	7.47	7.58	8.08
A/CNK	0.89	0.87	0.95	0.87	0.98	1.02	1.01	1.02	1.06	1.10
AR	1.56	1.87	2.04	2.12	1.86	2.28	2.60	2.80	2.68	3.20

注:测试单位:广州澳实矿物研究室,$AKL = K_2O + Na_2O$;$A/CNK = Al_2O_3/(CaO + K_2O + Na_2O)$,用摩尔比计算。

在 TAS 图解中，样品均位于亚碱性岩区间，$w(K_2O)-w(SiO_2)$ 图(图 3-3)中，绝大部分样品位于高钾钙碱性岩系内。总体上，矿区花岗岩类侵入体具有准铝质—弱过铝质和高钾钙碱性特征，与典型 I 型花岗岩相当。矿区的容矿围岩浅部以印支期黑云母二长花岗岩、花岗闪长岩为主，深部为花岗斑岩和花岗闪长斑岩，它们均属高钾钙碱性系列岩石。

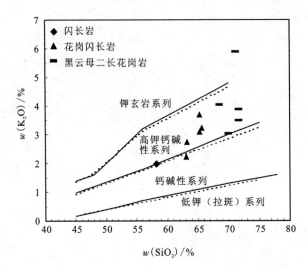

图 3-3　$w(K_2O)-w(SiO_2)$ 图解(据 Peccerillo and Taylor, 1976)

3.1.4　矿石特征

(1)矿石矿物组成

卡尔却卡矿区岩体蚀变破碎带中的斑岩型矿化(A 区)的矿石类型主要为蚀变矿化带黄铜矿矿石、石英脉型黄铜矿矿石。金属矿物主要有黄铜矿、黄铁矿，含少量的闪锌矿、锡石、毒砂、黑钨矿。

矽卡岩型铜钼多金属及热液脉型金、锌矿化(B、C 区)主要金属矿物为黄铜矿、斑铜矿、辉铜矿、黝铜矿、铜蓝、辉钼矿、黄铁矿、磁铁矿、针铁矿、闪锌矿、方铅矿、硬锰矿、磁黄铁矿等。脉石矿物主要由石英、方解石、透辉石、石榴子石、透闪石、符山石、阳起石、白云石、绿帘石组成。

矽卡岩矿石中，最常见的矿物为石英、石榴子石、绿泥石、绿帘石、透闪石和方解石，矽卡岩镜下特征及结构构造、产出形态见图 3-4。

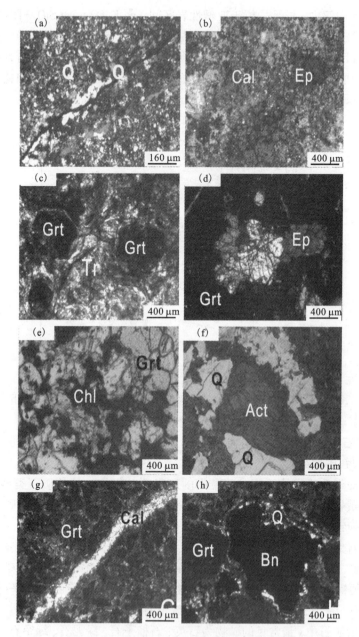

图3-4 卡尔却卡矿区矽卡岩矿物镜下特征

(a)两期石英(+);(b)大理岩中的绿帘石化(+);(c)石榴子石被透闪石交代
(+);(d)绿帘石被石榴子石包围(+);(e)绿泥石充填在石榴子石颗粒间(-);
(f)矿化岩体中的阳起石(-);(g)后期方解石脉穿插石榴子石(+);(h)后期石英
分布于斑铜矿边部,与其共生(+)。缩写:Q—石英;Act—阳起石;Ep—绿帘石;
Grt—石榴子石;Tr—透闪石;Chl—绿泥石;Cal—方解石

（2）矿石结构和构造

矿石的构造：卡尔却卡多金属矿床的矿石构造主要有脉状构造、网脉状构造、稀疏浸染状构造、稠密浸染状构造、条带状构造以及块状构造。

矿石的结构：本区矿石的结构复杂多样，主要有半自形结构、填隙结构、侵蚀结构、固溶体分离结构、反应边结构和交代残余结构（图3－5）。

3.1.5 围岩蚀变

卡尔却卡矿区 A 区蚀变分带大体以含矿花岗闪长斑岩为中心向外的面状分布，中部为钾化和硅化，为细脉浸染状低品位铜矿石。南侧为黄铁似千枚岩化带，发育似千枚岩化、高岭石化蚀变，矿体多与含矿岩枝（岩脉）有关。

B 区蚀变以石榴子石、透辉石、绿泥石、绿帘石矽卡岩化和硅化为主，伴有斑岩蚀变，亦叠加有低温热液的高岭石化蚀变。

C 区蚀变以网脉状含金黄铁矿化为主。

3.1.6 成矿期与成矿阶段

矽卡岩型矿床的成矿期和成矿阶段划分见表3－2。

矽卡岩期：分为早矽卡岩和晚矽卡岩两个阶段。早矽卡岩阶段主要形成岛状、链状无水硅酸盐矿物，主要为透辉石，石榴子石等；晚矽卡岩阶段的矿物主要是交代早矽卡岩阶段的矿物形成的，主要矿物有透闪石、阳起石、绿帘石等。并出现大量的磁铁矿。

石英－硫化物期：该期可分为早硫化物阶段和晚硫化物阶段。早硫化物阶段形成矿物以高中温金属硫化物为主，有磁黄铁矿、黄铜矿、黄铁矿、辉钼矿，脉石矿物有碳酸盐、绿泥石、绿帘石；晚硫化物阶段形成的矿物有黄铜矿、黄铁矿、方铅矿、闪锌矿，脉石矿物有绿泥石和碳酸盐矿物。

表生期：以氧化作用为主，表现为黄铁矿氧化为褐铁矿、黄铜矿氧化为孔雀石等。

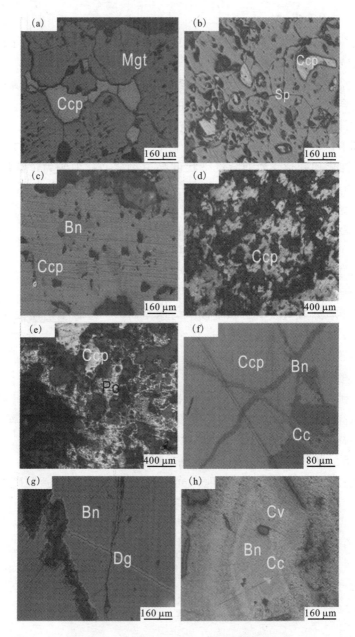

图 3 – 5　卡尔却卡主要矿石矿物镜下特征

(a)黄铜矿充填在磁铁矿颗粒间，反光(–)；(b)黄铜矿与闪锌矿呈固溶体分离结构产出，反光(–)；(c)斑铜矿与黄铜矿呈固溶体分离结构产出，反光(–)；(d)黄铜矿呈交代残余结构产出，反光(–)；(e)磁黄铁矿呈交代残余结构产出，反光(–)；(f)斑铜矿脉穿插黄铜矿，并被辉铜矿脉穿插，反光(–)；(g)蓝辉铜矿沿斑铜矿边部和裂隙处产出，反光(–)；(h)斑铜矿、辉铜矿、铜蓝呈环带状分布，反光(–)。缩写：Ccp—黄铜矿；Mgt—磁铁矿；Sp—闪锌矿；Bn—斑铜矿；Po—磁黄铁矿；Cc—辉铜矿；Dg—蓝辉铜矿；Cv—铜蓝

表 3-2 卡尔却卡铜多金属矿床矽卡岩矿物生成顺序表

矿化期 矿化阶段 矿物名称	矽卡岩期		石英-硫化物期		表生期
	早矽卡岩阶段	晚矽卡岩阶段	早硫化物阶段	晚硫化物阶段	
石榴子石	▬▬▬▬				
透辉石	▬▬				
阳起石		▬▬▬			
透闪石		▬▬▬			
磁铁矿		▬▬			
绿帘石		▬▬	—		
绿泥石			▬▬		
辉钼矿			▬		
石英			▬▬	—	
磁黄铁矿			▬		
黄铁矿			▬▬▬		
黄铜矿			▬▬▬		
斑铜矿				▬▬	
辉铜矿				▬▬	
闪锌矿				▬▬	
方铅矿				▬▬—	
方解石				—▬	
褐铁矿					▬▬▬
孔雀石					▬▬▬

3.2 流体包裹体特征

3.2.1 样品特征

本次包裹体研究的样品采自于卡尔却卡矿区地表、坑道及钻孔的岩体和矿体。样品特征见表 3-3。

表 3 – 3   样品采样位置及特征

样号	样品类型	采样位置	样品描叙	主矿物	研究方法
RA – 2	岩体	A 区	蚀变岩体，蚀变主要为绢云母化，可见明显绿泥石细脉	石英	测温
RA – 4	岩体	A 区	构造带岩石，可见颗粒达厘米级的石英，同时可见黄铁矿脉、孔雀石和蓝铜矿化	石英	群体包裹体成分测试
RA – 6	岩体	A 区	灰色花岗闪长岩体，略有蚀变，可见长石斑晶	石英	测温
RA – 7	岩体	A 区	细粒灰色花岗闪长岩，可见黑云母组成的斑点状团块，同时可见长石斑晶	石英	测温
RZ – 1	岩体（钻孔）	A 区	花岗闪长岩，可见斑晶，主要矿物为斜长石、石英、呈团块状的黑云母等。可见稀疏浸染状黄铁矿化	石英	测温
RZ – 2	岩体（钻孔）	A 区	岩性与 RZ – 1 基本相同，有蚀变，可见明显细脉状黄铁矿化	石英	测温
RZ – 3	岩体（钻孔）	A 区	岩性与 RZ – 1 基本相同，但矿化有所加强，可见浸染状和团块状黄铁矿化和黄铜矿化	石英	测温
RZ – 5	岩体（钻孔）	A 区	花岗闪长岩，可见细脉黄铁矿，可见边部有细蚀变带，呈灰绿色，可能为绿泥石化	石英	测温
RZ – 6	岩体（钻孔）	A 区	样品可见粗大角砾，成分推测为石英，还可见细脉状和浸染状黄铜矿化	石英	测温
RM – 3	矿石	B 区	矽卡岩，主要矽卡岩矿物为石榴子石、透辉石、硅灰石等	方解石	测温/群体包裹体成分测试
RM – 5	矿石	B 区	含矿矽卡岩，矽卡岩矿物同上，主要矿化为斑铜矿化、黄铜矿化等，可见大理岩夹层	方解石	测温
RM – 11	矿石	B 区	矿化矽卡岩，主要矽卡岩矿物为绿泥石，主要矿化为团块状黄铁矿化和斑铜矿化，可见紫色萤石	萤石	测温
RM – 14	矿石	B 区	含矿矽卡岩，可见明显蓝灰色金属矿物呈团块状分布，推测为辉铜矿	石英	测温
RM – 15	矿石	B 区	矽卡岩化大理岩，可见条带状大理岩条带和脉状铜矿化	石英	测温

3.2.2　显微测温

本次研究对象为斑岩型矿化岩体样品 8 件和矽卡岩型矿化矿体样品 5 件，共测试了 129 个流体包裹体，主矿物分别为石英、方解石和萤石，其中 92 个为水溶液包裹体，37 个为含子矿物包裹体。显微冷热台测温结果及计算所得参数见表 3-4，依据室温下的相态特征，将这些原生包裹体分为 I 型（气液两相水溶液包裹体，又分为 I a 和 I b 两个亚类型，I a 均一为液相，I b 均一为气相）、II 型（含盐类子矿物三相水溶液包裹体，又分为 II a 和 II b 两个亚类型，II a 子矿物先熔化而后气液均一，II b 气液先均一而后子矿物消失）（图 3-6）。其中，矿石中大量发育 I 型包裹体，而岩体中 I 型和 II 型都较发育。

表 3-4　卡尔却卡流体包裹体显微测温结果统计表

样号	包裹体类型	气液比/%	冰点温度/℃（个）	子矿物熔化温度/℃（个）	气液均一温度/℃（个）	盐度/wt% NaCleq.（个）
RA-2	I a	20~55	-3.7~-11.5(7)		297~>500(8)	5.9~15.5(7)
	II a	20~35		177~305(7)	307~366(7)	30.8~38.6(7)
	II b	20		329~418(3)	277~320(3)	40.3~49.5(3)
RA-6	I a	20~40	-13~-20.8(2)		274~333(2)	16.9~22.9(2)
	II a	18~33		296~323(3)	338~377(3)	37.9~40.0(3)
	II b	20~25		321~365(3)	304~351(3)	39.9~43.8(3)
RA-7	I a	15~40			371(1)	
	II a	25		294~316(2)	395~420(2)	37.7~39.4(2)
	II b	20~30		360~403(2)	320~374(3)	43.4~47.8(2)
RZ-1	I a	12~45	-16.5~-20.8(3)		371~495(3)	19.8~22.9(2)
	II b	15~20		335~346(2)	283~321(2)	41.1~42.0(2)
RZ-2	I a	5~45			479(1)	
	I b	50			340(1)	
	II a	25~28		285~325(4)	310~418(4)	37.0~40.2(4)
	II b	15~30		338~410(3)	300~346(3)	41.3~48.6(3)
RZ-3	I a	8~55	-4.7~-19.8(4)		331~>500(4)	7.4~22.2(4)
	II a	25		458(1)	>500(1)	54.3(1)

续表 3 - 4

样号	包裹体类型	气液比/%	冰点温度/℃（个）	子矿物熔化温度/℃（个）	气液均一温度/℃（个）	盐度/wt%NaCleq.（个）
RZ - 5	Ⅰa	20 ~ 55	- 3.8 ~ 16.0(7)		331 ~ 439(8)	6.08 ~ 19.4(7)
	Ⅱa	25		357(1)	371(1)	43.1(1)
	Ⅱb	25		392(1)	391(1)	46.6(1)
RZ - 6	Ⅰa	12 ~ 50	- 12 ~ - 13.4(2)		443(1)	16.0 ~ 17.3(1)
	Ⅰb	70				
	Ⅱa	20 ~ 45		288 ~ 495(2)	293(1)	37.3 ~ 59.1(2)
	Ⅱb	10 ~ 15		320 ~ 420(4)	216 ~ 333(4)	39.8 ~ 49.7(4)
RM - 3	Ⅰa	12 ~ 38	- 2.5 ~ - 6.1(7)		147 ~ 322(8)	4.2 ~ 9.3(7)
RM - 5	Ⅰa	10 ~ 45	- 1.3 ~ - 6.1(15)		174 ~ 239(14)	2.2 ~ 9.3(15)
RM - 11	Ⅰa	8 ~ 30	- 2.2 ~ - 6.3(9)		137 ~ 229(9)	3.7 ~ 9.6(9)
RM - 14	Ⅰa	11 ~ 35	- 0.4 ~ - 2.8(4)		195 ~ 260(5)	0.7 ~ 4.7(4)
RM - 15	Ⅰa	10 ~ 37	- 1.8 ~ - 8.9(14)		167 ~ 242(14)	3.1 ~ 12.7(14)

包裹体测温结果表明，矽卡岩样品的气液均一温度集中在 170 ~ 260℃，而斑岩样品的气液均一温度集中在 290 ~ 380℃。斑岩样品中Ⅰ型包裹体的冰点温度在 - 3.7 ~ - 20.8℃ 之间，根据经验公式换算成对应的盐度为 5.9% ~ 22.9%（wt% NaCl eq.，下同），平均盐度 14.6%；斑岩样品中Ⅱ型包裹体的子矿物熔化温度介于 177 ~ 495℃，根据经验公式换算成对应的盐度为 30.8% ~ 59.1%，平均盐度 41.9%。斑岩型矿化样品中的包裹体盐度整体呈一个连续的降低趋势，表现出其成矿流体的演化过程。

包裹体的均一温度及盐度直方图见图 3 - 7，均一温度 - 盐度关系见图 3 - 8。斑岩型矿化作用的包裹体类型主要为Ⅰa、Ⅱa 和Ⅱb 型为主，与Ⅰb 型包裹体共存。这种特征表明包裹体为不均一捕获，是流体沸腾的表现（孟祥金等，2005）。由盐度 - 均一温度关系图可以看出，Ⅱb 型包裹体所带代表的流体沿着 NaCl 饱和曲线分布，代表饱和成矿流体降温的过程。当流体演化至较低温时，捕获的包裹体的均一温度弥散，反映流体沸腾。由实验所测数据可知，沸腾温度约在 290 ~ 320℃左右。由Ⅱb 型包裹体测得数据可知最高的子矿物熔化温度为 495℃，该温

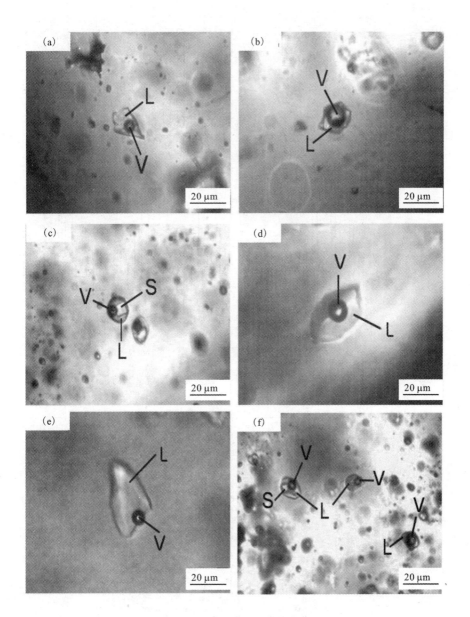

图 3 - 6　矿物流体包裹体特征

(a)斑岩样品的石英中富液相两相水溶液包裹体；(b)斑岩样品的石英中富气相两相水溶液包裹体；(c)斑岩样品的石英中含子矿物的三相包裹体；(d)矽卡岩样品中的方解石中富液相两相水溶液包裹体；(e)矽卡岩样品中的萤石中富液相两相水溶液包裹体；(f)斑岩样品中富气相包裹体、富液相包裹体与含子矿物包裹体共生。缩写：L—水溶液相；V—蒸汽相；S—子矿物

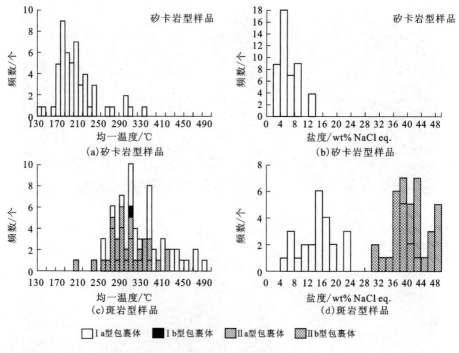

图3-7　流体包裹体气液均一温度及盐度统计直方图

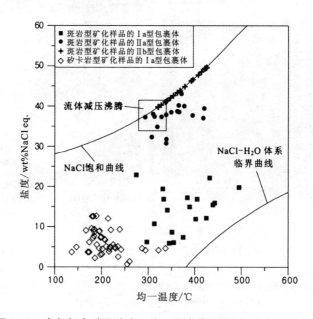

图3-8　卡尔却卡矿区盐度-均一温度关系图(Roedder, 1984)

度值反映早期流体捕获时的最高温度的下限值。可见,斑岩型矿化的成矿温度范围较宽,早期温度接近500℃,晚期可能由于裂隙的扩展减压造成了流体的沸腾,温度已降到290~320℃。

矽卡岩矿石中的包裹体则较为简单,只见Ⅰa型包裹体,均一温度集中于170~260℃之间,平均为217℃。在矽卡岩矿物中未见有沸腾或者不均一捕获现象,故应对所测数据进行压力校正。

3.2.3 成分分析

通过测试,获得群体包裹体成分分析测量值(表3-5)表明,卡尔却卡矿区流体包裹体液相成分中主要含有 Cl^-、NO_3^-、SO_4^{2-}、Na^+、K^+、Ca^{2+} 离子,并含有痕量 F^-、Mg^{2+}、PO_4^{3-} 离子,总体上看,阳离子按含量多少排序为 $w(Ca^{2+}) > w(Na^+) > w(K^+)$;阴离子是 $w(SO_4^{2-}) > w(Cl^-) > w(NO_3^-) > w(F^-)$。流体包裹体中气相以 H_2O 为主,其次含有 CO_2 和极少量 H_2 等组分,并含有 CH_4、C_2H_2 和 C_2H_6 等有机气体。

表 3-5 卡尔却卡多金属矿床流体包裹体气液相成分分析结果

样号	测试对象	包裹体液相成分/($\mu g \cdot g^{-1}$)										
		F^-	Cl^-	NO_3^-	PO_4^{3-}	SO_4^{2-}	Li^+	Na^+	NH_4^+	K^+	Mg^{2+}	Ca^{2+}
RM-3	石榴子石	痕	3.967	0.028	无	4.247	无	2.163	无	1.921	痕	2.213
RA-4	石英	2.309	5.924	0.192	痕	6.375	痕	3.644	无	2.113	痕	6.789

样号	测试对象	包裹体气相成分/($\mu g \cdot g^{-1}$)								
		H_2	O_2	N_2	CH_4	CO	C_2H_2	C_2H_6	CO_2	H_2O
RM-3	石榴子石	6.371	无	无	12.334	无	痕	痕	516.377	1795
RA-4	石英	10.473	无	痕	7.394	无	1.392	痕	760.971	1349

测试单位:中南大学有色金属成矿预测教育部重点实验室

群体包裹体阳离子含量的变化可以看出,流体中的 F^-、Ca^{2+} 的含量从岩体到矽卡岩矿物降低较明显,而 Na^+、K^+ 略有减少,变化不大。这可能反映出流体中的 Ca^{2+} 经过与围岩的交代作用,形成矽卡岩矿物(石榴子石、萤石等)沉淀下来,F^-、Ca^{2+} 逐渐降低的过程。

3.2.4 讨论

(1)成矿温度

1)斑岩型矿化

斑岩型矿化作用的包裹体类型主要为Ⅰa、Ⅱa和Ⅱb型为主,与Ⅰb型包裹体共存。这种特征表明包裹体为不均一捕获，是流体沸腾的表现（孟祥金等，2005）。由盐度－均一温度关系图可以看出，Ⅱb型包裹体所代表的流体沿着NaCl饱和曲线分布，代表饱和成矿流体降温的过程。当流体演化至较低温时（如图3－8所示区域），捕获的包裹体的均一温度弥散，反映流体沸腾。由图3－8和实验所测数据可知，沸腾温度约在290～320℃左右。由Ⅱb型包裹体测得数据可知最高的子矿物熔化温度为495℃，该温度值反映早期流体捕获时的最高温度的下限值。可见，斑岩型矿化的成矿温度范围较宽，从接近500℃开始，一直演化到290～320℃时发生沸腾作用。该温度反映包裹体的主矿物石英的形成温度，而硫化物的形成温度略低于石英，与世界上大多数斑岩铜矿硫化物沉淀的温度（250～350℃）是一致的（曹勇华等，2011）。

2）矽卡岩型矿化

矽卡岩矿石中的包裹体则较为简单，只见Ⅰa型包裹体，均一温度集中于170～260℃之间，平均为217℃。在矽卡岩矿物中未见有沸腾或者不均一捕获现象，故应对所测数据进行压力校正。考虑到该区的矿化都与印支期侵入的花岗闪长岩密切相关，为同一期岩浆活动的产物，成矿深度应大致相近。因此，可用斑岩型矿化样品算出的压力对矽卡岩型矿化的成矿温度进行校正。校正后的成矿温度约比实际所测温度高5～6℃。

矽卡岩型矿石中的包裹体主要赋存于方解石、萤石和石英中，为矽卡岩型矿床中的氧化物阶段，细分可划分至石英－硫化物期，为较晚期的阶段，主要是在中－低温条件下形成的，与实测的温度较为接近。

（2）成矿流体成分和盐度

斑岩型样品主矿物石英中的包裹体以富液相水溶液包裹体（Ⅰ型）和含子矿物的三相包裹体（Ⅱ型）为主。群体包裹体成分分析表明成矿流体阳离子以K^+、Ca^{2+}、Na^+为主，经实验测得研究区包裹体冰的初熔温度多数在－21～－39℃之间，少部分在－50℃左右，说明水溶液中电解质以NaCl为主，并混有K^+、Ca^{2+}或者更为复杂的水盐体系，这与群体包裹体成分分析的结果吻合。

斑岩样品中Ⅰ型包裹体盐度介于5.9%～22.9%之间，平均盐度14.6%；Ⅱ型包裹体盐度介于30.8%～59.1%之间，平均盐度41.9%；矽卡岩样品中Ⅰa型包裹体盐度介于0.7%～12.7%之间，平均盐度5.7%；矽卡岩样品中未见Ⅰb型和Ⅱ型包裹体。由此可见，斑岩型矿化的流体盐度整体高于矽卡岩型矿化的流体盐度，这可能是由于矽卡岩型矿化混入了围岩中地下水的缘故。

（3）成矿压力和成矿深度

根据所测出的冰点温度、子矿物熔化温度和均一温度，用Brown（1989）的FLINCOR软件估算了各类型包裹体的均一压力（Brown，1989）。斑岩型矿化岩中的Ⅰa型包裹体均一压力估算值介于5.4～61.8 MPa之间，平均24.6 MPa；Ⅱa

型包裹体均一压力估算值介于7.4~32.9 MPa之间，平均16.8 MPa；Ⅱb型包裹体均一压力估算值波动较大，介于36.8~371.7 MPa之间，平均142.2 MPa；矽卡岩矿石中的Ⅰa型包裹体均一压力估算值介于0.5~13.5 MPa之间，平均2.2 MPa。

　　Ⅱa型包裹体的气液均一温度较低，而子矿物熔化温度高，完全均一温度就是子矿物的熔化温度。按照气液均一温度和完全均一温度估算的均一压力介于36.8~371.7 MPa之间，无法用静岩压力或静水压力来解释，代表超高压的环境。但随着温度降低至290~320℃时，流体发生沸腾，说明流体压力突然降低，可能反映围岩发生碎裂降压过程。根据流体发生沸腾时的温度和对应的盐度，可计算得流体压力在7.0~10.8 MPa之间。考虑到碎裂构造与沸腾流体代表的环境开放性，按照静水压力计算的成矿深度约为0.7~1.1 km。

3.3　矿床地球化学特征

3.3.1　稀土元素特征

　　稀土元素地球化学研究在示踪成矿物质来源、成矿条件及成矿过程等方面起重要的作用，在矿床成因中得到广泛应用（李龙等，2001；Li et al.，2013）。本次研究对象包括11件岩体样品，岩性以黑云母二长花岗岩和花岗闪长岩为主；8件地层围岩样品，岩性为斜长角闪（片）岩和千枚岩；5件矽卡岩样品，以石榴子石矽卡岩为主；3件铜矿石样品，共计27件。稀土元素标准化采用1971年赫尔曼球粒陨石标准值，结果及特征值见表3-6，稀土元素配分模式图见图3-9。

　　各岩浆岩样品稀土配分模式十分相似［图3-9（a）］，均为右倾，轻稀土较陡，重稀土较平缓，属轻稀土富集型。稀土总量$w(\sum REE)$在121.02×10^{-6}~189.69×10^{-6}之间，平均值145.03×10^{-6}，轻重稀土比$w(LREE)/w(HREE) > 8$，轻稀土富集强烈。铕异常（δEu）值为0.53~1.42，均值0.82，除一个高值1.42外，其他样品均属铕弱负异常型。铈异常（δCe）值介于0.79~0.86，属弱负异常型。$w(Sm)/w(Nd) = 0.15 ~ 0.20 < 0.3$，来源与浅部地壳物质有关（Yuan，et al.，2002）。按Xu et al.（1982）对花岗岩的分类：壳型花岗岩$\delta Eu < 0.5$，$(La/Yb)_N < 10$；壳幔型花岗岩$\delta Eu = 0.84$，$(La/Yb)_N > 10$来看，本文岩浆岩样品的$\delta(Eu)$为0.53~1.42（>0.5），均值0.82，$(La/Yb)_N$为7.89~20.80，均值12.04，与壳幔型花岗岩特征类似，可能表明矿区岩体来源于深部且上侵时受地壳混染影响。

　　地层稀土配分模式大致分两组［图3-9（b）］，均右倾，一组轻稀土较陡，另外一组平坦。稀土总量$w(\sum REE)$在59.23×10^{-6}~319.21×10^{-6}之间，平均值135.56×10^{-6}，轻重稀土比$w(LREE)/w(HREE) = 2.75 ~ 8.66$，总体属轻稀土富集。铕异常（$\delta Eu$）值为0.42~1.19，变化较大，从正铕异常到负铕异常均有分布。铈异常（δCe）值为0.48~0.88，均为负异常型。$w(Sm)/w(Nd)$为0.20~0.31，表明成岩物质具多来源性。

表 3-6 不同地质体稀土元素含量及特征值

样品	岩性	La	Ce	Pr	Nd	Sm	Eu	Gd	Tb	Dy	Ho	Er	Tm	Yb	Lu	Y	ΣREE	w(LREE)/w(HREE)	δEu	δCe	(La/Yb)_N	(La/Sm)_N	(Gd/Yb)_N
ZKB28-16	花岗闪长岩	45.0	77.4	8.22	25.7	4.35	0.93	3.99	0.58	3.07	0.64	1.80	0.28	1.82	0.29	18.6	174.07	12.96	0.74	0.79	14.68	6.47	1.34
KTA-1	黑云母二长花岗岩	37.0	64.5	6.86	21.5	3.81	0.88	3.53	0.54	2.84	0.58	1.68	0.25	1.70	0.27	17.0	145.94	11.81	0.79	0.79	12.92	6.07	1.27
ZKB28-1	黑云母二长花岗岩	32.7	56.8	6.01	18.6	3.18	0.77	2.85	0.43	2.21	0.46	1.35	0.22	1.47	0.23	13.7	127.28	12.80	0.84	0.79	13.21	6.43	1.19
IA-1	花岗闪长岩	32.4	57.7	6.16	19.7	3.54	0.96	3.44	0.48	2.53	0.53	1.50	0.22	1.49	0.24	14.7	130.89	11.55	0.91	0.80	12.91	5.72	1.42
IA-3	黑云母二长花岗岩	30.7	55.2	6.01	18.9	3.81	0.59	3.61	0.58	3.17	0.69	2.12	0.33	2.31	0.35	20.7	128.37	8.75	0.53	0.80	7.89	5.04	0.96
ZKB28-6	黑云母二长花岗岩	35.1	61.7	6.56	20.3	3.55	0.75	3.30	0.49	2.54	0.53	1.54	0.22	1.54	0.23	15.0	138.35	12.32	0.72	0.80	13.53	6.18	1.31
IIIB-29	闪长岩	30.8	60.6	7.01	24.5	4.99	1.24	4.58	0.69	4.07	0.80	2.31	0.36	2.28	0.35	23.2	144.58	8.36	0.86	0.83	8.02	3.86	1.23
KD17-3	花岗闪长岩	33.0	66.7	7.54	25.2	4.82	1.00	4.04	0.61	3.72	0.77	2.20	0.35	2.24	0.35	21.9	152.54	9.68	0.74	0.86	8.75	4.28	1.11
IIA-55	花岗闪长岩	50.4	88.1	8.79	27.2	4.05	1.54	2.94	0.42	2.39	0.47	1.44	0.22	1.49	0.24	13.7	189.69	18.74	1.42	0.81	20.08	7.78	1.21
AD-2	黑云母二长花岗岩	28.5	53.8	5.73	18.4	3.33	0.61	2.75	0.44	2.67	0.55	1.70	0.29	1.95	0.30	16.0	121.02	10.36	0.65	0.84	8.68	5.35	0.86
KE-3-18	花岗闪长岩	34.5	63.2	6.57	22.4	3.86	0.85	3.14	0.50	2.98	0.62	1.76	0.26	1.74	0.27	18.7	142.65	11.66	0.79	0.83	11.77	5.59	1.11
KTB12-1	斜长角闪岩	7.1	17.0	2.59	11.9	3.64	1.40	4.86	0.77	4.21	0.87	2.30	0.32	1.99	0.28	22.8	59.23	2.80	1.13	0.83	2.12	1.22	1.50
KTA3-2	斜长角闪岩	55.2	99.8	11.65	40.2	8.20	1.71	7.90	1.18	6.31	1.32	3.77	0.55	3.50	0.51	34.9	241.80	8.66	0.70	0.79	9.36	4.21	1.38

w/10⁻⁶

续表 3-6

$w/10^{-6}$

样品	岩性	La	Ce	Pr	Nd	Sm	Eu	Gd	Tb	Dy	Ho	Er	Tm	Yb	Lu	Y	ΣREE	w(LREE)/w(HREE)	δEu	δCe	(La/Yb)$_N$	(La/Sm)$_N$	(Gd/Yb)$_N$
ZK13-1	斜长角闪岩	24.4	50.3	6.46	24.6	5.64	2.06	6.36	0.97	5.02	0.98	2.69	0.38	2.21	0.31	25.0	132.38	6.00	1.16	0.82	6.56	2.70	1.76
ZK13-2	斜长角闪岩	24.4	42.8	5.82	21.2	4.47	0.58	4.69	0.79	4.65	1.05	3.12	0.49	3.41	0.54	30.0	118.01	5.30	0.42	0.73	4.25	3.41	0.84
ZK13-3	斜长角闪岩	9.3	24.4	3.57	15.0	4.22	1.17	5.71	0.97	5.40	1.15	3.24	0.47	2.97	0.43	28.8	78.00	2.83	0.81	0.88	1.86	1.38	1.18
KTB2-2	板岩	8.2	19.5	3.02	14.0	4.21	1.57	5.75	0.92	4.91	1.00	2.77	0.37	2.31	0.34	26.4	68.87	2.75	1.09	0.82	2.11	1.22	1.53
KTB6	板岩	8.0	19.2	2.94	13.4	4.11	1.67	5.51	0.89	4.79	0.99	2.62	0.36	2.21	0.31	25.4	67.00	2.79	1.19	0.83	2.15	1.22	1.53
IB6	板岩	92.6	97.5	17.60	60.1	12.50	3.40	12.60	1.88	9.23	1.76	4.75	0.65	4.07	0.57	46.7	319.21	7.99	0.90	0.48	13.51	4.63	1.90
KE-01-2	石榴子石砂卡岩	134.0	134.0	25.30	94.4	16.50	2.38	15.80	2.21	13.05	3.00	8.47	1.14	7.11	1.08	127.0	458.44	7.84	0.49	0.45	11.19	5.08	1.36
KCD1-8	石榴子石砂卡岩	7.8	18.4	2.44	9.1	2.26	0.52	2.46	0.40	2.16	0.45	1.32	0.20	1.25	0.18	13.1	48.94	4.81	0.74	0.88	3.71	2.16	1.21
KCD1-13	石榴子石砂卡岩	3.4	10.1	1.51	6.6	1.91	0.43	2.15	0.34	1.86	0.41	1.24	0.19	1.34	0.20	11.7	31.68	3.10	0.71	0.93	1.51	1.11	0.98
KE-2-2	阳起石砂卡岩	181.0	218.0	18.20	45.3	5.85	0.97	4.50	0.71	4.05	0.87	2.42	0.33	2.04	0.30	34.4	484.54	30.84	0.61	0.65	52.68	19.34	1.35
KE-2-4	绿帘石砂卡岩	47.4	58.4	5.24	15.2	2.14	0.41	1.65	0.27	1.58	0.34	1.01	0.15	1.03	0.17	11.1	134.99	20.77	0.70	0.65	27.32	13.84	0.98
KE-2-3	黄铜矿矿石	0.8	1.4	0.16	0.6	0.11	0.03	0.16	0.02	0.15	0.04	0.11	0.01	0.09	0.02	2.6	3.70	5.17	0.77	0.78	5.28	4.55	1.09
KE-3-14	黄铜矿矿石	4.1	8.6	1.32	5.9	1.41	0.35	1.17	0.22	1.43	0.33	1.02	0.15	1.10	0.16	9.5	27.26	3.89	0.89	0.77	2.21	1.82	0.65
KE-3-10	辉铜矿矿石	2.8	11.9	2.32	10.8	2.41	0.50	2.18	0.38	2.35	0.50	1.35	0.20	1.26	0.18	15.5	39.13	3.66	0.72	0.90	1.32	0.73	1.06

注:测试单位:广州澳实矿物研究室

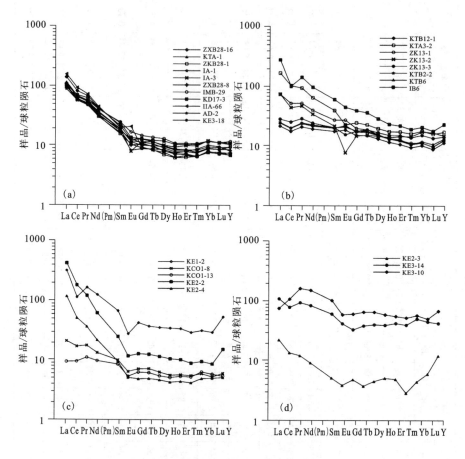

图 3 - 9　不同地质体稀土元素球粒陨石标准化模式图

(a)岩体；(b)地层(围岩)；(c)矽卡岩；(d)矿石

从矽卡岩稀土元素配分模式[图 3 -9(c)]中可知，曲线均右倾，轻稀土部分较陡，重稀土平坦。稀土总量 $w(\sum REE)$ 差异大，介于 $31.68 \times 10^{-6} \sim 484.54 \times 10^{-6}$ 之间，表现在矽卡岩矿化程度上，即矿化矽卡岩稀土总量低于或远远低于无矿化矽卡岩。轻重稀土比 $w(LREE)/w(HREE) = 3.10 \sim 30.84$，属轻稀土富集。铕异常 δEu 为 $0.49 \sim 0.74$，均值 0.65，为负铕异常。铈异常 δCe 为 $0.45 \sim 0.93$，主要为弱负异常型。$w(Sm)/w(Nd)$ 为 $0.13 \sim 0.29 < 0.3$，具壳源成分。

矿石样品稀土总量低，在 $3.7 \times 10^{-6} \sim 39.13 \times 10^{-6}$ 之间，曲线右倾，轻稀土较重稀土陡，轻重稀土比 $w(LREE)/w(HREE) > 1$，属轻稀土富集[图 3 -9(d)]。铕异常 δEu 为 $0.72 \sim 0.89$，均值 0.79，为弱负异常。铈异常 δCe 为 $0.77 \sim 0.90$，为铈弱负异常型。$w(Sm)/w(Nd)$ 为 $0.18 \sim 0.24 < 0.3$，成矿物质具浅部壳源特征。

　　研究认为, 稀土元素参数 $w(\text{LREE})/w(\text{HREE})$、$(\text{La/Yb})_N$ 反映轻重稀土的分馏程度, $(\text{La/Sm})_N$、$(\text{Gd/Yb})_N$ 分别反映轻、重稀土间的分馏程度, $\delta(\text{Eu})$ 和 $\delta(\text{Ce})$ 可反映成岩成矿信息 (李闫华等, 2007)。图 3-9 所示, 不同地质体稀土元素球粒陨石配分曲线图主要为右倾轻稀土富集型, 存在弱的负铕异常和弱的负铈异常。其中, 岩体跟地层的稀土含量稳定, 配分模式相似, 变化小, 反映岩体和地层固有的稀土元素特征。矽卡岩和矿石则因为元素来源、成矿物理化学条件各异以及受成矿作用的相互叠加影响, 出现较大变化。从稀土元素地球化学参数相关图 (图 3-10) 中可以看出, 岩浆岩与变质地层的稀土参数互不影响, 分布于较独立区域。由矿石 $w(\text{Sm})/w(\text{Nd})$ 为 $0.18 \sim 0.24 < 0.3$ (岩浆岩跟矽卡岩这一比值

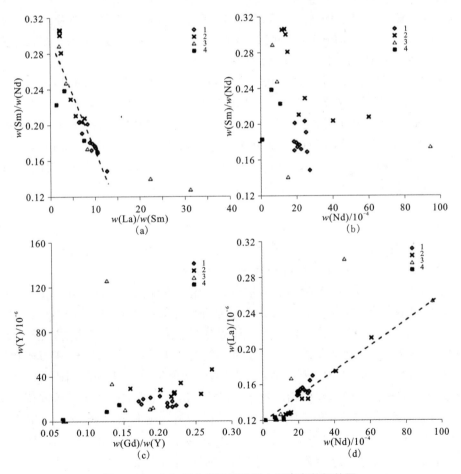

图 3-10　卡尔却卡各地质体稀土元素参数相关图:

1—岩浆岩; 2—地层(围岩); 3—矽卡岩; 4—矿石

均小于0.3)可知,成矿与岩体和矽卡岩关系密切,与地层关系较小。此外,$w(La)/w(Sm) - w(Sm)/w(Nd)$ 和 $w(La) - w(Nd)$ 图解中,岩浆岩、矽卡岩和矿石三类地质体大致呈线性相关排列,说明它们属同一成矿体系的组成部分。

3.3.2 微量元素特征

大量研究表明微量元素在成岩成矿过程中是良好的化学指示剂,已被广泛运用于成岩过程判断、源区示踪等研究(赵振华,1997)。本次研究对象为典型岩浆岩及与成矿密切的矽卡岩样品,共计16件,分析值及相关参数见表3-7。采用Thompson球粒陨石(1982)进行标准化,并绘制微量元素蛛网图(图3-11)。

岩浆岩微量元素蛛网图[图3-11(a)]显示,球粒陨石标准化曲线展布形式一致,呈右倾斜的"M"形多峰谷模式,富集大离子亲石元素Rb、Th、K、Nd等,明显亏损Nb、Sr、P、Ti等,出现较大Nb负异常。从分析结果来看,$w(Nd)/w(Th)$ 为0.9~1.9,均值1.4;$w(Nb)/w(Ta)$ 为8.2~15.7;$w(Ti)/w(Zr)$ 变化较大,介于8.0~30.3;$w(Zr)/w(Hf)$ 为31.1~40.9,均值35.1。

矽卡岩微量元素球粒陨石标准化曲线[图3-11(b)]展布不同于岩浆岩,呈较平坦多峰谷模式,大离子亲石元素表现为部分亏损,部分富集,Ba、Rb和K亏损,Th、La、Nd和Sm相对富集,此外Sr、P、Ti等元素相对球粒陨石均有亏损。从元素比值来看,$w(Nd)/w(Th)$ 为0.4~3.1,均值1.3;$w(Nb)/w(Ta)$ 为3.3~14.0;$w(Ti)/w(Zr)$ 介于8.2~25.5;$w(Zr)/w(Hf)$ 为22.0~35.2,均值28.1。总体上,与岩体特征元素比值相差不大,与岩体关系密切。

3.3.3 硫、铅同位素特征

同位素研究一直是矿床地球化学研究中非常重要的组成部分,对了解成岩成矿物质来源及演化,探讨矿床形成大地构造背景、产出环境具有重要意义(Yan et al.,2014)。本次研究硫、铅同位素分析结果见表3-8。

1)硫同位素:表3-8给出了卡尔却卡矿床7件硫化物样品的 $\delta^{34}S_{CDT}$ 值。一般来说,用硫同位素示踪矿源是以总硫作为研究对象,而且在矿石矿物组合单一情况下,硫化物的测值平均数可近似代表成矿流体总硫同位素组成(杨勇等,2010)。本文的7件单矿物样品选自于黄铁黄铜矿矿石和辉钼矿石,矿石矿物单一,6件为黄铜矿的 $\delta^{34}S_{CDT}$ 为4.4‰~11.0‰,均值7.7‰,1件辉钼矿的 $\delta^{34}S_{CDT}$ 为4.9‰,$\delta^{34}S_{CDT}$ 值分布范围相对集中,其平均值可代表成矿流体总硫同位素组成。据徐文忻(1995)研究,岩浆硫来源的矿床其全硫同位素组成的范围介于 -2.0‰~6.5‰。戚长谋(1993)认为总硫在 $\delta^{34}S_{CDT}$ 为5.0‰~15.0‰间的硫源应为局部围岩混合硫(过渡硫)。总体上,本次研究样品的 $\delta^{34}S_{CDT}$ 为4.9‰~11.0‰,均值7.8‰,处于岩浆硫跟围岩混合硫范围内,表明成矿物质具多源性。

表 3-7 岩浆岩与矽卡岩微量元素含量及特征值

样品	岩性	$w/10^{-6}$												$\dfrac{w(K)}{w(Rb)}$	$\dfrac{w(Nd)}{w(Th)}$	$\dfrac{w(Nb)}{w(Ta)}$	$\dfrac{w(Ti)}{w(Zr)}$	$\dfrac{w(Rb)}{w(Sr)}$	$\dfrac{w(Zr)}{w(Hf)}$	Nb^*
		Ba	Rb	Th	Nb	Ta	Sr	Nd	Zr	Hf	P_2O_5	K_2O	TiO_2							
ZKB28-16	花岗闪长岩	521.0	120.0	15.3	10.7	0.8	155	25.7	245	6.4	0.11	2.73	0.39	188.9	1.7	13.4	9.5	0.8	38.3	0.19
KTA-1	黑云母二长花岗岩	620.0	132.5	14.4	8.8	0.8	256	21.5	175	5.0	0.10	3.03	0.34	189.8	1.5	11.0	11.6	0.5	35.0	0.16
ZKB28-1	黑云母二长花岗岩	490.1	152.5	14.8	7.2	0.6	219	18.6	164	4.7	0.06	3.51	0.23	191.1	1.3	12.0	8.4	0.7	34.9	0.12
IA-1	花岗闪长岩	491.0	136.0	16.2	8.7	1.0	353	19.7	178	5.1	0.13	3.23	0.60	197.2	1.2	8.7	20.2	0.4	34.9	0.15
IA-3	黑云母二长花岗岩	492.0	174.0	21.1	9.0	1.1	163	18.9	143	4.6	0.06	3.89	0.19	185.6	0.9	8.2	8.0	1.1	31.1	0.14
ZKB28-6	黑云母二长花岗岩	828.0	167.0	12.9	7.9	0.6	221	20.3	147	4.1	0.09	4.03	0.33	200.3	1.6	13.2	13.5	0.8	35.9	0.12
IIIB-29	闪长岩	438.0	86.8	12.6	8.6	0.7	340	24.5	166	4.4	0.16	1.99	0.84	190.3	1.9	12.3	30.3	0.3	37.7	0.21
KD17-3	花岗闪长岩	650.0	174.0	20.2	9.9	1.2	328	25.2	170	5.1	0.12	3.69	0.61	176.0	1.2	8.3	21.5	0.5	33.3	0.16
IIA-55	花岗闪长岩	1005.0	99.3	16.6	9.4	0.6	443	27.2	319	7.8	0.13	2.22	0.56	185.6	1.6	15.7	10.5	0.2	40.9	0.18
AD-2	黑云母二长花岗岩	999.0	183.5	15.2	7.6	0.8	158	18.4	131	4.1	0.06	5.90	0.22	266.9	1.2	9.5	10.1	1.2	32.0	0.09
KE-3-18	花岗闪长岩	383.0	151.0	17.4	9.2	0.9	241	22.4	168	5.2	0.11	3.10	0.56	170.4	1.3	10.2	20.0	0.6	32.3	0.16
KE-01-2	石榴子石砂卡岩	14.7	3.9	30.2	36.5	2.6	77	94.4	340	11.9	0.01	0.06	0.91	127.7	3.1	14.0	16.0	0.1	28.6	
KCD1-8	石榴子石砂卡岩	1.9	1.9	6.0	4.7	0.5	15	9.1	47	1.5	0.03	0.01	0.20	43.7	1.5	9.4	25.5	0.1	31.3	
KCD1-13	石榴子石砂卡岩	2.2	3.6	8.3	8.3	0.7	21	6.6	95	2.7	0.07	0.06	0.40	138.4	0.8	11.9	25.2	0.2	35.2	
KE-2-2	阳起石砂卡岩	44.1	1.8	66.1	3.0	0.9	20	45.3	66	2.8	0.05	0.01	0.17	46.1	0.7	3.3	15.4	0.1	23.6	
KE-2-4	绿帘石砂卡岩	8.8	0.2	34.5	3.7	0.7	71	15.2	44	2.0	0.01	0.01	0.06	415.1	0.4	5.3	8.2	0.0	22.0]	

测试单位: 广州澳实矿物研究室; $Nb^* = 2(Nb_N)/(K_N + La_N)$

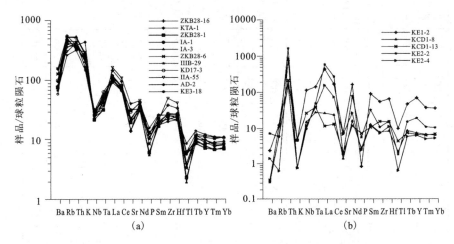

图 3 – 11　岩浆岩(a)及矽卡岩(b)微量元素蛛网图

表 3 – 8　卡尔却卡矿石 S、Pb 同位素组成及参数

样　号	样品名称	$\delta^{34}S_{CDT}$ /‰	$n(^{206}Pb)$ / $n(^{204}Pb)$	$n(^{207}Pb)$ / $n(^{204}Pb)$	$n(^{208}Pb)$ / $n(^{204}Pb)$	μ	$w(Th)$ / $w(U)$	$\Delta\alpha$	$\Delta\beta$	$\Delta\gamma$
ZKB28 – 13	黄铜矿	11.0	18.555	15.628	38.501	9.50	3.69	86.89	20.15	37.48
KCD1 – 10	辉钼矿	4.9	19.285	15.637	38.795	9.46	3.46	129.65	20.74	45.40
KCD1 – 7	黄铜矿	7.8	19.059	15.639	39.005	9.48	3.65	116.41	20.87	51.06
KCD1 – 6	黄铜矿	8.3	19.045	15.656	38.967	9.52	3.64	115.59	21.98	50.04
KCD1 – 5	黄铜矿	7.7	18.950	15.641	38.669	9.50	3.57	110.02	21.00	42.01
KCD1 – 2	黄铜矿	7.2	18.712	15.638	38.561	9.51	3.64	96.08	20.80	39.10
RM – 1 *	磁铁矿	–	18.595	15.623	38.242	9.49	3.57	89.23	19.82	30.50
RM – 10 *	黄铜矿	4.4	18.580	15.609	38.463	9.46	3.66	88.35	18.91	36.46
RM – 14 *	辉钼矿	–	18.473	15.605	38.232	9.47	3.62	82.08	18.65	30.23

注：＊标记数据来源于徐国端(2010)，其余来源于本文，测试单位：北京核工业测试中心

　　2)铅同位素：矿区样品铅 $n(^{206}Pb)/n(^{204}Pb)$ 比值范围为 18.555 ~ 19.285，均值为 18.934，极差为 0.730；$n(^{207}Pb)/n(^{204}Pb)$ 比值范围为 15.628 ~ 15.656，均值为 15.640，极差为 0.028；而 $n(^{208}Pb)/n(^{204}Pb)$ 比值范围为 38.501 ~ 39.005，均值为 38.501，极差 0.504。

　　根据单阶段铅演化模式，利用 Geokit 软件(路远发，2004)计算铅同位素的相关参数，结果见表 3 – 8。其中 $\Delta\alpha$、$\Delta\beta$ 和 $\Delta\gamma$ 值分别为 $n(^{206}\mathrm{Pb})/n(^{204}\mathrm{Pb})$、$n(^{207}\mathrm{Pb})/n(^{204}\mathrm{Pb})$、$n(^{208}\mathrm{Pb})/n(^{204}\mathrm{Pb})$ 与同时代地幔这一比值的相对偏差。$w(\mathrm{Th})/w(\mathrm{U})$ 值范围为 3.46 ~ 3.69，平均值为 3.61。变化范围小，表现出稳定铅同位素特征。矿石 μ 值为 9.46 ~ 9.52，平均值为 9.49，均低于 9.58，这一范围介于地壳 μ_c =9.81 与原始地幔 μ_0 =7.80 之间(吴开兴等，2002)，反应矿石铅含有下地壳或上地幔物质的性质。

　　一般来说具高 μ 值($\mu > 9.58$)的铅为高放射性壳源铅，$\mu < 9.58$ 的铅为低放射性深源铅(沈能平等，2008)。本次研究样品矿石 μ 值为 9.46 ~ 9.52，平均值为 9.48，均低于 9.58，说明本区铅同位素具有深源铅特征。$w(\mathrm{Th})/w(\mathrm{U})$ 比值为 3.46 ~ 3.69，均值为 3.61，位于中国大陆上地壳平均值 3.47 和全球上地壳平均值 3.88 之间，表明矿物又具上地壳源特征。在铅同位素组成 Zartman 图解(图 3 – 12)中，样品落在上地壳和造山带铅演化线之间，靠近造山带铅演化线，认为属造山带铅与上地壳铅的混合产物。

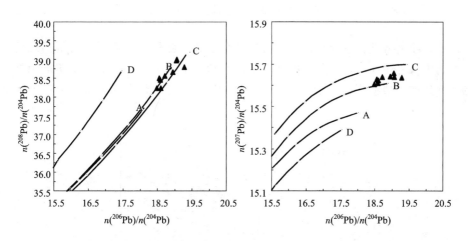

图 3 – 12　铅同位素组成图解(据 Zartman and Doe, 1981)

A—地幔；B—造山带；C—上地壳；D—下地壳

　　铅同位素组成图解仅能粗略判断成矿物质源于何种储库，不能准确定位源于何种地质体，为深入探讨卡尔却卡矿石铅的物质来源，用 $\Delta\beta$ 和 $\Delta\gamma$ 分析成因示踪，能提供更丰富的地质过程与物质来源信息(朱炳泉等，1998)。利用测值计算出矿物与同时代地幔的相对偏差值 $\Delta\alpha$、$\Delta\beta$ 和 $\Delta\gamma$(表 3 – 8)，进行铅同位素成因 $\Delta\beta$ – $\Delta\gamma$ 分类投图(图 3 –13)。图中有三个投影点位于上地壳铅源区，其他位于与岩浆作用有关的上地壳与地幔混合俯冲带铅源区，所有投点都靠近造山带铅范

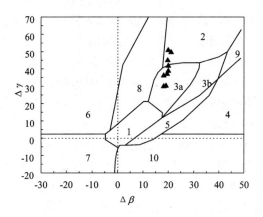

图 3 - 13   铅同位素 Δβ - Δγ 分类图解

(据朱炳泉等，1998)

1—地幔铅；2—上地壳铅；3—上地壳与地幔混合的俯冲带铅(3a 岩浆作用，3b 沉
积作用)；4—化学沉积型铅；5—海底热水作用铅；6—中深变质作用铅；7—深变
质下地壳铅；8—造山带铅；9—古老页岩上地壳铅；10—退变质铅

围边界，且成明显线性分布，反映铅为混合来源。此外，在铅同位素构造环境判
别图解中(图 3 - 14)，数据点位于造山带范围与上地壳范围内，集中于造山带范
围。前述矿区成矿岩体形成于大陆边缘的火山弧环境，是由大洋板块向被动大陆

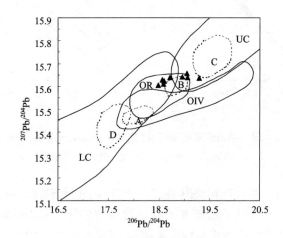

图 3 - 14   铅同位素构造环境判别图解

(据朱炳泉等，1998)

LC—下地壳；UC—上地壳；OIV—洋岛火山岩；OR - 造山带；
图中 A、B、C、D 代表各区域中样品相对集中区边缘俯冲造山而成，该结论与铅同位素地球化学特征相一致。由此可见，本区矿石铅的同位素组成具混合铅特征，这种混合主要来源于俯冲造山作用，是一种与岩浆作用有关的以壳源铅为主并混合了少量深源地幔铅的成矿作用。

3.4　成矿作用及成因

3.4.1　成矿构造背景

本区在海西期到二叠纪末—三叠纪初处于古特提斯洋演化阶段，随着巴彦喀拉—阿尼玛卿洋的闭合，由于挤压应力场的持续作用，促使陆内造山作用的发生，形成陆内的高钾钙碱性岩浆弧。260～230 Ma 时东昆仑处于大洋板块大规模俯冲碰撞阶段，火成岩具有安第斯型活动大陆边缘构造属性。随着早印支期后期洋壳俯冲作用的停止，巴彦喀拉洋封闭，整个东昆仑地区转入陆内活动阶段（孙丰月等，2003）。

特定微量元素异常值常用于定量描述微量元素标准化值的差异性，进而分析岩石的特征和成岩过程的规律，如 Nb^* 值，$Nb^* = 2Nb_N / w(K_N + La_N)$，若 $Nb^* > 1$，表明 Nb 相对于 K 和 La 富集；若 Nb^* 值 < 1，则说明 Nb 具负异常，相对亏损。研究发现大陆壳物质或当岩浆混染了大陆壳物质时，$Nb^* < 1$（赵振华，1997）。本文的侵入岩 Nb^* 为 0.09～0.21（<1），显示 Nb 负异常，结合主量元素分析表明，侵入岩具陆壳混染特征。此外，花岗岩的成因分析是目前探讨成岩成矿背景的主要手段之一，结合微量元素和稀土元素分析数据，利用 Pearce et al.（1984）的 $w(Nb) - w(Y)$、$w(Ta) - w(Yb)$、$w(Rb) - w(Y) + w(Nb)$ 和 $w(Rb) - w(Yb) + w(Ta)$ 图解投影可知，本区所有样品均落在火山弧花岗岩（VAG）的范围内（图 3-15）。

据前人对卡尔却卡矿床辉钼矿 Re-Os 同位素等时线测年显示为（239±11）Ma；黑云母二长花岗岩的 $^{40}Ar/^{39}Ar$ 坪年龄为（240.6±1.6）Ma，等时线年龄为（243.1±3.3）Ma，表明成矿岩体产出于晚二叠世到早三叠世（李世金等，2008；丰成友等，2009；王松等，2009），地壳运动属印支早期。此时该区正经历大洋板块大规模俯冲碰撞运动，俯冲带在活动大陆边缘产生岩浆活动，形成岩浆弧。本区成矿岩体由洋壳在俯冲带楔形区带入壳源沉积物与深部地幔物质形成熔体，上升经陆壳混溶而成。综上所述，卡尔却卡矿区花岗岩是形成于大陆边缘的火山弧环境。

3.4.2　成矿物质来源

（1）流体包裹体证据

卡尔却卡矿区大量发育含子矿物流体包裹体，群体包裹体成分分析显示包裹体液相成分主要为 Cl^-、NO_3^-、SO_4^{2-}、Na^+、K^+、Ca^{2+} 离子，并含有痕量 F^-、Mg^{2+}、PO_4^{3-} 离子。气相以 H_2O 为主，其次含有 CO_2 和极少量 H_2 等组分，并含有 CH_4、C_2H_2 和 C_2H_6 等有机气体。李世金等（2008）对卡尔却卡斑岩型矿化样品中

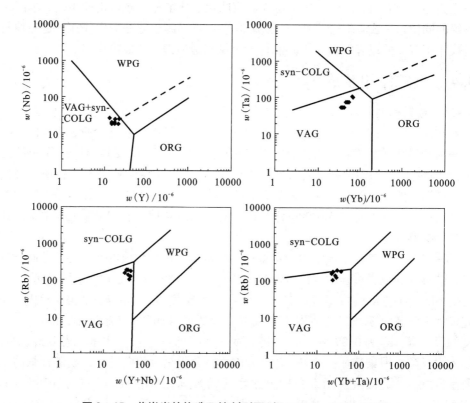

图 3 – 15 花岗岩的构造环境判别图(据 Pearce et al. , 1984)

WPG 为板内花岗岩;syn – COLG 为同碰撞花岗岩;VAG 为火山弧花岗岩;ORG 为洋中脊花岗岩

的流体包裹体激光拉曼探针分析表明,包裹体的气相成分主要为 H_2O 和 CO_2,其次为 CH_4、N_2、H_2 和 H_2S,含有少量的 C_2H_6,C_6H_6,C_2H_4 和微量的 C_3H_8 及 CO 等组分。这些特征说明该区流体具有岩浆热液流体的特征,成矿流体的来源应以岩浆来源为主。

(2)硫铅同位素元素证据

硫同位素研究显示样品的 $\delta^{34}S_{CDT}$ 为 4.9‰ ~ 11.0‰,均值 7.8‰,处于岩浆硫和围岩混合硫范围内,表明成矿物质具多源性。铅同位素显示矿石 μ 值为 9.46 ~ 9.52,均低于 9.58,介于地壳 μ_C = 9.81 与原始地幔 μ_0 = 7.80 之间,反应矿石铅含有下地壳或上地幔物质的性质。Zartman 图解显示矿石铅属造山带铅与上地壳铅的混合产物。而且铅同位素成因 $\Delta\beta - \Delta\gamma$ 分类图显示有三个投影点位于上地壳铅源区,其他位于与岩浆作用有关的上地壳与地幔混合俯冲带铅源区,所有投点都靠近造山带铅范围边界,且成明显线性分布,反映铅为混合来源。此外,在铅同位素构造环境判别图解中,数据点位于造山带范围与上地壳范围内,集中于造山带范围。由此可见，本区矿石铅的同位素组成具混合铅特征，这种混合主要来源于俯冲造山作用，是一种与岩浆作用有关的以壳源铅为主并混合了少量深源地幔铅的成矿作用。

综上所述，卡尔却卡矿区中酸性侵入岩形成于活动板块边缘的火山弧环境，在俯冲带楔形区由带入陆源组分或深海沉积物的地幔物质的重熔形成的岩浆上侵冷凝而成。由于源岩来源于地幔和深海沉积物两个部分，含有丰富的铜等成矿元素，具有很大的找矿潜力。

3.4.3　成矿流体演化

一般研究均认为，高温、高盐度流体包裹体均有很强的携带成矿金属元素能力，Cu、Fe、Pb、Zn、Au 含量可以达到十分之几到千分之几（余宏全等，2006）。卡尔却卡 A 区的斑岩型铜矿的成矿流体以高温、高盐度流体为主，其他来源流体所占比例较少，主矿体主要产于斑岩体内部及仅靠近斑岩体蚀变破碎带中，显示成矿物质应主要来自于岩浆。对斑岩铜矿中铜赋存状态的研究表明，铜在流体中主要以氯化物 $CuCl_{(aq)}$ 或 $CuCl^-$ 的形式存在，且 Cu 的溶解度与氯离子成正比关系。成矿物质随着流体进行迁移，随着岩浆的分异结晶、外来流体的不断混入，成矿流体的温度、盐度和压力条件都不断发生变化。随着温度下降，压力减小，pH 升高和盐度降低等条件都有利于黄铜矿的沉淀（王守旭等，2007）。

卡尔却卡矿区的斑岩型矿化岩体的石英中Ⅱa 型流体表明捕获的为 NaCl 不饱和均匀流体，而Ⅱb 型包裹体则是捕获的饱和或过饱和的 NaCl 流体（卢焕章等，2004）。岩体中的 Ⅰ 型包裹体则反映的是均一温度与 Ⅱ 型相当甚至稍高，密度较低，中低盐度的流体。Ⅱb 型包裹体代表的流体均一压力最高达 371.7MPa，表明其捕获时可能处于一种超高压环境，其后经历一个较大幅度的降压过程，且温度也不断下降。Ⅱa 型包裹体相对于Ⅱb 型包裹体的压力有一个突降的过程，而流体的温度和盐度演化为一个连续的过程。据此可推断，成矿流体源于岩浆，由于流体与熔体分离，造成整个体系的体积增大，此时的流体处于一种超高压的环境。随后由于围岩的破碎，造成流体的减压沸腾。该过程伴随着外来流体的混入，造成流体温度和盐度逐步降低。矽卡岩型矿石中包裹体的主矿物为方解石、萤石和石英，代表矽卡岩型矿床较晚期的石英硫化物阶段和碳酸盐阶段。该类包裹体的特点是密度较低、中低盐度，均一温度集中于 170～260℃，反映晚期成矿流体是岩浆热液与大比例的地下水的混合物（Lai et al.，2007）。

综上所述，卡尔却卡矿区花岗闪长岩岩浆期后热液成矿作用经历了较长的演化阶段，在岩体中形成斑岩型矿化，在与滩间山群碳酸盐岩接触带附近形成矽卡岩型矿化，构成矽卡岩-斑岩复合型矿床。成矿流体的演化从高温（达 500℃）、高盐度（达 60 wt% NaCl eq.）开始，具有超高压的特征。由于围岩碎裂降压，引起了流体的沸腾，并引起外来流体的混合，改变了成矿流体的成分和物理化学性质，温度降至中温，盐度降为 10% 以下，有利于成矿物质的沉淀富集。

3.4.4 矿床成因

壳幔混合源的岩浆经过多阶段演化，沿区域深大断裂上侵。晚二叠世侵入的黑云母二长花岗岩呈岩基产出，并未发生大规模的成矿作用，受后期的构造运动的破坏产生多组近平行的破碎断裂带。晚三叠世侵入的花岗闪长岩携带丰富的成矿物质侵入前期的黑云母二长花岗岩中，并在黑云母二长花岗岩中的蚀变破碎带中矿化富集，形成了卡尔却卡 A 区的斑岩型矿床。

岩浆侵入和结晶时，由于挥发组分的释放以及岩浆高温热量的传递，与岩体接触的围岩物理化学性质也发生急剧变化。并在岩体与围岩的接触带上产生矽卡岩化、云英岩化、绢云母化、硅化等蚀变。在热力作用(热变质、蚀变交代和热液溶解等)过程中，使成矿金属活化和进入热液，形成含矿热液。含矿热液随着晚期岩浆热流的继续上移，随着岩浆中成矿物质的不断冷却结晶，含矿热液的物理化学条件也随之改变，促使矿质沉淀和富集。形成了 B 区的矽卡岩型多金属矿床和 C 区的低温热液脉型矿床。

卡尔却卡铜多金属矿床的成矿作用模式可用以下简图来表示(图 3 - 16)。

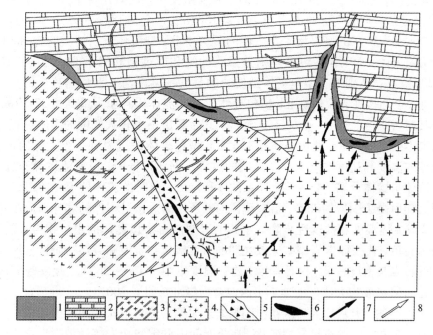

图 3 - 16　卡尔却卡铜多金属矿床成矿作用模式图

1—矽卡岩；2—滩间山群；3—似斑状黑云母二长花岗岩；4—花岗闪长岩；

5—蚀变破碎带；6—矿体；7—岩浆流体运移方向；8—外来流体运移方向

第四章 虎头崖铅锌多金属矿 地质特征与成矿作用

4.1 矿床地质特征

矿区位于巴音郭勒河以北、景忍以西的楚鲁套海高勒及其南部一带,大地构造位置处于祁漫塔格岩浆弧带。晚三叠世凝灰质火山岩喷发前,矿区主要沉积了一套从中元古代至石炭纪的中深海至滨浅海相碳酸盐岩夹少量火山岩地层(图4-1)。区内近东西向断裂构造和褶皱发育,为矿质沉淀提供了有利的赋存部位,印支期岩浆岩侵入活动频繁,常以岩株、岩脉的形成为成矿物质富集提供能量和物质基础。矿体空间分布广阔、形态特征多样,矿物种类繁多、组合较复杂,围岩蚀变强烈,找矿潜力巨大。

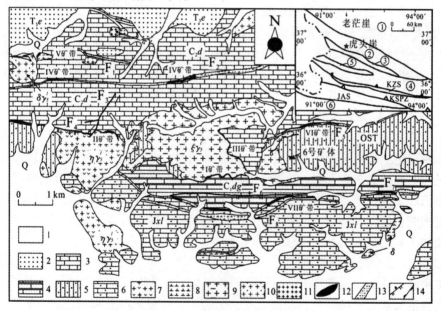

图4-1 虎头崖矿区地质图

(据丰成友等,2011;大地构造分区略图源自张雪亭等,2007)

1—第四纪沉积物;2—上三叠统鄂拉山组晶屑凝灰岩;3—上石炭统缔敖苏组含生物碎屑结晶灰岩;4—下石炭统大干沟组大理岩、含生物碎屑灰岩;5—奥陶-志留系滩间山群玄武岩、凝灰岩和硅质岩;6—蓟县系狼牙山组大理岩、灰岩夹石英砂岩、板岩和角岩;7—印支晚期二长花岗岩;8—闪长(玢)岩;9—钾长花岗岩;10—花岗闪长(斑)岩;11—花岗斑岩;12—矿带或矿体;13—层间滑脱构造;14—断层

4.1.1 地层

矿区出露多套地层,但主要为狼牙山组和缔敖苏组,两者均为对成矿条件有利的碳酸盐岩,各地层从老到新如下。

(1)中元古界蓟县系狼牙山组

矿区出露狼牙山组上岩组,从下至上岩性分别为:灰黑色厚层状大理岩夹灰岩、含铁石英砂岩[图4-2(a)]和粉砂岩,其中含铁石英岩全铁含量为10.26%~32.64%;灰岩夹灰黑色炭质结晶灰岩、黑色含铁石英岩、石英杂砂岩、泥质粉砂岩和泥质板岩[图4-2(b)],粉砂岩中常见碳酸盐化和泥质条带;灰白色大理岩夹条带状大理岩化的泥质粉砂岩,其中大理岩中铁白云石化发育。地层主要呈近东西向分布于矿区南部,地表倾向北北西或北北东,少数向南倾,深部多转为南倾,倾角为35°~80°,与下石炭统大干沟组呈角度不整合接触。碳酸盐岩地层变形强烈,小褶皱和层间揉皱发育,其内侵入有花岗斑岩、闪长(玢)岩、石英闪长岩、辉绿岩岩脉。Ⅶ矿带主要赋存于此岩组的炭质结晶灰岩与粉砂岩之间。

(2)奥陶-志留系滩间山群

发育一套深灰黑色中基性火山岩组,自下而上为浅灰绿色凝灰岩夹灰黑色凝灰岩、灰黑色玄武岩、浅灰绿色凝灰岩,岩石致密,呈斑状结构、凝灰结构,绿泥石化、绿帘石化、碳酸盐化发育。呈东西向出露于矿区中部的东西两端,地层总体上为一向斜,北部南倾,南部北倾,中间为灰黑色玄武岩,两侧分别与下石炭统大干沟组和上石炭统缔敖苏组不整合接触。与上石炭统缔敖苏组接触部位有规模较大的二长花岗岩岩株侵入,Ⅵ矿带产于此断层接触带中。

(3)下石炭统大干沟组

主要岩性为生物碎屑灰岩、含灰岩结核的白云质大理岩[图4-2(c)]、肉红色和灰白色大理岩夹薄层条带状含炭质结晶灰岩,或为灰白色中厚层大理岩与灰黑色含炭质结晶灰岩互层,局部地段见紫色条带状泥质石英砂岩。分别与南部狼牙山组和北部钾长花岗岩呈断层不整合接触和侵入接触,呈狭长的东西向延伸,地层南倾,倾角65°~80°。Ⅰ矿带产于此地层与钾长花岗岩接触部位,矿带分布部位矽卡岩化强烈。

(4)上石炭统缔敖苏组

出露岩性主要为大理岩、白云质灰岩和炭质结晶灰岩。下部和上部主要以大理岩夹薄层状炭质结晶灰岩和白云质灰岩为主,大理岩多为灰白色、中厚层,局部可见肉红色碎裂状角砾岩[图4-2(d)];中部为中厚层条带状灰黑色炭质结晶灰岩[图4-2(e)]夹灰白色薄层状大理岩,大理岩风化强烈。其中灰黑色结晶灰岩含海百合茎和贝壳类等生物碎屑类化石[图4-2(f)、(g)],可见条带状或肾状燧石结核。地层展布于矿区北部,在矿区中出露面积最大,倾角40°~70°,其北部与上三叠统鄂拉山组成角度不整合接触。北部地层中发育景忍背斜,中部被

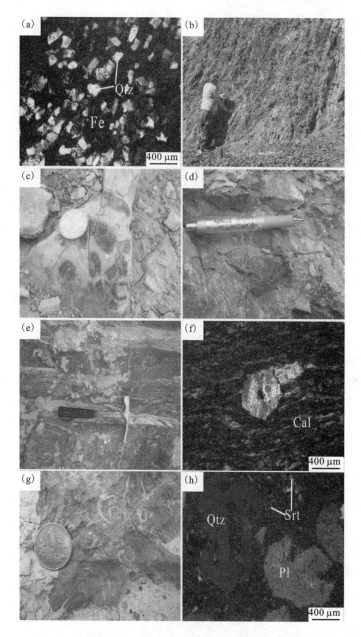

图 4 - 2　虎头崖矿区地层岩性特征

（a）含铁石英砂岩，胶结物为铁质（薄片，单偏）；（b）薄层状泥质板岩夹粉砂岩，节理十分发育；
（c）含灰岩结核的白云质大理岩，结核为灰黑色，大小约为 0.5～2 cm；（d）肉红色角砾岩化大理
岩，角砾形态不规则，粒径相差悬殊；（e）灰黑色中厚层炭质结晶灰岩中含平行层理的方解石脉；
（f）含海百合茎的条带状炭质结晶灰岩（薄片，正交）；（g）灰黑色炭质结晶灰岩中贝壳类化石；
（h）晶屑凝灰岩，斜长石和石英晶屑被溶蚀呈港湾状，凝灰质和斜长石表面绢云母化较强（薄片，
正交）。矿物缩写代号：Qtz—石英；Fe—铁质胶结物；Cal—方解石；Srt—绢云母；Pl—斜长石

印支期二长花岗岩和钾长花岗岩侵入,且在这些岩体与之接触部位分别形成Ⅱ矿带、Ⅲ矿带。

(5)上三叠统鄂拉山组

本组岩石为一套浅红色中酸性晶屑凝灰岩,晶屑为中细粒石英、钾长石、斜长石晶屑,含量为20%~30%,局部可见少量硅质岩屑,晶屑溶蚀湾十分明显[图4-2(h)],且形态多为他形不规则状,石英晶屑中发育大量裂隙。喷出于矿区西北角,其南侧有矽卡岩化破碎带和闪长岩和闪长玢岩脉侵入,内有花岗闪长岩岩脉侵入。

(6)第四系

第四系沉积物主要为黄土、粉砂等,可分为坡积物、风积物和沟系沉积物。矿区内广泛发育,其中山坡和山顶处多以风积物和坡积物为主,沟谷处多为沟系沉积物,其分布受地形和岩性控制十分明显。

4.1.2 构造

矿区发育的主要构造为断裂和褶皱,除部分断裂走向近南北外,其他构造均为近东西向,这与区内矿体的分布关系十分密切,控制了矿体的形态产状和赋存部位。此外,小构造如揉皱、节理也较发育。

(1)断裂

区内发育8条断裂构造,从北往南依次为F_1、F_2、F_3、F_4、F_5、F_6、F_7、F_8,除F_3走向为北北东外,其余断裂均为近东西向走向。

F_1、F_2和F_3位于景忍一带的上石炭统缔敖苏组地层中。其中F_1断层规模较小,出露长度约为1.5 km,西端有花岗斑岩侵入,断层倾向北北西,倾角为45°左右。F_2断裂贯穿全区,断裂带内因岩石破碎而产状不明,其内发育石榴子石矽卡岩化、硅化强烈[图4-3(a)],并伴生有孔雀石化和浸染状的黄铜矿、黄铁矿、方铅矿,矽卡岩化破碎带宽约8 m,局部地带形成Ⅳ矿带的矽卡岩型铜多金属矿体。F_3左旋走滑断层呈北北东向发育于缔敖苏组地层中,错断F_4含矿断裂,推测其形成于成矿后。除此3条断裂外,缔敖苏组肉红色大理岩和灰黑含炭质灰岩中发育有层间破碎带[图4-3(b),(c)],产状为181°∠87°,带宽为20~100 cm;其岩石破碎,其内充填刀砍状铁白云石和少量方解石,且具有褐铁矿化。

F_4、F_5、F_7均形成于不同时代地层分界处,三者皆含有工业矿体。其中,前两者产于缔敖苏组与滩间山群的地层分界处,后者(F_7)发育于狼牙山组内或与大干沟组的不整合接触部位。F_4在矿区出露长度约为3 km,向西一直延伸到矿区外部,控制Ⅱ矿带。带内含有矽卡岩型铜、铁矿体,且矽卡岩化、硅化强烈。断裂东段被二长花岗岩岩株侵入,由于带内岩石破碎,产状不明确,前人认为是一南倾的正断层(马圣钞,2012)。F_5长约4 km,总体上南倾,倾角约为60°~80°,其内发育含铜、铅、锌矿体的Ⅵ矿带,矽卡岩化强烈、岩石破碎,含不规则状的断层

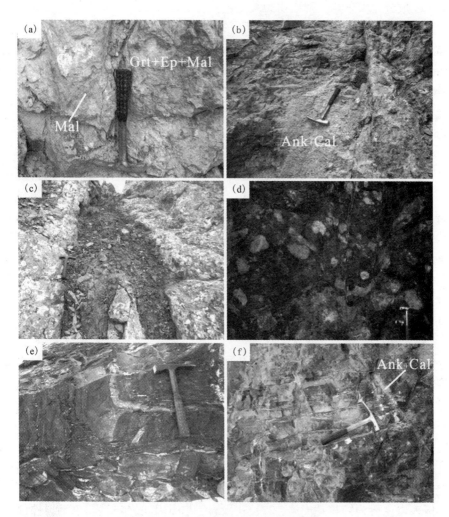

图 4 – 3　虎头崖矿区典型的构造特征

（a）破碎带中矽卡岩化强烈，伴随孔雀石化、褐铁矿化；（b）含炭质灰岩（左）与紫红色角砾状大理岩（右）的层间断裂带，内充填刀砍状的铁白云石和方解石；（c）灰白色大理岩（左）与灰黑色炭质结晶灰岩的层间断裂带，内发育褐铁矿化的第四系沉积物；（d）断层破碎带中的角砾岩，角砾为主要为大理岩，被含炭质的方解石胶结；（e）发育于粉砂岩与含炭质灰岩中的小褶皱；（f）炭质结晶灰岩中节理发育，部分节理中充填铁白云石和方解石。矿物代码：Ank—铁白云石；Cal—方解石；Ep—绿帘石；Grt—石榴子石；Gt—褐铁矿；Mal—孔雀石

角砾岩和断层泥。F₇走向长约 7 km，为层间滑脱断层，其内发育较弱的矽卡岩化，主要为透辉石化、石榴子化和绿泥石化，其次为绿帘石化、透闪石化，伴随铜铅锌矿体。断裂内角砾岩发育［图 4 – 3（d）］，角砾呈棱角状、粒径大小相差悬

殊，主要成分为大理岩，胶结物为灰黑色炭、泥质。

F_6和F_8分别位于大干沟组和狼牙山组地层中，两者皆有矿化，但未形成工业矿体。北倾逆断层F_6长约3 km，东西两端均与F_7相连，坑道内见断层角砾岩带和矽卡岩化，角砾主要成分为含炭质结晶灰岩、大理岩、含铁石英砂岩等，角砾间胶结物主要为炭、泥质和方解石等；破碎角砾岩呈棱角状，大小不一。F_8为一断层性质不明的破碎带，长度与F_7大致相当，带内有多条闪长玢岩岩脉侵入，见方铅矿化。

（2）褶皱

矿区褶皱简单，目前仅发现狼牙山向斜和景忍背斜，两者走向均为近东西向。前者只有北翼出露于矿区中，地层为狼牙山组上岩性段的大理岩夹灰岩、含铁石英砂岩等，倾向南，倾角为60°～80°，地层内层间滑脱构造发育，是Ⅶ矿带层状铜铅锌矿体的赋存部位。景忍背斜位于景忍东—楚鲁套海高勒一带，核部和两翼地层均为上石炭统缔敖苏组炭质结晶灰岩与大理岩互层，背斜核部紧闭，且为薄层状破碎的含炭质灰岩，产状近直立，翼部倾角为40°～70°。背斜核部附近发育石榴子石、透辉石等矽卡岩化和铜、铅、锌矿化，背斜轴面与F_2含矿断裂平行且相距不超过150 m，说明其可能为矿区的控矿构造。

（3）小构造

除规模较大的褶皱和断裂外，小构造如小褶皱、揉皱和节理在研究区内也十分发育。小褶皱[图4-3(e)]和揉皱主要产于狼牙山组、上石炭统缔敖苏组炭质结晶灰岩与粉砂岩互层以及白云质灰岩。节理在各地层岩性中均发育，尤其是在上石炭统缔敖苏组炭质结晶灰岩特别发育[图4-3(f)]。

4.1.3 岩浆岩

矿区侵入岩和喷出岩均十分发育，其形成时代集中于印支期。其中，喷出岩为上三叠统鄂拉山组的晶屑凝灰岩（地层中已描述），侵入岩以中酸性岩浆岩为主。侵入岩主要为钾长花岗岩、二长花岗岩、花岗闪长岩（斑岩），呈岩株侵入于矿区上三叠统鄂拉山组地层中，其次为闪长岩、闪长玢岩、石英闪长岩、花岗斑岩等，呈岩脉侵入于狼牙山组和缔敖苏组中。

（1）花岗岩

呈肉红色中细粒花岗结构[图4-4(a)]，致密块状构造，主要矿物为钾长石（55%～65%）、石英（20%～30%）和斜长石（10%～15%），次要矿物为黑云母（<5%），副矿物为少量锆石和磷灰石。其中钾长石发育环带结构、卡氏双晶和条纹双晶，表面泥化强烈、绢云母化很弱。钾长花岗岩呈岩株侵入矿区中部滩间山群、缔敖苏组和大干沟组地层中，与后两个地层的接触带形成Ⅲ、Ⅰ矿带的矽卡岩型铁矿体和矽卡岩化带。这种侵入岩在矿区出露面积约为4 km²。

图 4 - 4　虎头崖矿区岩浆岩特征

(a)肉红色花岗岩，暗色矿物为黑云母；(b)花岗闪长斑岩，斑晶为肉红色钾长石、白色斜长石和石英；(c)灰黑色粗粒闪长岩；(d)闪长玢岩的斑状结构，斑晶为斜长石和暗色矿物，暗色矿物已蚀变为方解石和绿泥石，基质为针柱状斜长石和角闪石(薄片，正交)；(e)闪长岩中蠕虫状结构(薄片，正交)；(f)花岗斑岩的斑晶为石英和斜长石，斜长石已蚀变为绢云母，基质中有绢云母化(薄片，正交)。矿物缩写：Am—角闪石；Cal—方解石；Chl—绿泥石；Kfs—钾长石；Pl—斜长石；Qtz—石英；Srt—绢云母

（2）二长花岗岩

主要呈浅肉红色中细粒结构，在岩体边部为似斑状结构，致密块状构造，主要矿物为钾长石、斜长石和石英，次要矿物为黑云母、角闪石，副矿物为磷灰石、锆石、电气石（马圣钞，2012）。斜长石和钾长石含量相当，钾长石表面泥化强烈，斜长石绢云母化较强。岩体呈岩株侵入矿区西南角的滩间山群、缔敖苏组地层中，出露面积约为 4 km²，是矿区出露面积最大的侵入岩之一。在二长花岗岩与缔敖苏组接触部位形成矽卡岩型铜矿体和矽卡岩化带，而靠近缔敖苏组的岩体边部则形成褐铁矿体。

（3）花岗闪长（斑）岩

岩石呈灰绿色略带肉红色中粗粒结构、斑状结构［图 4 - 4（b）］，主要矿物成分为斜长石、钾长石和石英，其中斜长石与钾长石含量比值为 2:1，次要矿物为少量黑云母和角闪石，两者之总含量约为 3% 和少量金属矿物，其中花岗闪长斑岩中斑晶为斜长石、钾长石和石英。岩体中暗色矿物的绿泥石化和斜长石的绢云母化较强。出露于北侧呈小岩株侵入缔敖苏组的灰岩与大理岩互层中，在接触带目前未发现有工业品位的矿体。

（4）闪长岩类

区内出露的闪长岩类包括闪长岩、石英闪长岩、闪长玢岩和石英闪长玢岩。这些岩体呈灰黑色或灰绿色，粗粒 - 细粒结构和斑状结构［图 4 - 4（c），（d）］，主要矿物为斜长石（60% ~ 80%）、角闪石（10% ~ 20%），次要矿物为石英（<8%）、少量钾长石和黑云母，含锆石、磷灰石、榍石等副矿物［图 4 - 4（e）］。其中，长石聚片双晶发育，绢云母化蚀变强烈，部分已完全蚀变为绢云母，角闪石呈细小长柱状和不规则粒状分布，局部具有绿泥石化和碳酸盐化，常见由钾长石和石英组成的蠕虫结构［图 4 - 4（f）］。该类岩体常呈小岩脉侵入到狼牙山组碳酸盐岩中，局部产于缔敖苏组灰岩中，岩脉出露宽度为 5 ~ 30 m。岩脉与地层接触部位未见明显的矽卡岩化，但在靠近矿体部位可见黄铁矿、黄铜矿、磁铁矿化。

（5）其他脉岩

除上述侵入岩体外，矿区还存在花岗斑岩、花岗岩、石英斑岩、蚀变辉绿岩岩脉。花岗斑岩和蚀变辉绿岩呈脉状侵入狼牙山组大理岩夹泥质板岩中，出露宽约 8 m。其中花岗斑岩斑晶为石英和长石，蚀变辉绿岩中斜长石几乎全部蚀变为绢云母，暗色矿物亦蚀变为绿泥石、绿帘石、蛇纹石等。而花岗岩和石英斑岩主要发育于缔敖苏组的碳酸盐岩中。花岗岩呈灰白色细粒结构，走向310°，宽约 8 m。石英斑岩绢云母化、高岭土化强烈，走向与近东西断裂一致，出露宽 5 ~ 10 m。

（6）岩浆岩化学特征

14 个具有代表性侵入岩样品的主量元素测试结果（见表 4 - 1）及马圣钞

(2012)9 个岩浆岩样品测试表明,矿区花岗岩 SiO_2 含量为 69.48% ~77.76%,里特曼指数(δ)为 0.72 ~2.26(<3.3),为钙碱性;全碱含量($AKL = w(Na_2O) + w(K_2O)$)为 4.74% ~8.61%,多为大于 8.0%;铝饱和指数 $\{A/CNK = m(Al_2O_3) / [m(CaO) + m(Na_2O) + m(K_2O)]\}$ 为 0.97 ~2.68,集中于 1 附近,多数为弱过铝质饱和, $w(K_2O)/w(Na_2O) = 1.08 ~26.88$,多数小于 1.5。 $w(K_2O) - w(SiO_2)$ 图和 A/NK - A/CNK 图(图 4 -5)中表明,矿区花岗岩类侵入体为高钾钙碱性、铝质略过饱和,与西南天山晚古生代后碰撞环境的 I 型高钾钙碱性花岗岩(王超等,2007)具有相似的地球化学特征,说明矿区花岗岩为 I 型。

表 4 -1　侵入岩化学成分

（单位：主量元素为%，Ga 为 10^{-6} ）

样号	岩性	SiO_2	TiO_2	Al_2O_3	TFeO	MnO	MgO	CaO	Na_2O	K_2O	P_2O_5
JY30#	花岗岩	76.60	0.06	12.23	1.21	0.07	0.09	0.78	3.40	4.68	0.02
JY33#	花岗岩	76.60	0.04	12.39	0.96	0.04	0.04	0.54	3.38	5.23	0.01
JY01#	花岗岩	75.55	0.06	12.58	1.30	0.06	0.13	0.76	3.75	4.54	0.02
JY08#	花岗岩	77.76	0.05	11.85	0.78	0.04	0.09	0.58	3.61	4.14	0.01
JY11#	花岗岩	76.61	0.05	12.37	1.10	0.06	0.09	0.52	3.68	4.52	0.01
JY15#	花岗岩	75.20	0.12	12.70	0.92	0.06	0.19	1.18	3.33	4.70	0.03
HJ - 05	黑云母花岗岩	74.62	0.17	13.21	2.09	0.05	0.44	0.99	3.35	4.46	0.04
JY31#	似斑状二长花岗岩	70.71	0.30	14.11	2.68	0.08	0.61	1.51	3.80	4.12	0.08
JY32#	似斑状二长花岗岩	72.45	0.24	13.78	2.33	0.07	0.49	1.45	3.82	4.22	0.07
JY35#	似斑状二长花岗岩	72.48	0.24	13.72	2.15	0.08	0.46	1.50	3.66	4.44	0.07
HD - 006	绢云母化花岗斑岩	69.48	0.23	15.29	3.78	0.05	1.51	1.94	1.00	3.93	0.12
HB - 020	蚀变花岗斑岩	74.44	0.09	12.37	1.08	0.04	0.49	1.12	3.12	5.01	0.01
HB - 052	似斑状花岗闪长岩	70.47	0.24	13.67	1.34	0.01	0.60	3.18	1.55	5.29	0.04

续表 4 - 1

样号	岩性	SiO$_2$	TiO$_2$	Al$_2$O$_3$	TFeO	MnO	MgO	CaO	Na$_2$O	K$_2$O	P$_2$O$_5$
HB - 079	含透闪石的花岗斑岩	72.52	0.21	15.34	1.63	0.01	0.68	0.27	0.17	4.57	0.14
HB - 035	含泥岩捕掳体的闪长玢岩	53.19	0.57	15.66	4.19	0.09	3.02	13.13	2.75	4.36	0.12
HB - 039	蚀变闪长玢岩	46.47	1.49	15.86	9.86	0.12	6.01	8.12	2.29	1.71	0.71
HB - 040	蚀变闪长玢岩	45.90	1.20	15.31	7.47	0.12	2.67	9.18	0.09	3.16	0.51
HB - 067	闪长玢岩	63.02	0.86	14.43	6.26	0.10	1.76	2.16	4.70	3.02	0.27
HB - 077	蚀变闪长玢岩	66.74	0.38	14.62	3.40	0.06	0.75	1.88	3.17	4.93	0.10
HB - 055	中细粒蚀变闪长岩	53.63	1.32	14.73	6.97	0.12	5.79	7.75	2.01	4.96	0.12
HB - 058	中粒闪长岩	53.93	2.39	13.69	12.86	0.22	2.79	5.33	3.57	3.08	0.28
HB - 070	蚀变石英闪长岩	55.47	1.85	13.16	12.51	0.11	2.49	3.78	2.82	2.57	0.32
HB - 071	中粗粒闪长岩	54.99	2.38	13.90	12.20	0.13	3.59	3.62	3.71	2.57	0.28

样号	岩性	LOI	Total	δ	AKL	A/CNK	$w(K_2O)/w(Na_2O)$	Ga	$10000 w(Ga)/w(Al)$
JY30$^{\#}$	钾长花岗岩	0.32	99.45	1.94	8.08	1.01	1.38	16.73	2.58
JY33$^{\#}$	钾长花岗岩	0.22	99.44	2.21	8.61	1.02	1.55	17.24	2.63
JY01$^{\#}$	钾长花岗岩	0.58	99.32	2.11	8.29	1.01	1.21	18.19	2.73
JY08$^{\#}$	钾长花岗岩	0.60	99.42	1.73	7.75	1.03	1.15	16.42	2.62
JY11$^{\#}$	钾长花岗岩	0.47	99.48	2.00	8.20	1.04	1.23	17.57	2.68
JY15$^{\#}$	钾长花岗岩	1.05	99.48	2.00	8.03	1.00	1.41	16.71	2.49

续表 4 −1

样号	岩性	LOI	Total	δ	AKL	A/CNK	$w(K_2O)$/$w(Na_2O)$	Ga	10000$w(Ga)$/$w(Al)$
HJ −05	黑云母钾长花岗岩	0.54	100.00	1.93	7.81	1.09	1.33	17.2	2.46
JY31#	似斑状二长花岗岩	1.28	99.29	2.26	7.92	1.05	1.08	17.67	2.37
JY32#	似斑状二长花岗岩	0.35	99.27	2.19	8.04	1.02	1.10	17.90	2.45
JY35#	似斑状二长花岗岩	0.32	99.48	2.23	8.10	1.01	1.21	17.68	2.43
HD −006	绢云母化花岗斑岩	2.65	100.00	0.92	4.93	1.62	3.93	20.4	2.52
HB −020	蚀变花岗斑岩	1.06	98.85	2.10	8.13	0.98	1.61	15.8	2.41
HB −052	似斑状花岗闪长岩	3.10	99.75	1.70	6.84	0.97	3.41	14.9	2.06
HB −079	含透闪石花岗斑岩	3.23	98.81	0.76	4.74	2.68	26.88	18.4	2.27
HB −035	含泥岩的闪长玢岩	1.58	98.78	4.96	7.11	0.47	1.59		
HB −039	蚀变闪长玢岩	6.91	99.72	4.61	4.00	0.78	0.75		
HB −040	蚀变闪长玢岩	12.50	98.17	3.64	3.25	0.76	35.11		
HB −067	闪长玢岩	2.87	99.60	2.98	7.72	0.97	0.64		
HB −077	蚀变闪长玢岩	3.40	99.56	2.76	8.10	1.05	1.56		
HB −055	中细粒蚀变闪长岩	2.20	99.73	4.57	6.97	0.65	2.47		
HB −058	中粒闪长岩	1.74	99.97	4.05	6.65	0.72	0.86		
HB −070	蚀变石英闪长岩	4.70	99.85	2.33	5.39	0.92	0.91		
HB −071	中粗粒闪长岩	2.36	99.81	3.29	6.28	0.90	0.69		

注期：表中样号上标带"#"数据来源于马圣钞（2012），其余数据来源于澳实广州分析测试中心，δ—里特曼指数；AKL—全碱含量（$w(K_2O) + w(Na_2O)$）。

而 $w(\mathrm{TFeO})/w(\mathrm{MgO})$ – $10000\mathrm{Ga}/\mathrm{Al}$ 和 $w(\mathrm{CaO})/(w(\mathrm{Na_2O})+w(\mathrm{K_2O}))$ –
$10000\mathrm{Ga}/\mathrm{Al}$ 图解(Joseph 等, 1987)分析显示, 矿区存在 A 型花岗岩, 其岩性为钾长
花岗岩和花岗斑岩(图 4 – 6)。但根据造山带大地构造环境分析, 同碰撞阶段不可
能存在 A 型花岗岩(Bernard, 2007), 矿区 A 型花岗岩可能为后碰撞阶段的产物。

闪长岩类岩石 $\mathrm{SiO_2}$ 含量为 $45.90\%\sim66.74\%$(部分样品呈基性是由于烧失量
高); 里特曼指数(δ)为 $2.33\sim4.96$, 为钙碱性和碱性; 全碱含量 AKL $= w(\mathrm{Na_2O})$
$+ w(\mathrm{K_2O})$)为 $3.25\%\sim8.10\%$, 铝饱和指数为 $0.47\sim1.05$, 多为铝质不饱和岩
石, $w(\mathrm{K_2O})/w(\mathrm{Na_2O})=0.64\sim35.11$。$w(\mathrm{K_2O})-w(\mathrm{SiO_2})$ 图(图 4 – 5)中表明,
矿区闪长岩类侵入体为高钾钙碱性 – 钾玄岩系列、铝质不饱和。

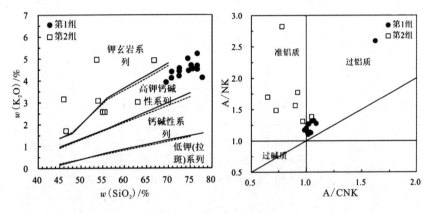

图 4 – 5 侵入岩化学特征

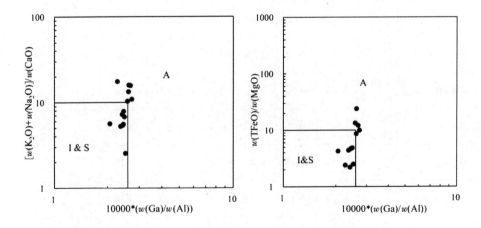

图 4 – 6 A 型花岗岩判别图(Joseph 等, 1987)

$w(\mathrm{K_2O})-w(\mathrm{SiO_2})$ 图的底图源自 Peccerillo and Taylor(1976), Middlemost(1985), 图中第 1 组为
花岗岩类, 第 2 组为闪长岩类

4.1.4　矿体地质特征

（1）矿体特征

矿区出露 7 个矿带和 1 个矿体，矿体多为近东西向。按矿体形态可分为两组：一组以Ⅶ矿带为代表，为似层状、层状矿体，矿种主要为铜、铅、锌多金属矿；另一组为除Ⅶ矿带以外的矿带，呈不规则条带状、透镜状矿体，产于钾长花岗岩、二长花岗岩与碳酸盐岩接触部位或断层破碎带内，常与矽卡岩伴生，主要矿种为铁、铜、铅锌矿。

层状、似层状矿体主要分布于矿区南部狼牙山组与大干沟组接触的层间滑脱构造带内（F_7），属于Ⅶ矿带。矿体主要呈层状［图 4 - 7（a）］、似层状，局部可见穿层矿体［图 4 - 7（b）］和透镜状矿体。矿体走向近东西，局部为北东东向，产状与地层大体一致，地表北倾，倾角 70° ~ 80°，深部转向南倾，倾角 70° ~ 75°，转弯处矿体变薄。矿体赋存于狼牙山组大理岩之下，炭质结晶灰岩夹薄层状粉砂岩、含铁石英砂岩之上，厚度为 1 ~ 5 m，东西向不连续延伸长度总和约 5 km。矿体与碳酸盐岩（炭质结晶灰岩、大理岩）接触带有透辉石化、石榴子石化、绿帘石化［图 4 - 7（a），（c）］，与化学性质不活泼的粉砂岩接触部位界线清晰平直，且无明显蚀变［图 4 - 7（d）］。矿种以铅锌为主，伴生银、铜。

Ⅰ、Ⅱ、Ⅲ、Ⅳ、Ⅴ、Ⅵ矿带矿体和 6 号矿体均呈不规则条带状、透镜状，形态产状受断裂侵入构造控制明显。其中，Ⅰ矿带和Ⅲ矿带产于钾长花岗岩分别与大干沟组碳酸盐岩和缔敖苏组碳酸盐岩接触带内，与矽卡岩带伴生，呈现出凹形接触带富集矿体的特点，两矿带均为铁矿。Ⅰ矿带矿体呈近东西向，长约 2 km，宽约 40 m，地表倾向南东至南西，倾角 20° ~ 70°，深部倾角趋向于近平缓，平均厚度约 7 m，Fe 平均品位 28.82%（丰成友等，2011）。Ⅲ矿体走向北西 - 南东，断续延伸 1.3 km，近南倾，倾角 37°左右，Fe 平均品位 28.01% ~ 32.80%（丰成友等，2011；马圣钞，2012）。Ⅱ矿带也主要发育于二长花岗岩与缔敖苏组碳酸盐岩接触带内和岩体边部，局部产于滩间山群与缔敖苏组不整合接触部位。该矿带呈近东西展布，延伸 1.5 km，宽 10 ~ 80 m，其东段以铜为主，西段以锡、铁为主，伴生锌，中部被 F_3 左旋走滑断层错断，Fe 品位为 25%左右，达到工业品位的铜矿体规模小（马圣钞，2012）。

Ⅳ、Ⅴ、Ⅵ矿带和 6 号矿体均与岩体没有直接接触关系。其中，Ⅴ矿带和Ⅳ矿带赋存缔敖苏组的碳酸盐岩断裂带内，带内矽卡岩化强烈［图 4 - 7（e）］。Ⅳ矿带矿体发育于 F_2 断裂带内，呈东西向断续分布，长约 2 km，宽 8 ~ 20 m，厚度为 1 ~ 4 m，产状北倾，倾角变化较大，局部地段近于直立。工业矿石主要为铜矿石［图 4 - 7（f）］和铅锌矿石，铜品位为 0.22% ~ 4.27%，铅品位为 1.00% ~ 1.25%，锌品位为 1.38% ~ 3.66%（马圣钞，2012），主要矿物为黄铜矿、斑铜矿、方铅矿和闪锌矿，靠近地表处铜矿体次生氧化明显，形成孔雀石化、铜蓝化矿体。

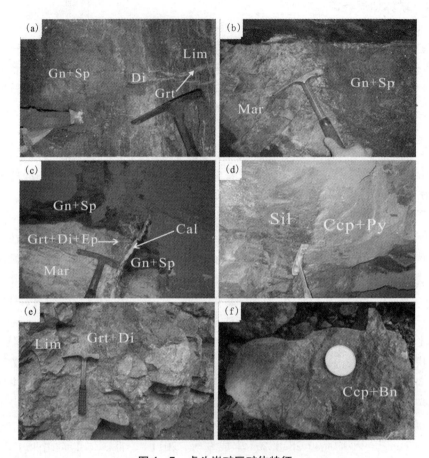

图 4 – 7　虎头崖矿区矿体特征

（a）Ⅶ矿带坑道内层状铅锌矿体与炭质结晶灰岩产状一致，矿体与地层接触带中为条带状透辉石化，炭质结晶灰岩中含石榴子石细脉；（b）Ⅶ矿带坑道内的铅锌矿体切穿大理岩，上部具有褐铁矿化；（c）Ⅶ矿带坑道内大理岩与铅锌矿体呈不规则渐变过渡，两者之间有透辉石化、石榴子石化和绿帘石化，铅锌矿体被后期方解石脉穿插；（d）Ⅶ矿带坑道内含黄铁矿的黄铜矿矿体顺层产出，围岩为粉砂岩；（e）Ⅳ矿带探矿坑道内含炭质灰岩矿石破碎，内石榴子石化、透辉石化强烈；（f）块状斑铜矿黄铜矿矿石。矿物、岩石缩写代码：Bn—斑铜矿；Cal—方解石；Ccp—黄铜矿；Di—透辉石；Ep—绿帘石；Gn—方铅矿；Grt—石榴子石；Py—黄铁矿；Sp—闪锌矿；Lim—含炭质（结晶）灰岩；Mar—大理岩；Sil—粉砂岩

（2）围岩蚀变特征

矽卡岩化：是矿体周围常见的变质作用，呈条带状分布于矿体周围，最长可达 2 km，宽度为 1 ~ 20 m，走向与矿体一致，呈近东西向断续分布。该变质作用在粉砂岩、含铁石英杂砂岩处尖灭、消失，发育于岩体与碳酸盐岩接触带部位和

断裂带发育部位。主要矽卡岩矿物为石榴子石[图4-8(a)]、透辉石、绿帘石、透闪石[图4-8(b)]，其次为金云母、硅灰石[图4-8(c)]、符山石、阳起石等，矽卡岩内常含方铅矿、闪锌矿[图4-8(b)]、黄铜矿、斑铜矿等金属矿物。早期矽卡岩矿物常被晚期矽卡岩矿物或其他热液成因矿物交代，如透辉石被绿帘石和绿泥石交代[图4-8(d)]，石榴子石的碳酸盐化和绿帘石化[图4-8(a)]。不同矿带矽卡岩化强烈程度不同，Ⅶ矿带明显弱于其他矿带。由于矽卡岩化带横向分布范围小，其分带性不明显。

硅化和萤石化：是与成矿关系最密切的蚀变，两者常与矽卡岩化、矿化相伴[图4-8(e)，(f)]。萤石化在矽卡岩化强烈的Ⅰ、Ⅱ、Ⅲ、Ⅳ和矽卡岩化较弱的Ⅶ矿带内均发育，呈团块状和浸染状，少见细脉状，常与不规则脉状黄铜矿、斑铜矿共生，但其形成时期应早于金属矿物。与萤石化不同之处为，硅化常与方铅矿、闪锌矿等矿物伴生，其形成时期也早于方铅矿和闪锌矿。

绿泥石化：广泛发育于岩体和矽卡岩化的晚期矽卡岩阶段，与磁铁矿形成有关。绿泥石化是一种选择性矿物蚀变作用，主要交代早期形成的铁镁质矿物：在岩体中常交代黑云母、角闪石等暗色矿物，呈被交代矿物的假象；而在矽卡岩内常交代早期矽卡岩矿物，如透辉石[图4-8(d)]等，呈片状。

绢云母化和泥化：常发育于岩体中，热液作用下长石蚀变为绢云母和细小石英，或者黏土矿物，如高岭石。绢云母常由斜长石蚀变而成，常见绢云母呈斜长石假象[图4-8(h)]，而泥化常见于钾长花岗岩中钾长石热液蚀变。

碳酸盐化：分布于矿体、地层和岩体中，呈脉状穿插早期形成的铅锌矿体、矽卡岩[图4-7(c)]、灰岩和大理岩，或呈团块状与绿泥石共同交代岩体中的铁镁质暗色矿物。该类蚀变形成于成矿后期或之后，与矿化关系不大。

（3）接触变质特征

角岩化仅见于矿区南部狼牙山组靠近钾长花岗岩的部位，为粉砂质泥岩经接触热变质而成，石英、黑云母等颗粒重结晶增大，显示出明显的显微变晶结构[图4-8(e)]，局部含有黄铁矿化。野外调查表明角岩化与成矿无直接联系。

大理岩化在狼牙山组、大干沟组和缔敖苏组碳酸盐岩中均十分常见[图4-7(c)]，主要表现为方解石、白云石等矿物颗粒增大，且具有一定的定向性，显示出区域变质特征。这一变质作用与矿化关系不明显。

4.1.5　矿石特征

矿床发育3种主要自然类型矿石，分别为矽卡岩型铅锌矿石、矽卡岩型铜矿石、矽卡岩型铁矿石，以及少量氧化矿石。其矿物成分复杂，结构构造具有典型矽卡岩型矿床的交代特征。

图 4 - 8 虎头崖矿区围岩变质及蚀变特征

(a)矽卡岩矿物石榴子石、透辉石被后期方解石和绿帘石交代(薄片,正交);(b)透闪石矽卡岩中含闪锌矿(薄片,单偏);(c)大理岩发育白色放射状硅灰石;(d)透辉石被后期绿帘石、绿泥石交代(薄片,正交);(e)角岩中的显微变晶结构,石英颗粒重结晶变大(薄片,正交);(f)含方铅矿化和硅化的绿帘石矽卡岩;(g)萤石化的黄铜矿、斑铜矿矿石;(h)斜长石已蚀变为绢云母,呈斜长石假像。矿物缩写:Bn—斑铜矿;Cal—方解石;Ccp—黄铜矿;Chl—绿泥石;Di—透辉石;Ep—绿帘石;Fl—萤石;Gn—方铅矿;Grt—石榴子石;Mag—磁铁矿;Pl—斜长石;Qtz—石英;Sp—闪锌矿;Srt—绢云母;Wo—硅灰石

（1）矿石自然类型

1）矽卡岩型方铅矿－闪锌矿矿石：为区内最主要的矿石类型，矿石以块状为主[图4-9（a）]，其次为条带状、浸染状，主要有用矿物成分为方铅矿和闪锌矿，含少量黄铜矿，且不同地带方铅矿与闪锌矿含量差异大。主要产于Ⅶ矿带层间滑脱构造部位，以及分别受F_2和F_5断裂控制的Ⅳ矿带和Ⅵ矿带，靠近碳酸盐围岩部位常伴随矽卡岩化。

2）矽卡岩型黄铜矿－斑铜矿矿石：可分为两种，一种矿石呈铜黄色、致密块状，以黄铜矿为主，含少量毒砂、磁黄铁矿和交代黄铜矿的黄铁矿[图4-9（b）]；另一类呈铜黄色夹杂锖色、致密块状或浸染状，主要矿物为黄铜矿、斑铜矿，含少量毒砂、闪锌矿、辉铜矿、黝铜矿等[图4-9（c）]。前者发育于Ⅶ矿带的层间滑脱部位，后者常见于Ⅱ、Ⅳ、Ⅵ矿带。前者周边未见明显的矽卡岩化，后者常与矽卡岩伴生。

3）矽卡岩型磁铁矿矿石：主要成分为他形－半自形磁铁矿，含少量闪锌矿、黄铜矿、锡石等（马圣钞，2012），主要分布于矿区大干沟组、缔敖苏组碳酸盐岩与钾长花岗岩接触带的Ⅰ、Ⅲ矿带，以及二长花岗岩边部的破碎带内。

除此之外，矿区还在靠近地表处发育表生氧化矿石，如孔雀石化、铜蓝化铜矿石。

（2）矿石矿物成分

矿石中金属矿物主要为闪锌矿、方铅矿、磁铁矿、黄铜矿、斑铜矿，其次为毒砂、辉钼矿，少量的辉铜矿、黝铜矿、赤铜矿、磁黄铁矿、黄铁矿、锡石，表生矿物铜蓝、褐铁矿和孔雀石等。非金属矿物主要为石榴子石、透辉石、透闪石和绿帘石、方解石，其次为硅灰石、萤石、石英、金云母、黝帘石等。主要矿石矿物的特征如下。

闪锌矿：为区内最主要的矿物之一，呈不规则他形粒状、团块状，与方铅矿、少量黄铜矿、黄铁矿等共生，常与黄铜矿可形成固溶体分离结构[图4-9（d）]，局部可见黄铁矿细脉穿插闪锌矿。在肉眼下，闪锌矿多呈棕褐色，少见铅灰色者，说明闪锌矿中铁的含量较低；镜下闪锌矿粒径多为0.2~2 mm，表面干净光滑、少见溶蚀凹坑，其内发育气液两相包裹体。

方铅矿：呈他形不规则粒状，粒径为0.1~2 mm，团块状分布或零星分布在闪锌矿中，似被闪锌矿交代，与闪锌矿可形成共结边结构，也可穿插早期闪锌矿形成不规则脉状穿插结构[图4-9（e）]。常与闪锌矿、黄铜矿、黄铁矿等共生。此外，部分自形、粗粒状方铅矿单独在晶洞中富集成矿石。

黄铜矿：主要以两种形式产出，其一为乳滴状赋存于闪锌矿和斑铜矿中，呈不同形态的固溶体分离结构[图4-9（d）]，黄铜矿乳滴大小不一、形态各异；其二为他形不规则状、块状、不规则脉状与闪锌矿、方铅矿、斑铜矿共生，这种黄铜

图 4 – 9 虎头崖矿床矿石矿物特征

(a)块状方铅矿、闪锌矿矿石,方铅矿(铅灰色)、闪锌矿(棕褐色)呈他形;(b)含黄铁矿的黄铜矿矿石;(c)黄铜矿、斑铜矿矿石;(d)固溶体分离结构,黄铜矿呈不规则乳滴状分布于闪锌矿中;(e)不规则脉状方铅矿穿插闪锌矿,并错断穿插闪锌矿的黄铜矿细脉;(f)黄铜矿交代磁黄铁矿和黄铁矿,形成交代残余结构;(g)蠕虫结构,斑铜矿、黝铜矿和辉铜矿出溶于黄铜矿中;(h)填隙结构,闪锌矿、方铅矿和黄铜矿充填至脉石矿物粒间,其中黄铜矿呈乳滴状分布于闪锌矿中。矿物缩写:Bn—斑铜矿;Cc—辉铜矿;Ccp—黄铜矿;Gn—方铅矿;Po—磁黄铁矿;Py—黄铁矿;Sp—闪锌矿;Td—黝铜矿

除(a)(b)(c)为标本照片外,其余照片均在反射光显微镜单偏光下拍摄。

矿交代磁黄铁矿形成残余结构[图4-9(f)]，但黄铜矿又被后期黄铁矿交代穿插呈交代穿插结构，也可与斑铜矿、黝铜矿呈固溶体分离结构。

斑铜矿：呈两种形式出现在矿石中，其一为乳滴状分布在黄铜矿中，与黝铜矿共同形成蠕虫状结构[图4-9(g)]；其二为呈团块状，内含叶片状黄铜矿，在裂隙处或颗粒边部可见次生氧化的铜蓝和辉铜矿。

（3）矿石结构构造

常见的矿石结构为半自形-他形粒状结构、固溶体分离结构、填隙结构、交代残余结构、细脉穿插结构。

半自形-它形粒状结构：闪锌矿、方铅矿、黄铜矿、斑铜矿呈半自形-它形分布于矽卡岩型的铅锌矿矿石[图4-9(a)]和矽卡岩型黄铜矿-斑铜矿矿石中。

固溶体分离结构：主要发育于闪锌矿、黄铜矿和斑铜矿中[图4-9(d)]。黄铜矿呈乳滴状分布于闪锌矿和斑铜矿中，还呈叶片状出溶于斑铜矿中，形成明显的叶片状构造；斑铜矿和黝铜矿呈蠕虫状出溶于黄铜矿中，形成蠕虫状结构；此外，辉铜矿也呈乳滴状发育于斑铜矿中。

填隙结构：为闪锌矿、方铅矿、黄铜矿等矿物充填到早期形成的脉石矿物粒间[图4-9(h)]，局部交代早期形成的脉石矿物。

交代残余结构：黄铜矿交代毒砂、磁黄铁矿[图4-9(f)]，方铅矿交代毒砂，闪锌矿交代斑铜矿，黄铁矿交代黄铜矿等。

细脉状穿插结构：为方铅矿呈细脉状穿插闪锌矿[图4-9(e)]、毒砂等，黄铁矿穿插交代黄铜矿、闪锌矿、方铅矿等，黄铜矿、斑铜矿、闪锌矿、方铅矿穿插交代毒砂，此外还有辉铜矿、铜蓝穿插交代斑铜矿等。

矿区矿石构造较简单，以块状[图4-9(a)，(b)，(c)]、浸染状构造为主，含少量的晶洞状构造和条带状构造。

4.1.6　成矿期与成矿阶段

根据野外矿脉的穿插关系和镜下特征，将矿床成矿期次划为3个成矿期6个成矿阶段，各期次特征如下。

矽卡岩期：由于晚期矽卡岩阶段与氧化阶段穿插关系不明显，此处将矽卡岩期划为早期矽卡岩阶段和晚期矽卡岩阶段，其中晚期矽卡岩阶段含氧化物阶段的少量矿物。早期矽卡岩期形成不含水硅酸盐矿物，主要为自形、半自形透辉石、硅灰石和少量符山石等，未见矿石矿物，这些矿物被晚期矽卡岩阶段形成的含水矽卡岩矿物交代[图4-8(a)，(d)]；晚期矽卡岩阶段形成含水硅酸盐矿物，主要为他形不规则状、柱状绿帘石，纤维状或放射状透闪石、直闪石、阳起石，放射状、片状金云母和绿泥石，以及少量他形石英、萤石，这一阶段形成的金属矿物主要为磁铁矿，后期为磁黄铁矿、毒砂、黄铁矿、辉钼矿、白钨矿、锡石，这些矿物被石英硫化物期的矿物交代[图4-10(a)]。

石英硫化物期：此期为成矿作用的主要阶段，根据野外矿物组合和交代穿插关系[图4-10(b)]，可划分为三个阶段，从早到晚分别为铜硫化物阶段、铅锌硫化物阶段、碳酸盐化阶段。铜硫化物阶段主要矿石矿物为黄铜矿、斑铜矿，少量黄铁矿、辉铜矿、黝铜矿等，以成固溶体分离结构[图4-10(c)]和块状构造为主，黄铁矿形成略晚于黄铜矿[图4-8(d)]，主要脉石矿物为绿帘石、石英、绿泥石；铅锌硫化物阶段主要矿石矿物为闪锌矿、方铅矿、黄铜矿，少量黄铁矿，以他形粒状结构、填隙结构和块状构造、浸染状构造为主，方铅矿略晚于闪锌矿和黄铜矿[图4-9(e)]，脉石矿物主要为绿帘石、石英、方解石、透闪石；碳酸盐化阶段主要呈脉状碳酸盐岩矿物和黄铁矿穿插早期硫化物矿石组合[图4-10(e)]，主要矿物组合为方解石、方铅矿和黄铁矿。

表生期(表生氧化阶段)：在原生矿物靠近地表处或裂隙连通地表处发育不规则次生氧化物细脉或土状矿物集合体[图4-10(f)]，主要矿物为铜蓝、辉铜矿、褐铁矿、赤铜矿、孔雀石。依据上述成矿期次划分，绘制矿物生成顺序表如表4-2所示。

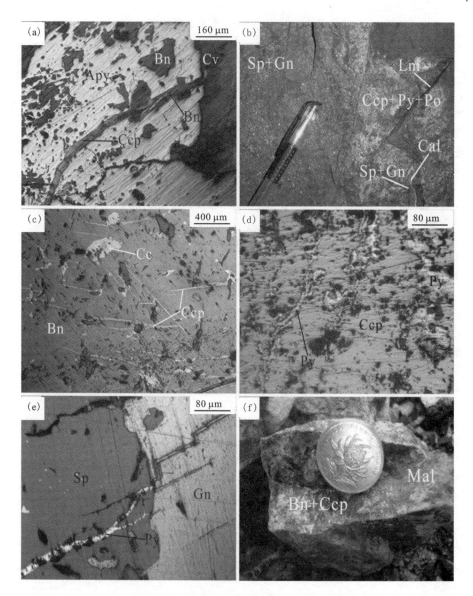

图 4 – 10　虎头崖矿床成矿期次划分依据

(a)晚期矽卡岩阶段的毒砂被黄铜矿和斑铜矿细脉穿插；(b)铅锌硫化物阶段的闪锌矿和方铅矿组合及方解石脉交代穿插早期铜硫化物阶段的黄铜矿、黄铁矿和磁黄铁矿组合，沿节理发育的褐铁矿穿插上述两种组合；(c)铜硫化物阶段的斑铜矿、辉铜矿在黄铜矿中呈叶片状；(d)铜硫化物阶段中不规则黄铁矿细脉交代穿插黄铜矿；(e)碳酸盐化阶段的黄铁矿细脉穿插方铅矿和闪锌矿；(f)表生期铜矿石的氧化矿物孔雀石。矿物代号：Apy—毒砂；Bn—斑铜矿；Ccp—黄铜矿；Cv—铜蓝；Gn—方铅矿；Lm—褐铁矿；Mal—孔雀石；Po—磁黄铁矿；Py—黄铁矿；Sp—闪锌矿；Td—黝铜矿

除 f 为标本照片外，其余照片均在放射光显微镜的单偏光下拍摄。

表 4 – 2　虎头崖矿床矿物生成顺序

期次阶段 矿物	矽卡岩期		石英硫化物期			表生期
	早期矽卡岩阶段	晚期矽卡岩阶段	铜硫化物阶段	铅锌硫化物阶段	碳酸盐化阶段	表生氧化阶段
石榴子石	▬▬▬					
透辉石	▬▬▬					
硅灰石	▬▬					
符山石	▬	▬				
透闪石		▬▬▬				
阳起石		▬▬				
直闪石		▬				
金云母		▬▬				
绿帘石		▬	▬▬▬	▬▬▬		
磁铁矿		▬▬▬				
黄铁矿		▬▬	▬▬	▬▬	▬	
白钨矿		▬				
锡石		▬				
磁黄铁矿		▬▬	▬			
辉钼矿		▬				
毒砂		▬				
萤石		▬▬				
石英			▬▬	▬▬▬		
绿泥石			▬▬			
黄铜矿			▬▬▬	▬		
斑铜矿			▬▬▬			
黝铜矿			▬			
辉铜矿						▬
方解石			▬	▬▬▬	▬▬	
闪锌矿			▬	▬▬▬		
方铅矿				▬▬▬	▬	
铜蓝						▬▬
赤铜矿						▬▬
孔雀石						▬▬
褐铁矿						▬
矿石构造	条带状、块状		块状、浸染状			放射状
矿石结构	半自形、他形粒状		他形、填隙、乳滴、交代残余等			
矿石类型	磁铁矿矿石		铜矿石和铅锌矿石			次生氧化矿
空间分布关系	岩体与围岩接触部位		靠近或远离岩体围岩接触带部位			靠近地表

4.2　流体包裹体特征

　　矿物流体包裹体分析作为研究成矿古流体不可替代的方法,已广泛用于划分矿床类型、制约成矿条件、探讨成矿过程等矿床学研究领域(池国祥和赖健清,2009)。前人对虎头崖铜铅锌多金属矿床成因类型划分存在较大争议,其争论的焦点主要为矿区赋存于狼牙山组的Ⅶ矿带属于何种成因类型,本文旨在对比Ⅶ矿带与矿区其他典型矽卡岩型矿带的流体包裹体特征,将其作为划分矿床成因类型的重要依据。

4.2.1　样品及研究方法

　　本次研究样品采自虎头崖矿区Ⅶ矿带坑道内(8件),以及具有典型矽卡岩型特征的Ⅳ矿带探矿坑道内(4件)。包裹体显微测温的主矿物为石英、萤石、石榴子石、透辉石、闪锌矿,样品特征见表4-3。

　　群体包裹体气、液成分分析样品亦取自矿区中Ⅶ矿带和Ⅳ矿带的矽卡岩和铜、铅、锌矿石(表4-4)。选择萤石、石榴子石、斑铜矿、方铅矿、闪锌矿和方解石为测试单矿物。

表4-3　虎头崖矿区流体包裹测温样品特征

样号	采样位置	样品特征	主矿物	成矿阶段
HB-044-1	Ⅳ矿带探矿坑道	石榴子石透辉石矽卡岩	石榴子石	早期矽卡岩
HB-044-5	Ⅳ矿带探矿坑道	含萤石的铜矿石	萤石	铜硫化物
HB-044-6	Ⅳ矿带探矿坑道	含萤石、透辉石的铜矿石	萤石 透辉石	铜硫化物 早期矽卡岩
HB-044-7	Ⅳ矿带探矿坑道	矿化石榴子石矽卡岩	石榴子石 方解石	早期矽卡岩 晚期矽卡岩
HK-3-2	Ⅶ采矿坑道	含蚀变围岩的铅锌矿石	闪锌矿	铅锌硫化物
HK-8-1	Ⅶ采矿坑道	铅锌矿化绿帘石矽卡岩	石英	晚期矽卡岩
HK-8-4	Ⅶ采矿坑道	以棕褐色闪锌矿为主的铅锌矿石	闪锌矿	铅锌硫化物
HK-8-5	Ⅶ采矿坑道	含阳起石的闪锌矿化矽卡岩	石英	晚期矽卡岩
HK-9-3	Ⅶ采矿坑道	棕褐色闪锌矿矿石	闪锌矿	铅锌硫化物

续表 4 – 3

样号	采样位置	样品特征	主矿物	成矿阶段
HK – 9 – 4	Ⅶ采矿坑道	含变质粉砂岩的闪锌矿矿石	闪锌矿	铅锌硫化物
HK – 14 – 2	Ⅶ采矿坑道	含方铅矿化、硅化的绿帘石矽卡岩	石英	晚期矽卡岩
4160 – 7	Ⅶ采矿坑道	含萤石的黄铜矿矿石	萤石	铜硫化物

4.2.2 群体包裹体成分特征

14 个群体包裹体气、液相成分分析(表4 – 5,4 – 6)表明:包裹体气相主要成分为 H_2O、CO_2、H_2、CH_4,部分样品含 N_2、C_2H_2、C_2H_6;液相阴离子成分主要为 F^-、Cl^-、SO_4^{2-},以及少量 NO_3^-,阳离子成分主要为 Ca^{2+}、Na^+,部分样品含 K^+、Mg^{2+}。

表4 – 4 虎头崖矿区流体包裹体气、液相成分分析样品特征

样号	采样位置	样品特征	测试单矿物	成矿阶段
HB – 44 – 1	Ⅳ矿带探矿坑道	石榴子石透辉石矽卡岩	石榴子石	早期矽卡岩
HB – 44 – 2	Ⅳ矿带探矿坑道	块状斑铜矿、黄铜矿矿石	斑铜矿	铜硫化物
HB – 44 – 4	Ⅳ矿带探矿坑道	含磁黄铁矿、毒砂铜矿矿石	斑铜矿	铜硫化物
HB – 44 – 5	Ⅳ矿带探矿坑道	含萤石的铜矿石	萤石	铜硫化物
HB – 44 – 6	Ⅳ矿带探矿坑道	含萤石的铜矿石	萤石	铜硫化物
HB – 44 – 7	Ⅳ矿带探矿坑道	矿化石榴子石矽卡岩	石榴子石	早期矽卡岩
HB – 45 – 7	Ⅳ矿带探矿坑道	含毒砂的铅锌矿石	方解石	碳酸岩盐
HB – 45 – 7	Ⅳ矿带探矿坑道	含毒砂的铅锌矿石	方铅矿	铅锌硫化物
HK – 4 – 3	Ⅶ矿带采矿坑道	含大理岩的铅锌矿石	方铅矿	铅锌硫化物
HK – 8 – 4	Ⅶ矿带采矿坑道	闪锌矿为主铅锌矿石	闪锌矿	铅锌硫化物
HK – 8 – 6	Ⅶ矿带采矿坑道	以方铅矿为主铅锌矿石	闪锌矿	铅锌硫化物
HK – 9 – 1	Ⅶ矿带采矿坑道	含方解石脉的铅锌矿石	闪锌矿	铅锌硫化物
HK – 9 – 8	Ⅶ矿带采矿坑道	方铅矿、闪锌矿矿石	闪锌矿	铅锌硫化物
HK – 13 – 1	Ⅶ矿带采矿坑道	层间破碎带中的铅锌矿石	方铅矿	铅锌硫化物

表 4 - 5 虎头崖群体包裹体气相成分分析结果

样号	矿物名称	气相成分/10^{-6}						
		H_2	N_2	CH_4	CO_2	C_2H_2	C_2H_6	H_2O
HB - 44 - 1	石榴子石	14.97	–	43.15	514.62	0.09	13.06	1028
HB - 44 - 2	斑铜矿	6.52	–	–	805.00	–	–	1297
HB - 44 - 4	斑铜矿	7.58	–	–	917.47	–	–	2216
HB - 44 - 5	萤石	0.62	0.56	0.11	51.74	–	–	234
HB - 44 - 6	萤石	0.72	0.72	0.22	62.05	–	–	359
HB - 44 - 7	石榴子石	4.63	–	–	541.25	–	–	1089
HB - 45 - 7	方解石	2.31	–	6.05	639.61	–	–	548
HB - 45 - 7	方铅矿	0.16	–	17.09	782.15	–	–	363
HK - 4 - 3	方铅矿	0.33	–	9.22	76.79	–	–	823
HK - 8 - 4	闪锌矿	0.17	–	1.09	237.40	–	–	979
HK - 8 - 6	闪锌矿	0.29	–	1.29	213.19	–	–	658
HK - 9 - 1	闪锌矿	0.91	–	1.52	119.37	–	–	382
HK - 9 - 8	闪锌矿	0.75	–	1.92	101.03	–	–	473
HK - 13 - 1	方铅矿	0.33	–	10.62	31.08	–	–	243

说明：表中"–"表示含量未检测出来或低于检测限

表 4 - 6 虎头崖群体包裹体液相成分分析

样号	矿物名称	液相成分/10^{-6}							
		F^-	Cl^-	NO_3^-	SO_4^{2-}	Na^+	K^+	Mg^{2+}	Ca^{2+}
HB - 44 - 1	石榴子石	2.41	10.55	–	8.67	2.48	4.64	1.82	24.05
HB - 44 - 2	斑铜矿	4.09	26.15	–	9.46	1.25	3.16	1.29	15.29
HB - 44 - 4	斑铜矿	4.57	28.60	–	12.96	1.53	2.92	–	14.44
HB - 44 - 5	萤石	12.04	3.70	–	2.36	1.58	2.81	–	16.04
HB - 44 - 6	萤石	11.28	3.15	–	2.60	1.72	2.65	–	17.33
HB - 44 - 7	石榴子石	2.65	16.09	–	1.36	3.75	12.55	1.05	19.08
HB - 45 - 7	方解石	5.94	2.05	–	5.83	0.78	–	–	23.67
HB - 45 - 7	方铅矿	3.19	5.22	–	80.42	1.63	–	–	55.29

续表 4 - 6

样号	矿物名称	液相成分/10⁻⁶							
		F^-	Cl^-	NO_3^-	SO_4^{2-}	Na^+	K^+	Mg^{2+}	Ca^{2+}
HK - 4 - 3	方铅矿	3.72	3.98	–	69.04	7.61	0.42	1.52	44.83
HK - 8 - 4	闪锌矿	4.67	4.98	1.26	216.51	15.47	–	12.97	120.34
HK - 8 - 6	闪锌矿	4.93	4.77	1.36	198.36	12.90	–	8.62	113.22
HK - 9 - 1	闪锌矿	3.24	5.22	–	132.19	8.26	–	2.17	92.56
HK - 9 - 8	闪锌矿	3.31	7.40	–	111.45	1.88	–	1.11	82.05
HK - 13 - 1	方铅矿	3.99	2.15	8.56	12.09	3.58	1.29	–	42.56

说明：表中" – "表示含量未检测出来或低于检测限。

马圣钞(2012)拉曼光谱分析表明，流体包裹体气相成分以 H_2O、N_2 为主，部分包裹体含 CO、SO_2、CH_4、C_2H_2、C_2H_6 等，未检测出 CO_2、H_2，这与群体包裹体检测结果不相符，结合包裹体显微测温的冻结温度，可推断矿区与成矿作用相关的包裹体不含或仅含少量 CO_2，但含有 CH_4 等有机性气体。液相成分以 H_2O 为主，含少量 CO_3^{2-}、HCO_3^- 和 NO_3^- 等。固相成分以石盐子矿物为主，含少量菱镁矿等。

4.2.3 岩相学特征

岩相学研究表明，矿区Ⅳ矿带矿化矽卡岩、萤石化铜矿石，以及Ⅶ矿带硅化铅锌矿石、萤石化铜矿石中含大量流体包裹体，这些包裹体的主矿物为石榴子石、萤石、方解石、石英和闪锌矿等。依据流体包裹体的成因类型可划分为原生和次生包裹体，本次研究的次生包裹体主要形成萤石中，与此类萤石中不规则脉状黄铜矿、斑铜矿同时形成[图 4 - 11(a)、(b)]，可视为铜硫化物阶段的原生包裹体。从常温下流体包裹体的特征可划分为含子矿物水溶液包裹体(A 型)、富液相水溶液包裹体(B 型)、富气相水溶液包裹体(C 型)。

A 型包裹体：由子矿物、气泡和水溶液组成，气相百分数分为两组，一组为 3% ~ 15%[图 4 - 11(c)、(d)]，另一组为 60% ~ 80%[图 4 - 11(e)]，这两组常出现在不同视域中，包裹体大小多为 3 ~ 8 μm，少数可达十几 μm，升温气泡消失均一为液相。子矿物呈长柱状、矩形和菱形，少数为正方形或不规则状，粒径小于 4 μm。此类包裹体主要为次生包裹体赋存于萤石中，子矿物升温至 550℃均不熔化和无变化，推测其为碳酸盐类矿物。少量包裹体发育于石榴子石中，子矿物呈不规则状[图 4 - 11(d)]，升温至 500℃无熔化迹象，这些子矿物可能为方解石。

B 型包裹体含水溶液相和气泡相，气相百分数为 10% ~ 50%，集中于 20% ~

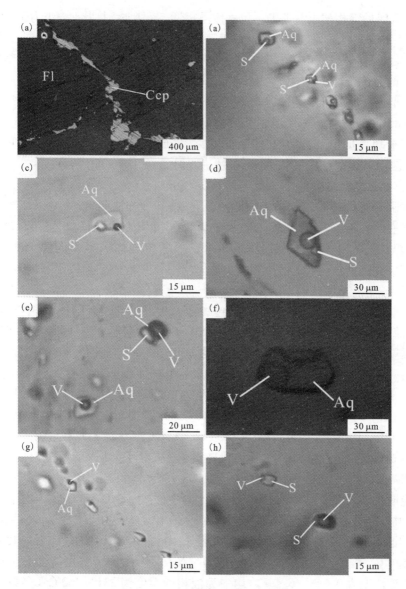

图 4 – 11　流体包裹体类型及特征

(a)萤石中不不规则细脉状黄铜矿;(b)萤石内不规则黄铜矿细脉中的次生包裹体,内含有子矿物的 A 型包裹体,为铜硫化物阶段包裹体;(c)萤石内含子矿物、气相和水溶液相的三相包裹体(A 型),富液相,为铜硫化物阶段;(d)石榴子石内含不规则子矿物三相包裹体(A 型),为早期矽卡岩作用阶段;(e)萤石内含子矿物、气相和水溶液相的三相包裹体,富气相(A 型),与之共生的包裹体为富液相(B型),为铜硫化物阶段;(f)闪锌矿中富液相的气、液两相包裹体,包裹体呈负晶形(B 型),为铅锌硫化物阶段;(g)萤石中的次生包裹体,均为气、液两相包裹体(B 型);(h)石英中的富气相包裹体(C 型)与富液相包裹体(B 型)共存,为晚期矽卡岩阶段。代号简称:Ccp—黄铜矿;Fl—萤石;Aq—水溶液相;S—子矿物;V—气泡

说明:除(a)图为在反光单偏光显微镜下拍摄外,其余照片均在透光单偏光显微镜下拍摄。

40%，升温后气相缩小及消失。包裹体呈矩形、椭圆形、柱状，大小为2~30 μm，多为4~20 μm。这类包裹体广泛发育于石榴子石、萤石、石英、闪锌矿、方解石中[图4-11(f)]，其中萤石中多数包裹体呈线性分布[图4-11(g)]，为次生包裹体。此类包裹体在本次研究中最常见，约占总包裹体数的70%。

C型包裹体为富气相的水溶液相包裹体，气相百分数为60%~95%，常为60%~80%，升温后气相膨胀。包裹体呈圆形、椭圆形和不规则状，大小为4~10 μm[图4-11(h)]。这类包裹体数量较少，多成群出现，只有少量与B型包裹体共生，测温过程中难以观察，不利于精确测温。

4.2.4 显微测温结果

本次研究对183个流体包裹体进行均一法和冷冻法测温，其中A型（含子矿物和气泡的三相包裹体）包裹体21个，B型（富液相的水溶液包裹体）包裹体149个，C型（富气相包裹体）包裹体13个。根据包裹体类型将测温结果整理成表4-7，并依据不同成矿阶段制作包裹体均一温度和盐度直方图（图4-12）。

（1）矽卡岩期流体包裹体特征

早期矽卡岩阶段：主要为B型包裹体，及少量含子矿物的三相包裹体（A型）。流体包裹体冻结温度为-85.6~-61.4℃，初融温度为-60.0~-52.6℃，冰点温度为-24.1~-11.7℃。初融温度略低于$CaCl_2-NaCl-H_2O$体系的共结点温度-52.0℃，推测其为$CaCl_2-NaCl-H_2O$体系，且含有少量杂质。利用Chi G. and Ni P. (2007)开发的软件计算这一体系的盐度，为15.7~24.1（wt% NaCl eq.，下同），多数为20.0%~24.1%。气泡消失而均一为液相的温度范围为294~550℃，均一温度集中于310~460℃。A型包裹体内子矿物呈椭圆状和三角形等不规则状，升温到500℃，无熔化迹象，子矿物可能为方解石，其体系与B型包裹体一致，均一温度、盐度均落在上述B型包裹体的范围中。

晚期矽卡岩阶段：主要以B型包裹体为主，含少量C型包裹体，发育于石英主矿物中。流体包裹体冻结温度为-61.2~-39.4℃，初融温度为-42.0~-35.2℃，冰点温度为-4.0~-0.3℃。初融温度略低于$MgCl_2-NaCl-H_2O$体系的共节点温度-35.0℃，推测该水溶液体系为$MgCl_2-NaCl-H_2O$体系，可能含有少量的杂质。计算盐度为0.5%~6.4%。均一为液相的温度为231~460℃，多数包裹体均一温度范围为320~440℃，计算所得密度为0.48~0.83g/cm³，估算均一压力为2.5~29.9MPa。对与C型包裹体共生的B型包裹体测温结果表明，两者均一温度相差大于40℃，且C型包裹体与B型包裹体常单独出现在同一视域中，两者气相百分数相差不大，富液相包裹体气相百分数为40%左右，而富液相者则为60%左右，这与FIA包裹体特征不同，说明这两种包裹体可能形成于流体不混溶。

表 4-7　虎头崖显微测温结果统计表

样品（主矿物）	类型（个数）	大小/μm	气相百分数	冰的最终融化温度/℃		均一温度/℃		盐度 w(NaCl eq.)/%		密度/(g·cm⁻³)	均一压力/MPa
				范围	平均值（个数）	范围	平均值（个数）	范围	平均值（个数）		
HB-44-1（石榴子石）	A(2)	5~8	25%~35%	-21.6~-22.3	-21.9(2)	352~380	362(2)	23.3~23.5	23.4(2)		3.8~20.5
HB-44-7（石榴子石）	B(19)	4~8	20%~45%	-11.7~-23.4	-21.4(19)	319~412	364(19)	15.7~23.9	22.9(19)		2.5~29.6
HB-44-7（石榴子石）	B(20)	3~8	15%~40%	-14.2~-24.1	-20.5(20)	294~550	435(20)	18.0~24.1	22.5(20)		25.3~29.9
HB-44-5（透辉石）	B(3)	5	15%~25%	-21.3~-22.8	-21.9(3)	398~435	418(3)	23.2~23.7	23.4(3)		11.8~29.4
HB-44-5（萤石）	B(3)	3~4	8%~40%	-12.4~-13.3	-12.9(2)	311~361	330(3)	16.3~17.2	16.8(2)		17.7~24.5
HK-8-1（石英）	B(20)	3~6	20%~50%	-0.3~-2.5	-1.3(20)	253~438	336(20)	0.5~4.1	2.1(20)	0.51~0.81	0.7~20.3
HK-8-5（石英）	B(19)	2~6	15%~50%	-0.4~-4.0	-2.5(19)	231~460	369(19)	0.7~6.4	4.1(19)	0.51~0.83	
HK-8-5（萤石）	C(5)	2~6	55%~65%	-1.4~-3.7	-2.8(5)	393~410	401(5)	2.0~6.0	4.6(5)	0.48~0.54	
HK-14-2（石英）	B(18)	3~10	30%~50%	-0.3~-4.0	-2.4(18)	367~427	396(18)	0.5~6.4	3.9(18)	0.48~0.63	
HK-14-2（石英）	C(2)	3	55%	-1.9~-2.0	-2.0(2)	360~390	375(2)	3.1~3.3	3.2(2)	0.51~0.60	
HB-44-6（萤石）	A(17)	3~14	15%~70%	-0.5~-2.1	-0.9(17)	170~372	271(17)	0.8~3.4	1.5(17)	0.57~0.93	
HB-44-6（萤石）	C(1)	5	65%	-3.8	-3.8(1)	265	265(1)	6.1	6.1(1)	0.84	4.7
4160-7（萤石）	A_2(2)	5~10	20%~40%	-3.5~-4.5	-4.0(2)	244~298	271(2)	5.6~7.4	6.5(2)	0.78~0.88	3.2~7.9
4160-7（萤石）	B(17)	3~8	20%~50%	-0.6~-4.2	-2.0(17)	256~315	289(17)	1.0~6.7	3.3(17)	0.69~0.81	4.0~10.1
HK-3-2（闪锌矿）	B(2)	4~8	30%~40%	-1.0	-1.0(1)	336~394	365(2)	2.2	2.2(1)	0.46	25.6
HK-8-4（闪锌矿）	B(26)	4~26	25%~50%	-1.5~-2.8	-2.2(26)	270~358	301(26)	3.3~6.0	4.8(26)	0.61~0.80	5.1~17.3
HK-9-3（闪锌矿）	C(3)	6~14	60%~90%	-3.6	-3.6(1)	386~416	403(3)	7.6	7.6(1)	0.54	28.8
HK-9-4（闪锌矿）	B(2)	6~7	5%~40%	-0.1~-1.9	-1.0(2)	196~303	250(2)	0.2~4.1	2.2(2)	0.73~0.87	1.2~8.5
HK-9-4（闪锌矿）	C(2)	6~14	60%	-0.5~-2.1	-1.3(2)	304~329	317(2)	1.1~4.5	2.8(2)	0.63~0.74	8.6~12.2

说明：A 型、B 型包裹体均一为液相，C 型包裹体均一为气相。

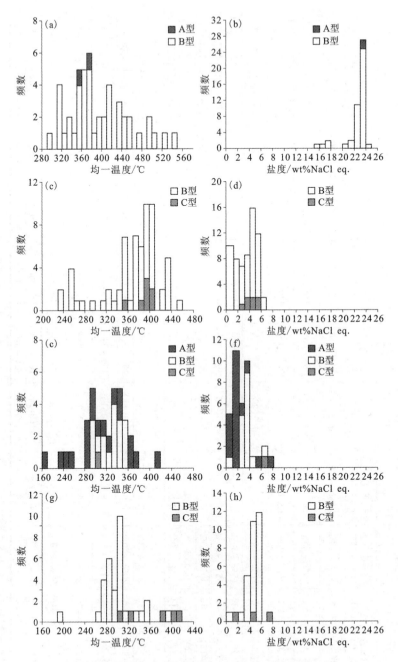

图 4 – 12　虎头崖流体包裹体均一温度和盐度直方图

（a）早期矽卡岩阶段均一温度；（b）早期矽卡岩阶段盐度；（c）晚期矽卡岩阶段均一温度；（d）晚期矽卡岩阶段盐度；（c）铜硫化物阶段均一温度；（f）铜硫化物阶段盐度；（g）铅锌硫化物阶段均一温度；（h）铅锌硫化物阶段盐度

（2）石英硫化物期流体包裹体特征

铜硫化物阶段：主要在萤石中发育 A 型、B 型包裹体，C 型包裹体少见。这些类型包裹体冻结温度为 $-47.4 \sim -37.7℃$，初融温度为 $-39.2 \sim -35.0℃$，冰点温度为 $-0.5 \sim -4.5℃$，初融温度略低于 $MgCl_2 - NaCl - H_2O$ 体系的共节点温度 $-35.0℃$，推测该水溶液体系为 $MgCl_2 - NaCl - H_2O$ 体系，可能含有少量的杂质。计算盐度为 $0.8\% \sim 7.4\%$。升温过程中气相均一为液相，子矿物升温至 550℃ 不熔化，根据其为柱状、菱形及其马圣钞（2012）流体包裹体拉曼光谱分析，推测其可能为菱镁矿，均一温度为 $170 \sim 315℃$。计算估算流体包裹体的密度为 $0.57 \sim 0.93g/cm^3$，均一压力为 $0.7 \sim 20.3$ MPa。此阶段 A、B、C 三类包裹体常分别出现在不同视域中，虽均一温度相差不大，但为沸腾包裹体的可能性小。

铅锌硫化物阶段：主要为 B 型以及少数 C 型包裹体，发育于闪锌矿中。包裹体冻结温度为 $-42.9 \sim -35.0℃$，初融温度为 $-25.6 \sim -23.3℃$，冰点温度为 $-0.1 \sim -3.6℃$。初融温度略低于 $KCl - NaCl - H_2O$ 体系的共节点温度 $-22.9℃$，推测该水溶液体系为 $KCl - NaCl - H_2O$ 体系，可能含有少量的杂质。计算该体系盐度为 $0.2\% \sim 7.6\%$。升温过程中 B 型气泡消失均一为液相，和 C 型包裹体气泡膨胀均一为气相，均一温度为 $196 \sim 416℃$。计算密度为 $0.46 \sim 0.87g/cm^3$，均一压力 $1.2 \sim 28.8$ MPa。

4.2.5　讨论

（1）成矿流体特征

本次研究对不同成矿阶段的 183 个流体包裹体进行测温，其中早期矽卡岩阶段 47 个，晚期矽卡岩阶段 64 个，铜硫化物阶段 37 个，铅锌硫化物阶段 35 个。按不同阶段成矿流体特征绘制温度－盐度图（图 4 - 13）。基于本次研究表明，虎头崖矿床不同成矿流体的均一温度变化大、盐度范围广，反映了成矿流体在不同阶段具有不同特征。

包裹体测温、温度和盐度分布图（图 4 - 12）及温度－盐度图（图 4 - 13）显示，矿区成矿流体包裹体均一温度为 $170 \sim 550℃$，且不同阶段均一温度变化明显：早期矽卡岩阶段为 $294 \sim 550℃$，晚期矽卡岩阶段为 $231 \sim 460℃$，铜硫化物阶段为 $170 \sim 372℃$，铅锌硫化物阶段为 $196 \sim 416℃$。从早期矽卡岩阶段到晚期矽卡岩阶段，再到铜硫化物阶段和铅锌硫化物阶段矿床流体包裹体均一温度依次变小，说明成矿流体具有中高温特点，且从成矿早期至晚期成矿温度依次降低。成矿流体这一特点与典型的喷流沉积矿床的均一温度（通常为 $70 \sim 180℃$，据 Franco，2007）不符，且高于后者，而与有岩浆参与的热液矿床成矿温度一致。

与均一温度不同之处为，本次研究表明矿区流体包裹体盐度主要集中于两个范围之内，其一为 $0\% \sim 8\%$，主要出现在晚期矽卡岩阶段、铜硫化物阶段和铅锌硫化物阶段，具有低盐度特征；其二为 $15\% \sim 24.1\%$，仅出现在早期矽卡岩阶段，

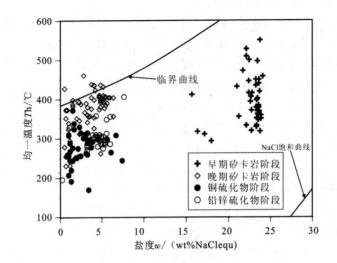

图 4 - 13　不同阶段流体包裹体 $Th - w$ 分布图

为中高盐度。而马圣钞(2012)研究表明，包裹体盐度范围为 5.0% ~ 45.1% ，且盐度从高盐度到低盐度为逐渐变化过程。说明矿区盐度演化也与均一温度演化具有类似的特征。流体包裹体两个端元的盐度，高盐度和低盐度也与典型的喷流沉积矿床(多为 10% ~ 23% ，据 Franco，2007)不一致，其中高盐度流体具有岩浆热液的特点，而低盐度成矿流体具有天水加入的可能。

流体体系也随成矿早期至晚期而改变，依据流体包裹体初融温度大致可确定流体体系，其结果如下。早期矽卡岩阶段为 $CaCl_2 - NaCl - H_2O$ 体系，这与流体包裹体群体成分测试结果一致，富含 Cl^-、Ca^{2+}、Na^+、F^-、Mg^{2+}、SO_4^{2-} 和 H_2O。而在晚期矽卡岩阶段和铜硫化物阶段流体体系演化为 $MgCl_2 - NaCl - H_2O$，流体中除富含这一体系的主要主成分外，还含有 F^-、K^+、Ca^{2+} 和 SO_4^{2-}。到铅锌硫化物阶段则为 $KCl - NaCl - H_2O$ 体系，而群体包裹体测试表明该阶段富集 Cl^-、Ca^{2+}、Na^+、Mg^{2+}、F^-、SO_4^{2-} 和 H_2O，缺少 K^+。上述分析表明，搬运成矿金属元素的络阴离子可能为 Cl、S 所组成的络合物。气相成分 CH_4 在各阶段中几乎都存在，说明其可能来源于岩浆岩。

此外，对除早期矽卡岩阶段外的三个阶段流体包裹体密度估算获得成矿流体密度范围为 0.46 ~ 0.93g/cm³，为低密度成矿流体。压力估算由于体系简单，所得结果变化范围大，结果不可靠，不能作为成矿压力参考值。

结合本次研究和马圣钞(2012)研究，对比 IV 矿带和 VII 矿带成矿流体特征表明，IV 矿带主要以高温、高盐度包裹体为主，含少量中高温、低盐度包裹体；而 VII 矿带则以高温、低盐度包裹体为主，含少量中高温、高盐度包裹体。这一对比显示，两矿带中均含有高温、高盐度，中高温、低盐度包裹体，不同之处为以何种特征的成矿流体为主。而形成这一差异可能为所选的主矿物不一致，因为在同一主矿物（萤石）中，两个矿带的包裹体特征一致，两者均有含子矿物（可能为碳酸盐）的中高温、低盐度包裹体，包裹体岩相特征也一致。且不同矿带主要矿种不同，Ⅳ矿带以铜矿为主，而Ⅶ矿带则以铅锌矿为主。两个矿带的相似之处表明，这两个矿带属于同一成矿系统，而Ⅳ矿带形成阶段早于Ⅶ矿带，其矽卡岩化也强于后者。

（2）成矿流体演化

流体包裹体测温表明矿区存在两个端元的流体包裹体，一为高温、含石盐子矿物的高盐度成矿流体，其二为中高温、低盐度的成矿流体。说明矿区成矿流体经历早期以岩浆热液为主、晚期以低盐度天水加入为特征的演化过程，这一过程大致如下。

与成矿关系密切的二长花岗岩、花岗岩和花岗闪长岩上侵到石炭系缔敖苏组和大干沟组碳酸盐岩中，随着岩浆分离结晶进行形成高温、高盐度残余岩浆热液。这一热液与碳酸岩盐发生接触交代作用，形成高温、高盐度且为 $CaCl_2$ – $NaCl$ – H_2O 体系的成矿流体和矽卡岩，流体内含较多来自岩浆的挥发组分，如 H_2、CH_4 和 H_2O 等，成矿物质以 Cl、S 络合物形式溶解于流体中。此阶段为矿床的早期矽卡岩阶段。

随着流体与地层反应的继续进行，成矿流体中的 Ca^{2+} 逐渐与硅酸盐矿物结合，形成石榴子石、透辉石、硅灰石等矽卡岩矿物。地层中低盐度流体逐渐增加，原来早期矽卡岩阶段高温、高盐度流体的盐度被稀释，温度降低，气相成分被分离出来形成气相百分数比前一阶段大的高温、中低盐度成矿流体，局部有流体不混溶迹象，且部分流体表现为超临界流体（图 4 – 13）。成矿流体中氧化物如磁铁矿、锡石等相继沉淀形成矿体。这一阶段为晚期矽卡岩阶段，主要体系为 $MgCl_2$ – $NaCl$ – H_2O，残留的成矿元素 Cu、Pb、Zn 等主要以 Cl、S 络合物运移。

铜硫化物阶段，由于白云质碳酸盐岩与成矿流体不断发生反应，形成含不明子矿物（可能为菱镁矿）的 $MgCl_2$ – $NaCl$ – H_2O 体系。该阶段地层水含量继续增加，盐度、温度均降低，形成中高温和低盐度成矿流体。与此同时，成矿元素铜的络合物开始分解，以黄铜矿、斑铜矿、辉铜矿等硫化物形式沉淀成矿。

流体继续沿裂隙或断裂带运移，在远离岩体处形成中高温、低盐度流体，内含铅、锌等成矿元素，在压力降低的断裂部位或层间滑脱部位，氯和硫的络合物分解，沉淀为方铅矿和闪锌矿。此一阶段为铅锌硫化物阶段，成矿流体为 KCl – $NaCl$ – H_2O 体系，所形成的包裹体主要为富液相包裹体，内不含子矿物。此阶段完成后，流体演化进入碳酸盐化阶段，少量黄铁矿和方铅矿继续沉淀。

4.3　矿床地球化学特征

4.3.1　硫、铅同位素特征

（1）样品采集和分析测试

本次研究在Ⅳ矿带和Ⅶ矿带共采集硫化物矿石样品16件，其中在西北角靠近花岗闪长岩Ⅳ矿带地表探矿坑道中有4件，主要矿石类型为黄铜矿、斑铜矿矿石和铅锌矿石，在金涌矿业有限公司所属矿权Ⅶ矿带矿井坑道中采集12件，这些样品来自不同地带不同中段，矿石主要类型为铅锌矿，各样品特征见表4-8。样品先在光薄片下观察鉴定，将富含某种单矿物的样品磨成40~60目，在肉眼下先粗挑，然后在双目镜下精挑，挑选出2~3g纯度达98%以上的单矿物，磨至200目，送至核工业北京地质研究院分析研究测试中心进行硫、铅同位素测试。硫同位素测试仪器为MAT251，采用CDT国际标准，分析精度为±0.2‰。铅同位素测试仪器为ISOPROBE-T，测试方法参照GB/T17672-1999《岩石中铅锶钕同位素测定方法》。以本次研究为基础，结合马圣钞等（2012）测试数据，将硫、铅同位素按不同矿带和矿体分为4组，绘制硫同位素直方图和铅同位素构造图解，利用Geokit软件（路远发，2004）计算铅同位素的模式年龄 t、μ（矿床中的$^{238}U/^{204}Pb$）、$\Delta\alpha$、$\Delta\beta$、$\Delta\gamma$（分别为$^{206}Pb/^{204}Pb$、$^{207}Pb/^{204}Pb$、$^{208}Pb/^{204}Pb$ 与同时代地幔这一比值的相对偏差），绘制 $\Delta\beta-\Delta\gamma$ 图解。

（2）硫同位素组成

本次研究16个样品（闪锌矿、方铅矿、斑铜矿和毒砂）硫同位素测试结果见表4-8。矿区硫化物矿石 $\delta(^{34}S)$ 范围为 $+0.6\times10^{-3}$ ~ $+9.8\times10^{-3}$，这与马圣钞等（2012）测试数据范围相近。综合马圣钞等（2012）测试数据，矿区矿石 $\delta(^{34}S)$ 平均值为 $+5.2\times10^{-3}$，硫同位素值在各值段均有分布，大体上呈单峰式分布。由于矿区各矿带在空间上相差较大，依据其与成矿关系密切的花岗岩、二长花岗岩的空间距离，将矿区5个矿带和1个矿体从靠近岩体至远离岩体分为四组：第一组为Ⅱ矿带和Ⅲ矿带[图4-14（a）]，6个样品；第二组为Ⅳ矿带[图4-14（b）]，7个样品；第三组为Ⅵ矿带和6号矿体[图4-14（c）]，15个样品；第四组为Ⅶ矿带[图4-14（d）]，16个样品。各组硫同位素值如下：第一组 $\delta(^{34}S)$ 为 $+0.6\times10^{-3}$ ~ $+6.5\times10^{-3}$，除黄铜矿硫同位素值较大外，其余均集中于 $+1.0\times10^{-3}$ 附近；第二组 $\delta(^{34}S)$ 为 $+1.7\times10^{-3}$ ~ $+3.6\times10^{-3}$，总体上分布于 $+2.2\times10^{-3}$ 附近；第三组 $\delta(^{34}S)$ 为 $+2.7\times10^{-3}$ ~ $+6.8\times10^{-3}$，除JY23黄铜矿和HTZK2301-14方铅矿硫同位素值外，整体位于 $+5.0\times10^{-3}$ 附近；第四组 $\delta(^{34}S)$ 为 $+1.6\times10^{-3}$ ~ $+9.8\times10^{-3}$，除样品HT03黄铜矿外，主要集中于 $+7.8\times10^{-3}$ 附近。上述结果显示出靠近成矿岩体至远离成矿岩体，硫同位素值逐渐增大。

表4-8 虎头崖多金属矿床硫、铅同位素值

矿带	样品号	样品描述	测试对象	$\delta^{34}S/10^{-3}$	$n(^{208}Pb)/n(^{204}Pb)$	$n(^{207}Pb)/n(^{204}Pb)$	$n(^{206}Pb)/n(^{204}Pb)$	t/Ma	μ	$w(Th)/w(U)$	$\Delta\alpha$	$\Delta\beta$	$\Delta\gamma$	地幔组分	地壳组分	备注
II	JY11	钾长花岗岩	钾长石		38.407	15.604	18.630	143	9.59	3.72	88.22	23.18	39.35	0.11	0.89	#
	HTY20	铅锌矿矿石	方铅矿	0.6	38.562	15.674	18.571	99	9.47	3.65	85.35	19.06	33.82	0.17	0.83	#
II	HTY20	闪锌矿矿石	闪锌矿	1.5												#
II	JY04	块状黄铜矿矿石	黄铜矿	3.6	38.317	15.657	19.502	103	9.48	3.65	85.18	19.13	33.98	0.16	0.84	#
II	JY13	黄铜矿磁铁矿矿石	黄铜矿	6.5	38.448	15.632	18.501	94	9.48	3.64	86.00	19.20	33.77	0.16	0.84	#
III	HTZK8201-7	磁铁矿矿石	闪锌矿	1.0	38.349	15.614	18.554	90	9.41	3.62	82.66	16.85	31.23	0.20	0.80	#
III	HTZK002-1	铜矿矿石	磁黄铁矿	0.9	38.384	15.640	19.035	146	9.62	3.72	89.39	24.09	40.34	0.09	0.91	#
IV	JY16	多金属矿矿石	方铅矿	2.4	38.357	15.611	18.522	112	9.53	3.67	87.40	21.02	36.09	0.14	0.86	#
IV	JY17	多金属矿矿石	黄铜矿	3.3	38.457	15.640	18.556	102	9.51	3.66	87.17	20.37	35.33	0.15	0.85	#
IV	HTY05	西段铜矿矿石	黄铜矿	2.2	38.428	15.643	18.682	96	9.49	3.65	86.58	19.72	34.47	0.16	0.84	#
IV	HB44-2	铜矿矿石	斑铜矿	2.2	38.503	15.639	18.561	94	9.48	3.64	86.41	19.46	34.04	0.16	0.84	本文
IV	HB44-4	铜矿矿石	斑铜矿	1.7	38.620	15.690	18.585	79	9.48	3.63	87.23	19.26	33.61	0.16	0.84	本文
IV	HB45-5	含闪锌矿毒砂矿矿石	毒砂	3.6	38.717	15.718	18.609	112	9.53	3.68	87.64	21.22	36.52	0.14	0.86	本文
IV	HB45-7	铅闪矿矿石	方铅矿	1.8	38.363	15.612	18.519	122	9.56	3.69	88.16	22.07	37.7	0.12	0.88	本文
6	JY25	砂卡岩矿矿石	方铅矿	4.4	38.355	15.613	18.533	129	9.58	3.7	88.93	22.92	38.86	0.11	0.89	#

续表 4-8

矿带	样品号	样品描述	测试对象	$\delta^{34}S/10^{-3}$	$n(^{208}Pb)/n(^{204}Pb)$	$n(^{207}Pb)/n(^{204}Pb)$	$n(^{206}Pb)/n(^{204}Pb)$	t/Ma	μ	$w(Th)/w(U)$	$\Delta\alpha$	$\Delta\beta$	$\Delta\gamma$	地幔组分	地壳组分	备注
6	JY25	矽卡岩矿石	黄铜矿	4.6												#
6	JY26	矽卡岩矿石	黄铁矿	6.8	38.369	15.617	18.532	120	9.55	3.68	87.87	21.74	37.24	0.13	0.87	#
6	JY28	黄铁矿矿石	黄铁矿	5.9												#
6	JY28	黄铁矿矿石	方铅矿	5.0	38.261	15.577	18.476	149	9.63	3.73	89.92	24.61	41.13	0.09	0.91	#
VI	JY19	黄铜矿矿石	黄铜矿	5.1	38.343	15.603	18.511	133	9.59	3.71	88.81	23.05	39.08	0.11	0.89	#
VI	JY20	黄铜矿矿石	黄铁矿	6.2	38.320	15.597	18.508	122	9.56	3.69	88.46	22.26	37.92	0.12	0.88	#
VI	JY23	多金属矿石	辉铜矿	2.7	38.465	15.560	18.547	109	9.55	3.68	88.81	21.81	37.65	0.13	0.87	#
VI	HTZK2301-3	铜矿石	黄铜矿	5.0	38.537	15.665	18.564	114	9.54	3.67	87.64	21.28	36.57	0.13	0.87	#
VI	HTZK2301-9	铜矿石	黄铜矿	4.5												#
VI	HTZK2301-13	铜矿石	黄铜矿	4.4												#
VI	HTZK2301-14	矽卡岩	方铅矿	3.1	38.599	15.688	18.591	94	9.48	3.64	86	19.2	33.69	0.16	0.84	#
VI	HTZK2301-14	矽卡岩	闪锌矿	6.4												#
VI	HTZK2301-15	矽卡岩	黄铜矿	6.0												#
VI	HTZK2301-15	矽卡岩	闪锌矿	5.6												#
VII	HT01	块状矽卡岩铅锌矿石	闪锌矿	7.2												#
VII	HT01	块状矽卡岩铅锌矿石	黄铁矿		38.522	15.666	18.578	-581	9.49	3.2	142.78	22.07	32.74	0.16	0.84	#

续表 4-8

矿带	样品号	样品描述	测试对象	$\delta^{34}S/10^{-3}$	$n(^{208}Pb)/n(^{204}Pb)$	$n(^{207}Pb)/n(^{204}Pb)$	$n(^{206}Pb)/n(^{204}Pb)$	t/Ma	μ	$w(Th)/w(U)$	$\Delta\alpha$	$\Delta\beta$	$\Delta\gamma$	地幔组分	地壳组分	备注
VII	HT02	块状砂卡岩铅锌矿石	闪锌矿	7.4	38.352	15.613	18.533	141	9.52	3.7	84.12	20.44	36.27	0.14	0.86	#
VII	HT02	块状砂卡岩铅锌矿石	方铅矿	8.3	38.441	15.641	18.557	111	9.53	3.67	87.34	20.96	36.52	0.14	0.86	#
VII	HT03	块状砂卡岩铅锌矿石	黄铜矿	1.6	38.344	15.606	18.537	23	9.52	3.6	94.73	21.15	35.74	0.14	0.86	#
VII	HK3-1	方锌矿石	闪锌矿	9.8	38.457	15.644	18.561	137	9.58	3.71	87.81	22.59	38.67	0.11	0.89	本文
VII	HK3-2	含围岩矿石	闪锌矿	9.2	38.501	15.657	18.570	97	9.46	3.65	84.71	18.54	33.44	0.17	0.83	本文
VII	HK4-2	块状铅锌矿石	闪锌矿	8.9	38.544	15.670	18.583	82	9.46	3.63	86.23	18.74	33.47	0.17	0.83	本文
VII	HK4-3	块状铅锌矿石	方铅矿	7.8	38.413	15.631	18.553	99	9.48	3.65	85.94	19.46	34.15	0.16	0.84	本文
VII	HK6-2	块状铅锌矿石	方铅矿	8.4	38.381	15.621	18.543	128	9.58	3.69	88.63	22.66	38.27	0.11	0.89	本文
VII	HK8-3	块状铅锌矿石	闪锌矿	7.3	38.484	15.652	18.565	92	9.45	3.63	84.53	18.15	32.82	0.18	0.82	本文
VII	HK8-4	铅锌矿石	闪锌矿	7.5	38.628	15.696	18.600	106	9.52	3.69	87.64	20.89	37.76	0.14	0.86	本文
VII	HK8-6	铅锌矿石	闪锌矿	6.5	38.552	15.672	18.581	152	9.62	3.74	89.04	24.22	40.91	0.09	0.91	本文
VII	HK9-1	铅锌矿石	闪锌矿	8.7	38.509	15.660	18.575	170	9.67	3.77	90.45	26.05	43.52	0.07	0.93	本文
VII	HK9-3	闪锌矿矿石	闪锌矿	7.9	38.499	15.653	18.581	15	9.37	3.67	86.82	15.74	36.73	0.22	0.78	本文
VII	HK9-8	铅锌矿石	闪锌矿	7.7	38.459	15.645	18.561	10	9.45	3.61	91.68	18.61	35.17	0.18	0.82	本文
VII	HK13-1	铅锌矿石	方铅矿	7.2	38.365	15.617	18.540	-245	9.49	3.42	115.41	20.96	34.55	0.16	0.84	本文

$\mu = n(^{238}U)/n(^{204}Pb)$；$\Delta\alpha$、$\Delta\beta$、$\Delta\gamma$ 分别为 $^{206}Pb/^{204}Pb$、$^{207}Pb/^{204}Pb$、$^{208}Pb/^{204}Pb$ 与同时代地幔相应比值的相对偏差，这些参数均由 Geokit 软件（路远发，2004）计算出来

表4-9 虎头崖矿床不同地质体稀土元素测试结果

单位：10^{-6}

样号	岩性	La	Ce	Pr	Nd	Sm	Eu	Gd	Tb	Dy	Ho	Er	Tm	Yb	Lu	Y
JY30#	花岗岩	15.81	24.90	4.16	15.03	3.69	0.10	3.75	0.77	5.38	1.28	4.03	0.70	5.07	0.85	37.46
JY33#	花岗岩	15.57	29.02	4.09	15.24	3.89	0.11	4.25	0.81	5.71	1.30	3.85	0.64	4.47	0.71	33.37
JY01#	花岗岩	25.12	52.93	6.05	21.77	5.11	0.16	5.05	0.92	6.25	1.38	4.21	0.67	4.86	0.79	40.33
JY08#	花岗岩	18.66	39.45	4.43	15.43	3.59	0.11	3.67	0.70	4.87	1.11	3.40	0.59	4.20	0.68	34.12
JY11#	花岗岩	23.49	49.55	5.64	19.91	4.42	0.15	4.30	0.78	5.19	1.13	3.41	0.59	4.07	0.67	33.68
JY15#	花岗岩	27.63	44.05	6.18	21.19	4.04	0.27	3.64	0.67	4.47	0.98	3.02	0.53	3.69	0.61	30.38
HT31-0#	黑云母花岗岩	24.40	47.70	5.33	19.10	3.94	0.10	3.38	0.82	4.27	0.97	3.24	0.55	4.78	0.72	33.10
HT31-3#	似斑状花岗岩	33.00	59.10	6.53	20.90	4.34	0.24	4.02	0.78	4.70	1.02	3.33	0.51	4.75	0.75	33.20
HT31-22#	黑云母花岗岩	22.30	47.40	5.69	21.60	5.07	0.03	4.57	1.05	6.58	1.36	4.96	0.80	6.40	0.96	44.40
ZK1903-2#	似斑状花岗岩	13.10	27.30	3.32	13.20	2.82	0.38	2.76	0.58	3.67	0.83	2.57	0.44	3.71	0.56	23.40
HTⅢ2-4#	似斑状二长花岗岩	26.50	51.30	6.32	20.90	4.72	0.26	4.51	0.89	4.71	1.09	3.08	0.56	4.39	0.60	31.10
HJ-05	黑云母花岗岩	34.70	61.90	6.48	20.00	3.61	0.43	3.08	0.54	3.35	0.71	2.40	0.40	2.77	0.46	25.5
JY31#	似斑状二长花岗岩	28.22	49.58	6.34	22.22	4.11	0.61	3.84	0.64	3.89	0.84	2.45	0.38	2.81	0.46	24.02
JY32#	似斑状二长花岗岩	30.98	58.98	6.70	22.89	4.08	0.55	3.70	0.61	3.61	0.78	2.30	0.38	2.59	0.41	22.20
JY35#	似斑状二长花岗岩	29.52	56.91	6.94	24.74	4.70	0.56	4.23	0.74	4.62	0.97	2.88	0.48	3.36	0.54	28.44
ZK1903-3#	似斑状二长花岗岩	39.00	72.80	8.05	28.60	5.27	0.35	4.72	0.99	6.09	1.29	4.27	0.71	5.24	0.86	38.50
HB-030	似斑状花岗闪长岩	43.50	79.80	8.88	29.50	5.64	0.69	5.20	0.85	4.97	0.97	3.06	0.45	2.93	0.46	30.6
HD-006	绢云母化花岗斑岩	23.00	46.10	5.48	20.40	4.82	0.87	4.67	0.75	3.84	0.65	1.71	0.23	1.32	0.19	20.4
HB-020	蚀变花岗斑岩	26.50	50.20	5.30	16.50	3.35	0.20	3.04	0.56	3.48	0.75	2.57	0.43	2.95	0.49	26.5
HB-079	透闪石花岗斑岩	20.30	41.40	4.91	17.90	4.33	0.65	4.02	0.64	3.16	0.53	1.42	0.20	1.23	0.18	17.1
HB-039	蚀变闪长玢岩	47.70	96.70	11.85	45.20	8.68	2.22	7.33	1.09	5.82	1.12	3.16	0.43	2.54	0.39	33.9

续表 4-9

样号	岩性	La	Ce	Pr	Nd	Sm	Eu	Gd	Tb	Dy	Ho	Er	Tm	Yb	Lu	Y
HB-040	蚀变闪长玢岩	46.10	86.80	10.25	37.10	6.89	1.81	6.12	0.92	5.06	0.99	2.85	0.39	2.41	0.37	30.2
HB-077	蚀变闪长玢岩	48.10	95.60	10.45	37.10	6.89	0.99	6.00	0.94	5.75	1.21	3.71	0.56	3.69	0.58	34.2
HB-067	闪长玢岩	42.30	88.90	10.60	40.50	8.40	1.77	7.78	1.19	7.16	1.47	4.62	0.64	4.27	0.62	40.0
HB-055	中细粒蚀变闪长岩	14.80	32.90	4.27	17.20	4.38	1.00	5.07	0.83	5.28	1.14	3.42	0.48	3.28	0.48	30.0
HB-058	中粒闪长岩	33.60	69.30	8.71	34.70	7.99	1.75	8.80	1.35	8.36	1.72	5.23	0.72	4.82	0.69	47.0
HB-071	中粗粒闪长岩	32.40	65.60	8.13	32.40	7.62	1.54	7.99	1.26	8.16	1.67	4.98	0.71	4.72	0.69	44.5
HB-070	蚀变石英闪长岩	36.30	83.10	10.65	42.90	9.64	1.91	10.25	1.64	10.25	2.13	6.42	0.88	5.93	0.84	56.8
HB-022	晶屑凝灰岩	40.70	75.60	8.40	28.10	5.61	0.63	5.13	0.85	5.12	1.03	3.21	0.50	3.15	0.51	31.8
HB-035	晶屑凝灰岩	24.10	46.10	5.29	19.00	3.89	0.73	3.59	0.59	3.51	0.72	2.17	0.32	2.06	0.33	22.3
HB-037	晶屑凝灰岩	37.50	80.10	9.15	32.50	7.42	0.38	7.38	1.27	8.08	1.68	5.37	0.80	5.59	0.81	49.0
HD-001	石榴子石砂卡岩	15.60	39.80	5.28	21.00	4.46	0.75	4.10	0.65	3.77	0.75	2.31	0.33	2.03	0.31	24.7
HB-029	绿帘石石榴石砂卡岩	55.90	61.10	5.66	17.60	2.87	0.78	2.42	0.39	2.41	0.53	1.80	0.29	1.93	0.32	16.1
HB-044-7	石榴石砂卡岩	1.70	4.50	0.62	2.00	0.34	0.33	0.44	0.08	0.54	0.13	0.41	0.06	0.31	0.04	7.0
HK-8-3	透闪石砂卡岩	1.40	1.90	0.26	0.90	0.19	0.03	0.11	0.02	0.11	0.03	0.09	0.02	0.11	0.02	1.6
HD-005	泥质板岩	47.20	90.40	11.50	42.20	8.57	1.55	7.53	1.23	7.49	1.53	4.74	0.70	4.40	0.70	44.9
HB-001	大理岩	2.60	4.30	0.50	1.70	0.32	0.09	0.29	0.04	0.21	0.04	0.13	0.02	0.11	0.02	1.6
HB-031	含硅质层的板岩	24.60	50.10	5.92	21.40	4.75	0.82	4.43	0.73	4.26	0.88	2.73	0.39	2.40	0.35	26.1
HB-062	炭质板岩	35.60	71.50	8.93	33.00	7.11	1.20	6.23	0.97	5.67	1.12	3.45	0.49	3.11	0.48	35.3
HB-088	含长英质脉的角岩	37.00	73.30	9.07	33.50	7.01	1.47	6.57	1.15	7.09	1.47	4.46	0.66	4.17	0.64	44.9
HK-1-2	黄铁矿化板岩	43.30	85.00	10.75	39.80	8.49	1.63	7.98	1.28	7.53	1.53	4.63	0.68	4.27	0.65	46.1
HK-2	条带状黄铁矿化板岩	42.90	83.20	10.50	38.20	7.70	1.41	6.79	1.12	6.81	1.41	4.30	0.65	4.09	0.65	42.1

续表 4-9

样号	岩性	La	Ce	Pr	Nd	Sm	Eu	Gd	Tb	Dy	Ho	Er	Tm	Yb	Lu	Y
HB-008	矿化粉砂质泥岩	35.40	60.10	8.11	28.90	5.33	1.07	4.85	0.86	5.63	1.28	4.21	0.66	4.09	0.66	41.9
HB-081	钙质石英杂砂岩	0.50	1.40	0.19	0.90	0.27	0.06	0.32	0.05	0.30	0.06	0.16	0.02	0.13	0.02	1.7
HB-082	铁质石英砂泥岩	48.30	124.50	15.20	62.90	16.30	3.43	18.30	3.01	16.85	3.24	9.07	1.22	7.56	1.15	99.6
HB-085	泥岩与石英杂砂岩互层	33.90	58.80	6.19	21.20	4.14	0.74	3.80	0.65	4.24	0.95	3.15	0.50	3.33	0.54	29.4
HK-12-1	粉砂岩	65.70	124.00	15.15	53.50	10.55	1.59	9.77	1.61	9.48	1.92	5.86	0.84	5.22	0.79	61.5
HB-052	中细粒石英砂岩	27.00	56.00	5.78	18.50	3.08	0.55	2.56	0.41	2.39	0.49	1.61	0.25	1.85	0.30	14.6
HB-011	大理岩化生物碎屑灰岩	2.10	2.10	0.36	1.40	0.27	0.09	0.39	0.06	0.39	0.09	0.28	0.03	0.17	0.03	5.8
HB-050	泥灰岩夹亮晶灰岩	45.40	80.10	10.05	35.10	6.47	1.61	5.97	0.99	6.16	1.26	3.82	0.54	3.33	0.54	38.8
HB-078	炭质泥晶灰岩	5.60	9.70	1.15	4.20	0.85	0.24	0.93	0.14	0.88	0.19	0.60	0.08	0.48	0.08	8.6
HB-086	杂砂质灰岩	13.00	28.90	3.45	12.80	2.85	0.53	2.65	0.46	2.72	0.58	1.86	0.29	1.88	0.31	17.1
HK-6-4	结晶灰岩	11.30	19.70	2.80	10.40	2.20	0.33	2.24	0.37	2.26	0.48	1.46	0.20	1.24	0.19	19.0
HB-044-2	斑铜矿矿石	0.124	0.180	0.022	0.092	0.047	0.006	0.034	0.005	0.025	0.002	0.008	0.003	0.025	0.008	0.167
HB-044-5	斑铜矿矿石	0.294	0.448	0.088	0.505	0.276	0.036	0.684	0.195	1.720	0.421	1.460	0.233	1.420	0.173	21.100
HK-9-9	黄铜矿矿石	19.000	37.500	5.020	19.500	4.370	0.423	4.650	0.952	5.350	1.170	3.710	0.510	3.310	0.475	34.400
HK-9-11	黄铜矿矿石	14.600	25.400	2.870	10.900	2.470	0.334	2.390	0.556	3.200	0.669	1.960	0.323	1.700	0.271	16.100
HK-4-2	闪锌矿矿石	18.600	30.300	4.180	16.800	3.340	0.659	4.000	0.757	4.650	0.935	3.020	0.463	2.520	0.343	42.800
HK-8-4	闪锌矿矿石	0.308	0.452	0.070	0.192	0.067	0.009	0.083	0.012	0.081	0.029	0.067	0.015	0.131	0.012	1.380
HK-8-6	方铅矿矿石	0.261	0.333	0.073	0.234	0.068	0.009	0.085	0.023	0.107	0.036	0.102	0.012	0.062	0.012	1.980
HK-13-1	方铅矿矿石	14.500	28.000	3.290	11.700	2.310	0.246	2.200	0.420	2.330	0.441	1.300	0.210	1.320	0.181	13.600
HT-6	磁铁矿单矿物	29.70	69.00	7.02	24.50	3.15	0.87	3.34	0.44	2.13	0.33	0.99	0.10	0.78	0.09	8.7

说明：样号上标带"#"数据源自马圣钞（2012）。

表4-10　虎头崖矿床稀土元素特征参数(LREE、HREE和∑REE 单位为10⁻⁶)

样号	LREE	HREE	∑REE	w(LREE)/w(HREE)	δEu	δCe	(La/Yb)$_N$	(La/Sm)$_N$	(Gd/Yb)$_N$	(La/Lu)$_N$	w(La)/w(Sm)	w(Sm)/w(Nd)	w(Gd)/w(Y)	w(Ce)/w(Yb)	w(Eu)/w(Sm)
JY30#	63.69	21.83	85.52	2.92	0.09	0.63	1.85	2.68	0.45	1.80	4.28	0.25	0.10	4.91	0.03
JY33#	67.92	21.74	89.66	3.12	0.09	0.75	2.07	2.50	0.58	2.12	4.00	0.26	0.13	6.49	0.03
JY01#	111.14	24.13	135.27	4.61	0.10	0.87	3.07	3.07	0.64	3.08	4.92	0.23	0.13	10.89	0.03
JY08#	81.67	19.22	100.89	4.25	0.10	0.88	2.64	3.25	0.54	2.66	5.20	0.23	0.11	9.39	0.03
JY11#	103.16	20.14	123.30	5.12	0.11	0.88	3.43	3.32	0.65	3.40	5.31	0.22	0.13	12.17	0.03
JY15#	103.36	17.61	120.97	5.87	0.23	0.68	4.45	4.27	0.60	4.39	6.84	0.19	0.12	11.94	0.07
HT31-0#	100.57	18.73	119.30	5.37	0.09	0.84	3.03	3.87	0.43	3.28	6.19	0.21	0.10	9.98	0.03
HT31-3#	124.11	19.86	143.97	6.25	0.19	0.80	4.13	4.75	0.52	4.26	7.60	0.21	0.12	12.44	0.06
HT31-22#	102.09	26.68	128.77	3.83	0.02	0.86	2.07	2.75	0.44	2.25	4.40	0.23	0.10	7.41	0.01
ZK1903-2#	60.12	15.12	75.24	3.98	0.45	0.85	2.10	2.90	0.46	2.27	4.65	0.21	0.12	7.36	0.13
HTII12-4#	110.00	19.83	129.83	5.55	0.19	0.81	3.58	3.51	0.63	4.28	5.61	0.23	0.15	11.69	0.06
HJ-05	127.12	13.71	140.83	9.27	0.42	0.81	7.44	6.01	0.68	7.31	9.61	0.18	0.12	22.35	0.12
JY31#	111.08	15.31	126.39	7.26	0.51	0.75	5.96	4.29	0.84	5.94	6.87	0.18	0.16	17.64	0.15
JY32#	124.18	14.38	138.56	8.64	0.47	0.82	7.10	4.75	0.88	7.32	7.59	0.18	0.17	22.77	0.13
JY35#	123.37	17.82	141.19	6.92	0.41	0.81	5.22	3.93	0.77	5.30	6.28	0.19	0.15	16.94	0.12
ZK1903-3#	154.07	24.17	178.24	6.37	0.23	0.82	4.42	4.63	0.55	4.39	7.40	0.18	0.12	13.89	0.07
HB-030	168.01	18.89	186.90	8.89	0.42	0.81	8.82	4.82	1.09	9.16	7.71	0.19	0.17	27.24	0.12
HD-006	100.67	13.36	114.03	7.54	0.61	0.83	10.35	2.98	2.17	11.73	4.77	0.24	0.23	34.92	0.18
HB-020	102.05	14.27	116.32	7.15	0.21	0.84	5.33	4.94	0.63	5.24	7.91	0.20	0.11	17.02	0.06
HB-079	89.49	11.38	100.87	7.86	0.51	0.84	9.80	2.93	2.00	10.93	4.69	0.24	0.24	33.66	0.15
HB-039	212.35	21.88	234.23	9.71	0.91	0.83	11.15	3.43	1.77	11.85	5.50	0.19	0.22	38.07	0.26

续表 4-10

样号	LREE	HREE	ΣREE	$w(LREE)/w(HREE)$	δEu	δCe	$(La/Yb)_N$	$(La/Sm)_N$	$(Gd/Yb)_N$	$(La/Lu)_N$	$w(La)/w(Sm)$	$w(Sm)/w(Nd)$	$w(Gd)/w(Y)$	$w(Ce)/w(Yb)$	$w(Eu)/w(Sm)$
HB-040	188.95	19.11	208.06	9.89	0.92	0.80	11.36	4.18	1.56	12.07	6.69	0.19	0.20	36.02	0.26
HB-077	199.13	22.44	221.57	8.87	0.50	0.86	7.74	4.36	1.00	8.03	6.98	0.19	0.18	25.91	0.14
HB-067	192.47	27.75	220.22	6.94	0.72	0.86	5.88	3.15	1.12	6.61	5.04	0.21	0.19	20.82	0.21
HB-055	74.55	19.98	94.53	3.73	0.72	0.86	2.68	2.11	0.95	2.99	3.38	0.25	0.17	10.03	0.23
HB-058	156.05	31.69	187.74	4.92	0.70	0.83	4.14	2.63	1.12	4.72	4.21	0.23	0.19	14.38	0.22
HB-071	147.69	30.18	177.87	4.89	0.66	0.83	4.08	2.66	1.04	4.55	4.25	0.24	0.18	13.90	0.20
HB-070	184.50	38.34	222.84	4.81	0.64	0.87	3.63	2.35	1.06	4.19	3.77	0.22	0.18	14.01	0.20
HB-022	159.04	19.50	178.54	8.16	0.39	0.82	7.67	4.53	1.00	7.73	7.25	0.20	0.16	24.00	0.11
HB-035	99.11	13.29	112.40	7.46	0.64	0.82	6.95	3.87	1.07	7.07	6.20	0.20	0.16	22.38	0.19
HB-037	167.05	30.98	198.03	5.39	0.17	0.88	3.98	3.16	0.81	4.48	5.05	0.23	0.15	14.33	0.05
HD-001	86.89	14.25	101.14	6.10	0.58	0.91	4.56	2.19	1.24	4.88	3.50	0.21	0.17	19.61	0.17
HB-029	143.91	10.09	154.00	14.26	0.96	0.59	17.20	12.17	0.77	16.92	19.48	0.16	0.15	31.66	0.27
HB-044-7	9.49	2.01	11.50	4.72	2.90	0.91	3.26	3.13	0.87	4.12	5.00	0.17	0.06	14.52	0.97
HK-8-3	4.68	0.51	5.19	9.18	0.63	0.62	7.56	4.61	0.61	6.78	7.37	0.21	0.07	17.27	0.16
HD-005	201.42	28.32	229.74	7.11	0.63	0.79	6.37	3.44	1.05	6.53	5.51	0.20	0.17	20.55	0.18
HB-001	9.51	0.86	10.37	11.06	0.97	0.74	14.03	5.08	1.62	12.59	8.13	0.19	0.18	39.09	0.28
HB-031	107.59	16.17	123.76	6.65	0.59	0.84	6.09	3.24	1.13	6.81	5.18	0.22	0.17	20.88	0.17
HB-062	157.34	21.52	178.86	7.31	0.59	0.82	6.80	3.13	1.23	7.18	5.01	0.22	0.18	22.99	0.17
HB-088	161.35	26.21	187.56	6.16	0.72	0.82	5.27	3.30	0.97	5.60	5.28	0.21	0.15	17.58	0.21
HK-1-2	188.97	28.55	217.52	6.62	0.65	0.80	6.02	3.19	1.15	6.45	5.10	0.21	0.17	19.91	0.19
HK-2	183.91	25.82	209.73	7.12	0.64	0.80	6.23	3.48	1.02	6.39	5.57	0.20	0.16	20.34	0.18

续表 4-10

样号	LREE	HREE	ΣREE	$w(LREE)/w(HREE)$	δEu	δCe	$(La/Yb)_N$	$(La/Sm)_N$	$(Gd/Yb)_N$	$(La/Lu)_N$	$w(La)/w(Sm)$	$w(Sm)/w(Nd)$	$w(Gd)/w(Y)$	$w(Ce)/w(Yb)$	$w(Eu)/w(Sm)$
HB-008	138.91	22.24	161.15	6.25	0.69	0.72	5.14	4.15	0.73	5.20	6.64	0.18	0.12	14.69	0.20
HB-081	3.32	1.06	4.38	3.13	0.69	0.95	2.28	1.16	1.51	2.42	1.85	0.30	0.19	10.77	0.22
HB-082	270.63	60.40	331.03	4.48	0.67	0.95	3.79	1.85	1.48	4.07	2.96	0.26	0.18	16.47	0.21
HB-085	124.97	17.16	142.13	7.28	0.62	0.79	6.04	5.12	0.70	6.08	8.19	0.20	0.13	17.66	0.18
HK-12-1	270.49	35.49	305.98	7.62	0.52	0.80	7.47	3.89	1.15	8.06	6.23	0.20	0.16	23.75	0.15
HB-052	110.91	9.86	120.77	11.25	0.64	0.90	8.67	5.48	0.85	8.72	8.77	0.17	0.18	30.27	0.18
HB-011	6.32	1.44	7.76	4.39	0.95	0.47	7.33	4.86	1.41	6.78	7.78	0.19	0.07	12.35	0.33
HB-050	178.73	22.61	201.34	7.90	0.85	0.76	8.09	4.39	1.10	8.14	7.02	0.18	0.15	24.05	0.25
HB-078	21.74	3.38	25.12	6.43	0.91	0.76	6.93	4.12	1.19	6.78	6.59	0.20	0.11	20.21	0.28
HB-086	61.53	10.75	72.28	5.72	0.64	0.89	4.11	2.85	0.86	4.06	4.56	0.22	0.15	15.37	0.19
HK-6-4	46.73	8.44	55.17	5.54	0.50	0.71	5.41	3.21	1.11	5.76	5.14	0.21	0.12	15.89	0.15
HB-044-2	0.47	0.11	0.58	4.28	0.48	0.67	2.95	1.65	0.83	1.50	2.64	0.51	0.20	7.20	0.13
HB-044-5	1.65	6.31	7.95	0.26	0.28	0.58	0.12	0.67	0.30	0.16	1.07	0.55	0.03	0.32	0.13
HK-9-9	85.81	20.13	105.94	4.26	0.31	0.79	3.41	2.72	0.86	3.88	4.35	0.22	0.14	11.33	0.10
HK-9-11	56.57	11.07	67.64	5.11	0.46	0.78	5.10	3.69	0.86	5.22	5.91	0.23	0.15	14.94	0.14
HK-4-2	73.88	16.69	90.57	4.43	0.61	0.69	4.38	3.48	0.97	5.25	5.57	0.20	0.09	12.02	0.20
HK-8-4	1.10	0.43	1.53	2.55	0.41	0.62	1.40	2.87	0.39	2.49	4.60	0.35	0.06	3.45	0.13
HK-8-6	0.98	0.44	1.42	2.23	0.40	0.50	2.50	2.40	0.84	2.11	3.84	0.29	0.04	5.37	0.13
HK-13-1	60.05	8.40	68.45	7.15	0.36	0.82	6.52	3.92	1.02	7.76	6.28	0.20	0.16	21.21	0.11
HT-6	134.24	8.20	142.44	16.37	0.90	0.97	22.61	5.89	2.62	31.97	9.43	0.13	0.38	88.46	0.28

说明：样号上标带"#"数据源自马圣钞（2012）。

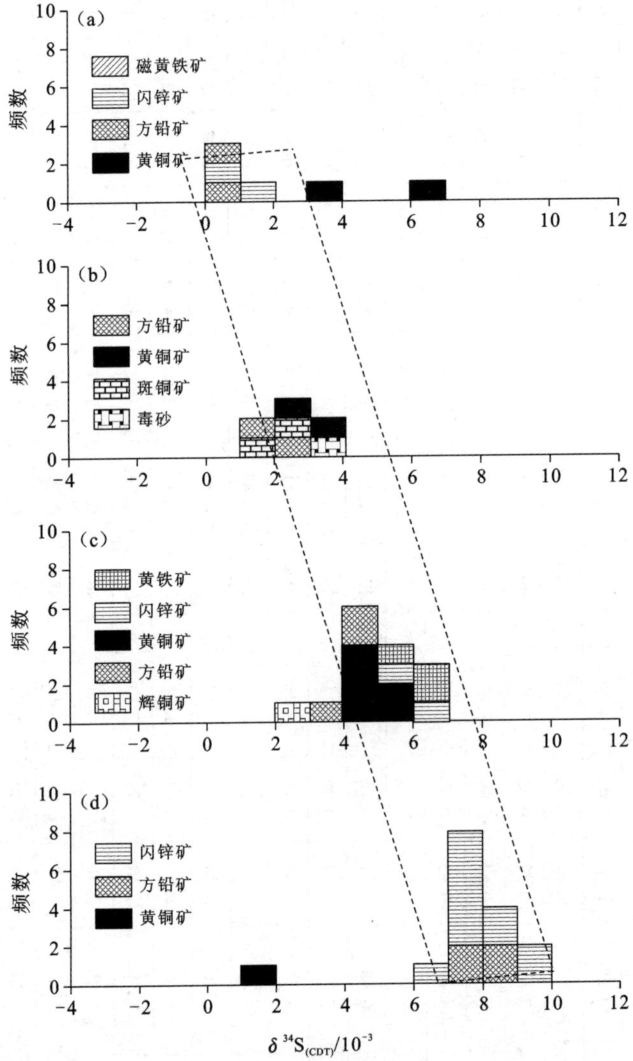

图 4-14 虎头崖矿床 δ(^{34}S) 直方图

(a) Ⅱ 和 Ⅲ 矿带；(b) Ⅳ 矿带；(c) 6 号矿体和 Ⅵ 矿带；(d) Ⅶ 矿带

整个矿区内主要硫化物硫同位素值变化范围也较大：10 个方铅矿 δ(^{34}S) 为 + 0.6×10^{-3} ~ + 8.4×10^{-3}，且在此范围内分布较均匀；15 个闪锌矿 δ(^{34}S) 为 + 1.0×10^{-3} ~ + 9.8×10^{-3}，主要集中于 + 8.0×10^{-3} 附近；11 个黄铜矿 δ(^{34}S) 为 + 1.6×10^{-3} ~ + 6.5×10^{-3}，在此范围内分布较均匀；黄铁矿(3 个样品)和斑铜矿(2 个样品) δ(^{34}S) 变化不大，分别为 + 5.9×10^{-3} ~ + 6.8×10^{-3}

和 $+1.7 \times 10^{-3} \sim +2.2 \times 10^{-3}$。

硫同位素对成矿物质来源示踪的前提条件为硫同位素已达到分馏平衡和矿石硫同位素值应等于热液硫同位素值(郑永飞和陈江峰,2000)。矿石矿物硫同位素平衡条件为 ^{34}S 富集顺序:黄铁矿 > 磁黄铁矿 > 闪锌矿 > 黄铜矿 > 斑铜矿 > 方铅矿 > 辉铜矿(郑永飞和陈江峰,2000),而矿区各主要矿石硫化物的 ^{34}S 富集顺序为:闪锌矿 > 方铅矿 > 黄铁矿 > 黄铜矿 > 辉铜矿 > 斑铜矿 > 磁黄铁矿,并没有遵循上述硫同位素平衡条件。但按硫化物共生顺序,不同成矿阶段中硫化物中硫同位素已经达到平衡,总体上,铜硫化物阶段 $\delta(^{34}S)_{黄铁矿} > \delta(^{34}S)_{黄铜矿} > \delta(^{34}S)_{斑铜矿}$,铅锌硫化物阶段 $\delta(^{34}S)_{闪锌矿} > \delta(^{34}S)_{方铅矿}$,这说明矿区硫同位素大体上已达平衡,且早期硫化物阶段 $\delta(^{34}S)$ 小于晚期硫化物 $\delta(^{34}S)$。矿区内目前尚未发现硫酸盐矿物,且黄铁矿和磁黄铁矿均以稳定矿物出现,根据大本模式的磁黄铁矿 - 黄铁矿 - 方解石组合(Ohmoto,1972),可以判断矿区矿石硫化物硫同位素相当于成矿热液硫同位素值。

(3)铅同位素组成

闪锌矿、方铅矿、斑铜矿和毒砂单矿物共 16 件,其铅同位素测试结果见表 4 - 8。结合马圣钞等(2012)测试结果,将铅同位素分为四组:第一组为 II 矿带和 III 矿带,6 个样品;第二组为 IV 矿带,7 个样品;第三组为 VII 矿带和 6 号矿体,8 个样品;第四组为 VII 矿带,16 个样品。铅同位素测试结果表明矿区 $n(^{208}Pb)/n(^{204}Pb)$ 为 38.717 ~ 38.261,均值为 38.449,标准差为 0.102;$n(^{207}Pb)/n(^{204}Pb)$ 为 15.718 ~ 15.560,均值为 15.639,标准差为 0.033;$n(^{206}Pb)/n(^{204}Pb)$ 为 19.502 ~ 18.476,均值为 18.597,标准差为 0.176,其中 2 个样品 $n(^{206}Pb)/n(^{204}Pb)$ 大于 19.000,其余均为小于 18.700。

根据单阶段铅演化模式,计算出铅同位素各特征参数(表 4 - 8),计算中运用的参数值为 $\alpha_0 = 9.307$,$\beta_0 = 10.294$,$\gamma_0 = 29.476$,成矿年龄值为 t = 235Ma(丰成友等所测虎头崖成矿岩体年龄,2012),地球年龄 T = 4.43Ga。整个矿区铅模式年龄值多集中于 110Ma ~ 150Ma,这与丰成友等(2011)所测成矿年龄相差较大。Th/U 值范围为 3.20 ~ 3.77,变化范围很小,表现出稳定铅同位素特征。$\mu(^{238}U/^{204}Pb)$ 值变化范围也很窄,为 9.37 ~ 9.67,这一范围位于地壳 $\mu_C = 9.81$,与原始地幔 $\mu_0 = 7.80$ 之间,反映出壳幔混合铅特征。

利用公式(朱炳泉等,2000)计算出地幔铅所占比例:

$$\mu = \mu_C(1 - X) + \mu_0 X$$

其中,$\mu(^{238}U/^{204}Pb)$ 为上述计算所得值;$\mu_{\mu C}$ 为地壳中 $^{238}U/^{204}Pb$ 值,取 $\mu_C = 9.81$;μ_0 为原始地幔中 $^{238}U/^{204}Pb$ 值,取 $\mu_0 = 7.80$;X 为地幔铅所占比例,$1 - X$ 为地壳铅所占比例。计算结果地幔组分为 0.07 ~ 0.22,地壳组分为 0.78 ~ 0.93。

4.3.2 稀土元素特征

(1)样品采集及测试分析

本次研究对 47 件来自不同岩体、地层、矽卡岩和矿石的样品进行稀土元素测试，测试结果见表 4-9。其中岩体样品 17 件，包括花岗岩类 5 件、闪长岩类 9 件、晶屑凝灰岩 3 件；地层样品 17 件，区域弱变质岩 7 件、砂质碎屑岩 5 件、灰岩 5 件；矽卡岩 4 件；矿石样品 9 件，铜矿石 4 件、铅锌矿石 4 件、磁铁矿单矿物 1 件。岩石和矿石样品在室内磨制成 200 目、重约 50g 的粉样，单矿物样品在室内经粗挑、精挑，纯度在 98% 以上。岩石和单矿物粉样送至澳实广州分析测试中心采用 ME-MS81 进行微量、稀土 31 个元素测试，各元素的检出限分别为：La、Ba、Ce、Tl、Y 为 0.5×10^{-6}，Pr、Sm、Eu、Er、Yb 为 0.03×10^{-6}，Cs、Ga、Nd、Sr、Ta 为 0.1×10^{-6}，Gd、Dy、Th、U 为 0.05×10^{-6}，Tb、Ho、Tm、Lu 为 0.01×10^{-6}，Hf、Nb 为 0.2×10^{-6}，W、Sn 为 1×10^{-6}，Zr、V、Cr 分别为 2×10^{-6}、5×10^{-6}、10×10^{-6}。对岩石样品并进行 14 项主量元素分析，分析方法为 ME-XRF06，各项检测出限均为 0.01%。矿石样品送至核工业北京地质研究院分析研究测试中心 ICP-MS 分析(44 项)，测试方法依照 DZ/T0223-2001《电感耦合等离子体质谱分析 ICP-MS 方法通则》。对稀土元素测试结果采用赫尔曼球粒陨石标进行准化并计算稀土元个参数值(表 4-10)，将不同地质体分类制作稀土元素配分模式图、特征参数值，探讨成矿物质来源演化机制。

(2)不同地质体稀土元素特征

1)火成岩稀土元素特征：矿区火成岩主要为花岗岩、二长花岗岩、花岗斑岩等，其次为闪长玢岩、(石英)闪长岩和晶屑凝灰岩。

各类岩体稀土元素特征如下：

花岗岩稀土总量 $w(\sum REE)$ 为 $75.24 \times 10^{-6} \sim 143.97 \times 10^{-6}$，均值为 116.13×10^{-6}，轻稀土 $w(LREE)$ 变化范围为 $60.12 \times 10^{-6} \sim 127.12 \times 10^{-6}$，均值为 96.25×10^{-6}，重稀土 $w(HREE)$ 变化范围为 $13.71 \times 10^{-6} \sim 26.68 \times 10^{-6}$，均值为 19.88×10^{-6}。轻重稀土比值 $w(LREE)/w(HREE) = 2.92 \sim 9.27$，均值为 5.01，$(La/Yb)_N$ 为 $1.85 \sim 7.44$，均值为 3.32，为右倾式轻稀土富集型[图 4-15(a)]。负铕异常(δEu)特别明显，均值为 0.17，弱负铈异常(δCe)均值为 0.80。

二长花岗岩 $w(\sum REE)$ 为 $126.39 \times 10^{-6} \sim 178.24 \times 10^{-6}$，均值为 146.10×10^{-6}，$w(LREE)$ 变化范围为 $111.08 \times 10^{-6} \sim 154.07 \times 10^{-6}$，均值为 128.18×10^{-6}，$w(HREE)$ 变化范围为 $14.38 \times 10^{-6} \sim 24.17 \times 10^{-6}$，均值为 17.92×10^{-6}。$w(LREE)/w(HREE) = 6.37 \sim 8.64$，均值 7.30，$(La/Yb)_N$ 为 $4.42 \sim 7.10$，均值为 5.68，呈右倾式分部[图 4-15(b)]。负铕异常(δEu)明显，均值为 0.40，δCe 均值为 0.80。

花岗斑岩等其他花岗岩 $w(\sum REE)$ 为 $100.87 \times 10^{-6} \sim 120.77 \times 10^{-6}$，均值为

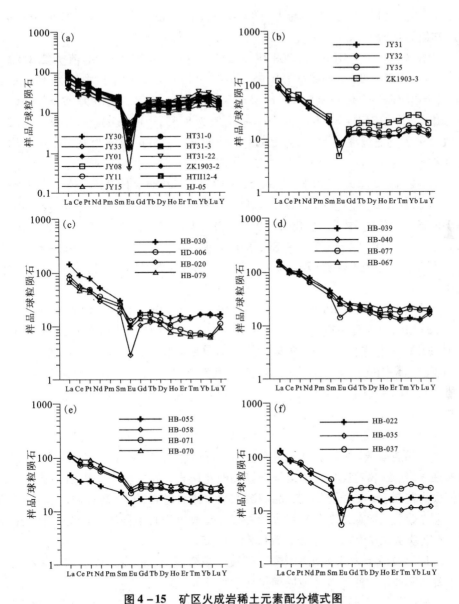

图 4 - 15　矿区火成岩稀土元素配分模式图

(a)钾长花岗岩；(b)二长花岗岩；(c)花岗斑岩等其他花岗岩；

(d)闪长玢岩；(e)(石英)闪长岩；(f)晶屑凝灰岩

113.00×10^{-6}，$w(\text{LREE})$变化范围为 $89.49 \times 10^{-6} \sim 110.91 \times 10^{-6}$，均值为 100.78×10^{-6}，$w(\text{HREE})$变化范围为 $9.86 \times 10^{-6} \sim 14.27 \times 10^{-6}$，均值为 12.22×10^{-6}。$w(\text{LREE})/w(\text{HREE}) = 7.15 \sim 11.25$，均值为 8.45，$(\text{La}/\text{Yb})_N$ 为 $5.33 \sim$

10. 35，均值为 8. 54，富集轻稀土[图 4 - 15(c)]。负铕异常明显，均值为 0. 49，
δCe 均值为 0. 85。

闪长玢岩 $w(\sum REE)$ 为 208. 06 × 10^{-6} ~ 234. 23 × 10^{-6}，均值为 221. 02 ×
10^{-6}，$w(LREE)$ 变化范围为 188. 95 × 10^{-6} ~ 212. 35 × 10^{-6}，均值为 198. 23 ×
10^{-6}，$w(HREE)$ 变化范围为 19. 11 × 10^{-6} ~ 27. 75 × 10^{-6}，均值为 22. 80 × 10^{-6}。
$w(LREE)/w(HREE)$ = 6. 94 ~ 9. 89，平均值为 8. 85，$(La/Yb)_N$ 为 5. 88 ~ 11. 36，
均值为 9. 03，配分曲线呈右倾式[图 4 - 15(d)]。δEu 均值为 0. 76，δCe 均值
为 0. 84。

(石英)闪长岩 $w(\sum REE)$ 为 94. 53 × 10^{-6} ~ 222. 84 × 10^{-6}，均值为 173. 98 ×
10^{-6}，$w(LREE)$ 变化范围为 74. 55 × 10^{-6} ~ 184. 50 × 10^{-6}，均值为 146. 16 × 10^{-6}，
$w(HREE)$ 变化范围为 18. 89 × 10^{-6} ~ 38. 34 × 10^{-6}，均值为 27. 82 × 10^{-6}。
$w(LREE)/w(HREE)$ = 3. 73 ~ 8. 89，平均值为 5. 45，$(La/Yb)_N$ 为 2. 68 ~ 8. 82，均
值为 4. 76，为轻稀土富集型[图 4 - 15(e)]。δEu 较明显，均值为 0. 63，δCe 均值
为 0. 84。

晶屑凝灰岩 $w(\sum REE)$ 为 112. 40 × 10^{-6} ~ 198. 03 × 10^{-6}，均值为 162. 99 ×
10^{-6}，$w(LREE)$ 变化范围为 99. 11 × 10^{-6} ~ 167. 05 × 10^{-6}，均值为 141. 73 × 10^{-6}，
$w(HREE)$ 变化范围为 13. 29 × 10^{-6} ~ 30. 98 × 10^{-6}，均值为 21. 26 × 10^{-6}。
$w(LREE)/w(HREE)$ = 5. 39 ~ 8. 16，平均值为 7. 00，$w(La/Yb)_N$ 为 3. 98 ~ 7. 67，
均值为 6. 20，亏损重稀土元素[图 4 - 15(f)]。负铕异常较明显，均值为 0. 40，
δCe 为 0. 84。

综合各类火成岩稀土元素特征参数表明：稀土元素总量上，闪长岩类大于花
岗岩类和晶屑凝灰岩；轻稀土富集程度从小到大依次为花岗岩、(石英)闪长岩、
晶屑凝灰岩、二长花岗岩、花岗斑岩等其他花岗岩、闪长玢岩。负铕异常明显程
度依次为花岗岩、二长花岗岩、晶屑凝灰岩、花岗斑岩、(石英)闪长岩、闪长玢
岩，这与稀土元素总量变化趋势大致相反，反映出岩浆不同程度的分异作用；铈
异常在各类火成岩中变化很小，为 0. 80 ~ 0. 85。

2)地层及矽卡岩稀土元素特征：低级区域变质岩、砂泥质碎屑岩、灰岩为矿
区主要出露地层，各类岩性地层稀土元素特征如下。

砂泥质碎屑岩 $w(\sum REE)$ 为 4. 38 × 10^{-6} ~ 331. 03 × 10^{-6}，均值为 188. 93 ×
10^{-6}，总体上含钙质成分多者稀土元素含量低，泥质成分高者稀土元素含量高。
$w(LREE)$ 变化范围为 3. 32 × 10^{-6} ~ 270. 63 × 10^{-6}，均值为 161. 66 × 10^{-6}，
$w(HREE)$ 变化范围为 1. 06 × 10^{-6} ~ 60. 40 × 10^{-6}，均值为 27. 27 × 10^{-6}。
$w(LREE)/w(HREE)$ = 3. 13 ~ 7. 62，平均值为 5. 75，$(La/Yb)_N$ 为 2. 28 ~ 4. 47，均
值为 4. 95，亏损重稀土元素[图 4 - 16(a)]，钙质岩石中轻稀土富集较泥质岩石
弱。中等负铕异常，均值为 0. 64，δCe 为 0. 84。

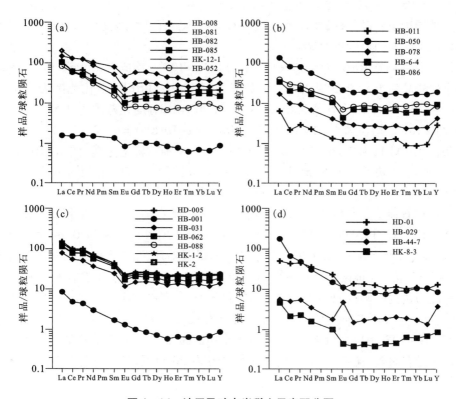

图 4 - 16　地层及矽卡岩稀土元素配分图
(a)砂泥质碎屑岩;(b)灰岩;(c)区域低级变质岩;(d)矽卡岩

灰岩 $w(\sum REE)$ 为 $7.76 \times 10^{-6} \sim 201.34 \times 10^{-6}$,均值为 72.33×10^{-6},$w(LREE)$ 变化范围为 $6.32 \times 10^{-6} \sim 178.73 \times 10^{-6}$,均值为 63.01×10^{-6},$w(HREE)$ 变化范围为 $1.44 \times 10^{-6} \sim 26.21 \times 10^{-6}$,均值为 9.32×10^{-6}。$w(LREE)/w(HREE) = 4.39 \sim 7.90$,平均值为 6.00,$(La/Yb)_N$ 为 $4.11 \sim 8.09$,均值为 6.37,亏损重稀土元素[图 4 - 16(b)]。负铕异常较明显,均值为 0.40,δCe 为 0.84。大体上,含泥质灰岩含稀土元素总量比纯灰岩大 2 个数量级,且更富集轻稀土。

低级区域变质岩 $w(\sum REE)$ 为 $10.37 \times 10^{-6} \sim 229.74 \times 10^{-6}$,均值为 165.36×10^{-6},稀土元素总量大理岩低,泥质变质岩含量高。$w(LREE)$ 变化范围为 $9.51 \times 10^{-6} \sim 201.42 \times 10^{-6}$,均值为 144.30×10^{-6},$w(HREE)$ 变化范围为 $0.86 \times 10^{-6} \sim 28.55 \times 10^{-6}$,均值为 21.26×10^{-6}。$w(LREE)/w(HREE) = 6.16 \sim 11.06$,均值为 7.43,$(La/Yb)_N$ 为 $5.27 \sim 14.03$,均值为 7.26,亏损重稀土元素[图 4 - 16

（c）］。中等负铕异常，δEu 均值为 0.69，δCe 为 0.80。

地层稀土元素分析显示，泥质类岩石比钙质岩石极大地富集稀土元素，且富集轻稀土元素的程度更明显。

矽卡岩 $w(\sum REE)$ 为 $5.19 \times 10^{-6} \sim 154.00 \times 10^{-6}$，均值为 67.96×10^{-6}，不同矽卡岩样品稀土元素重量相差一个数量级以上。$w(LREE)$ 变化范围为 $4.68 \times 10^{-6} \sim 143.91 \times 10^{-6}$，均值为 61.24×10^{-6}，$w(HREE)$ 变化范围为 $0.51 \times 10^{-6} \sim 14.25 \times 10^{-6}$，均值为 6.72×10^{-6}。$w(LREE)/w(HREE) = 4.72 \sim 14.26$，均值为 8.56，$(La/Yb)_N$ 为 $3.26 \sim 17.20$，均值为 8.14，亏损重稀土元素［图 4-16（d）］。除一个样品为极高正铕异常外，其余样品为负铕异常，δCe 变化不明显，均值为 0.76。

3）矿石稀土元素特征：不同矿带稀土元素特征差异较大，IV 矿带 2 个铜矿石 $w(\sum REE)$ 低于 8.00×10^{-6}，$w(LREE)/w(HREE)$ 分别为 0.26 和 4.28，$(La/Yb)_N$ 分别为 0.12 和 2.95，两个矿石样品具有不同稀土元素配分模式特征［图 4-17（a）］。但两者均具有明显负铕异常，δCe 为 0.62。VII 矿带矿石稀土元素样品为黄铜矿矿石（2 个）、闪锌矿矿石（2 个）、方铅矿矿石（2 个）和磁铁矿单矿物（1 个）。其矿石 $w(\sum REE)$ 大体上可分为两组，一组为小于 2×10^{-6}，另一组为 $67.64 \times 10^{-6} \sim 142.44 \times 10^{-6}$，轻重稀土比值为 $2.32 \sim 16.37$，均值为 6.01，配分模式呈右倾式［图 4-17（b）］。δEu 集中于 0.50 附近，δCe 均值为 0.74，波动性很小。

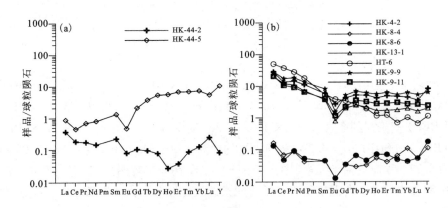

图 4-17　矿石稀土元素配分图

（a）IV矿带铜矿石；（b）VII矿带铜、铁、铅、锌矿石

4.3.3　微量元素特征

微量元素是研究地球奥秘的化学指示剂，已广泛运用于成岩过程判断、源区示踪等方面的研究（赵振华，1997）。本文基于上述原理探讨不同地质体间的相互

关系及花岗岩成因类型。本次研究选取了不同岩性的岩浆岩、沉积岩和变质岩样品共计 39 件，测试其微量元素（测试方法和单位已在稀土元素一节描述），测试数据见表 4-11。采用 Thompson 球粒陨石进行标准化，并绘制花岗岩类、闪长岩及晶屑凝灰岩类、砂泥质碎屑岩、灰岩、低级区域变质岩微量元素蛛网图（图 4-18~图 4-22）。

表 4-11　微量元素蛛网图原始数据　　　　氧化物单位：%

样品号	岩性	Ba	Rb	Th	K$_2$O	Nb	Ta	Sr	P$_2$O$_5$	Zr	Hf	TiO$_2$
JY30#	花岗岩	76.84	277.55	31.03	4.68	23.55	5.22	33.13	0.02	104.00	4.188	0.06
JY33#	花岗岩	75.67	310.55	41.41	5.23	29.10	3.58	36.35	0.01	149.74	6.07	0.04
JY01#	花岗岩	117.644	421.99	41.03	4.54	24.89	4.50	54.07	0.02	102.45	4.18	0.06
JY08#	花岗岩	85.05	369.79	37.27	4.14	21.01	4.65	88.16	0.01	100.42	4.06	0.05
JY11#	花岗岩	111.90	387.25	38.45	4.52	19.55	3.32	45.91	0.01	95.36	3.87	0.05
JY15#	花岗岩	168.10	320.27	33.80	4.70	19.25	3.65	75.91	0.03	99.46	4.01	0.12
HJ-05	黑云母花岗岩	364.0	264.0	29.40	4.46	15.2	2.2	105.5	0.035	133	4.4	0.17
JY31#	似斑状二长花岗岩	448.88	175.23	20.06	4.12	15.43	1.68	126.05	0.08	148.65	4.59	0.30
JY32#	似斑状二长花岗岩	307.17	255.23	29.15	4.22	14.19	1.53	133.28	0.07	160.55	5.04	0.24
JY35#	似斑状二长花岗岩	365.91	221.57	30.23	4.44	15.37	2.33	133.15	0.07	152.84	5.11	0.24
HB-030	似斑状花岗闪长岩	592.0	210.0	24.50	4.41	15.0	1.4	266.0	0.056	217	6.3	0.26
HD-006	绢云母化花岗斑岩	311.0	192.5	8.16	3.93	10.3	1.3	71.9	0.121	94	3.1	0.23
HB-020	蚀变花岗斑岩	250.0	317.0	37.30	5.01	17.3	2.9	100.0	0.006	106	4.2	0.09
HB-079	含透闪石的花岗斑岩	389.0	186.5	7.83	4.57	8.6	2.0	29.8	0.135	90	3.1	0.21
HB-039	蚀变闪长玢岩	923.0	51.1	3.84	1.71	35.3	1.4	762.0	0.714	306	6.7	1.49
HB-040	蚀变闪长玢岩	557.0	250.0	6.54	3.16	32.1	1.6	192.5	0.514	271	5.9	1.20
HB-067	闪长玢岩	1000.0	111.0	14.30	3.02	15.4	1.5	383.0	0.266	270	7.2	0.86
HB-077	蚀变闪长玢岩	1015.0	220.0	25.30	4.93	13.8	1.8	163.0	0.101	330	9.0	0.38
HB-055	中细粒蚀变闪长岩	636.0	343.0	4.99	4.96	6.3	0.8	258.0	0.124	110	3.4	1.32
HB-058	中粒闪长岩	699.0	92.2	9.36	3.08	12.6	1.3	177.5	0.275	190	5.6	2.39
HB-070	中粗粒闪长岩	453.0	63.1	11.70	2.57	14.8	1.6	169.5	0.324	230	6.8	1.85
HB-071	蚀变石英闪长岩	531.0	58.9	9.93	2.57	12.6	1.2	178.0	0.282	190	5.7	2.38

续表 4-11

样品号	岩性	Ba	Rb	Th	K₂O	Nb	Ta	Sr	P₂O₅	Zr	Hf	TiO₂
HB-022	晶屑凝灰岩	587.0	198.0	25.90	4.57	17.3	1.6	171.0	0.063	224	6.7	0.25
HB-035	晶屑凝灰岩	462.0	258.0	13.65	4.36	11.0	0.9	742.0	0.116	152	4.3	0.57
HB-037	晶屑凝灰岩	313.0	344.0	41.40	4.40	25.8	4.1	123.5	0.032	160	6.4	0.14
HB-008	矿化粉砂质泥岩	198.0	80.1	21.40	1.39	21.5	1.8	195.5	0.043	294	8.4	1.03
HB-081	钙质石英杂砂岩	43.9	4.3	0.22	0.47	0.3	0.1	7.2	0.227	8	0.2	0.12
HB-082	铁质石英砂泥岩	233.0	83.7	9.87	0.51	8.7	0.8	115.5	0.087	229	6.3	0.03
HB-085	泥岩与石英杂砂岩互层	510.0	208.0	16.80	5.49	14.4	1.2	43.9	0.080	233	6.4	0.71
HK-12-11	粉砂岩	449.0	130.5	26.50	2.19	19.7	1.8	218.0	0.067	472	13.5	0.88
HB-052	中细粒石英杂砂岩	2130.0	238.0	24.60	5.29	7.4	1.8	259.0	0.042	130	4.1	0.24
HB-011	大理岩化生物碎屑灰岩	7.8	1.6	0.33	0.02	0.3	0.1	194.5	0.023	3	0.2	0.02
HB-050	泥灰岩夹亮晶灰岩	366.0	122.5	14.60	2.36	15.5	1.2	342.0	0.053	172	4.9	0.87
HB-078	炭质泥晶灰岩	194.0	19.4	0.39	0.10	0.6	0.1	1075.0	0.820	8	0.2	0.02
HK-6-4	杂砂质灰岩	133.5	80.1	5.50	0.94	4.8	0.4	592.0	0.047	36	1.1	0.19
HB-086	结晶灰岩	669.0	141.5	12.80	5.44	11.8	1.0	245.0	0.156	153	4.2	0.50
HD-005	泥质板岩	374.0	191.0	14.90	4.91	16.0	1.2	53.7	0.056	172	5.1	0.91
HB-001	大理岩	7.6	0.8	0.52	0.01	0.3	0.1	220.0	0.011	4	0.2	0.01
HB-031	含硅质层的板岩	813.0	118.5	12.25	1.69	12.7	1.0	1005.0	0.235	142	4.2	0.49
HB-062	炭质板岩	328.0	119.0	14.05	2.55	11.1	1.0	17.4	0.082	276	7.9	0.50
HB-088	含长英质脉的角岩	472.0	116.5	12.85	3.23	14.1	1.1	72.3	0.093	227	6.4	0.82
HK-1-2	黄铁矿化板岩	285.0	138.5	13.00	3.51	14.8	1.1	232.0	0.079	164	4.9	0.80
HK-2	条带状黄铁矿化板岩	388.0	224.0	12.75	5.71	14.8	1.1	256.0	0.039	164	4.8	0.79

说明：上标带"#"数据源自马圣钞(2012)

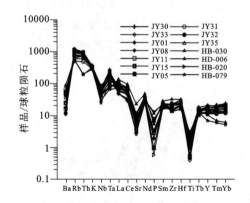

图 4 – 18　花岗岩类微量元素蛛网图

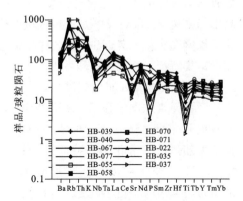

图 4 – 19　闪长岩类及晶屑凝
灰岩微量元素蛛网图

（1）岩浆岩微量元素特征

本次研究包括矿区出露的主要岩浆岩，岩性为花岗岩、二长花岗岩、花岗斑岩等，少量闪长岩、闪长玢岩和晶屑凝灰岩。将其分为两组制作微量元素蛛网图，分别为花岗岩类（图 4 – 18）和闪长岩类及晶屑凝灰岩（图 4 – 19）。

微量元素蛛网图表明虎头崖花岗岩类明显亏损 Ba、Nb、Sr、P、Ti，且各样品的蛛网图形态很相近，表现出同一源区的特点。这与闪长岩类及晶屑凝灰岩微量元素蛛网图类似，尤其是与晶屑凝灰岩，几乎具有相同的含量和配分模式。

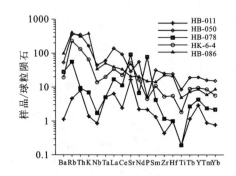

图 4 – 20　沉积碳酸盐岩微量元素蛛网图

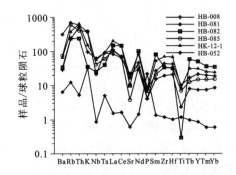

图 4 – 21　含泥砂质碎屑岩微量元素蛛网图

（2）地层微量元素特征

沉积碳酸盐岩、砂质碎屑岩、低级区域变质岩为矿区主要地层。沉积碳酸盐岩各标准化微量元素（图 4 – 20）变化范围相差两个数量级，含泥砂质的碳酸盐岩较纯碳酸盐岩各标准化微量元素含量多，这与稀土元素具有相同的特征。总体上，亏损 Ba、Nb、Ti，而与岩浆岩不同之处为部分碳酸盐岩样品富集 Sr 和 P。砂质碎屑岩亏损的微量元素与岩浆岩一致，均为 Ba、Nb、Sr、P、Ti，而含钙质的样品中却富集 P(图 4 - 21)。低级区域变质岩中的大理岩也与沉积碳酸盐岩的微量元素蛛网图类似，富集 Sr，其余样品则亏损 Sr，而 Ba、Nb、P、Ti 则与岩浆岩具有相同富集特征，表现为强烈亏损。

(3)侵入岩成因演化探讨

微量元素蛛网图显示，矿区花岗岩亏损 Ba、Nb、Sr、P、Ti 明显，具有正常大陆弧造山带花岗岩特征(李昌年，1992)，说明矿区花岗岩形成于造山带环境中。闪长岩类也与花岗岩类似，亏损上述微量元素。而除碳酸盐岩外的岩层也亏损 Ba、Nb、Sr、P、Ti，推测地层与花岗岩、闪长岩类可能具有相同的源区。而矿区地层、岩浆岩具有相同或相似的稀土元素配分模式，也表明矿区地层、岩浆岩

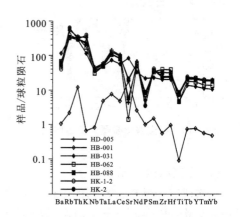

图 4 - 22　低级区域变质岩微量元素蛛网图

可能具有相同源区。矿区地层、闪长岩类、花岗岩的 $w(Sm)/w(Nd) \leqslant 0.3$，说明组成这些岩石的矿物质来自地壳(Yuan F. et al.，2002)。花岗岩和闪长岩类 $w(Nd)/w(Th)$ 值多为 0.41 ~ 3.71，与壳源岩石的这一比值 $w(Nd)/w(Th)(\approx 3)$ 相近，而与幔源岩石此比值 $w(Nd)/w(Th) > 15$ 相差甚远(Bea F, et al.，2001)；花岗岩和闪长岩类 $w(Nb)/w(Ta)$ 值为 4.11 ~ 10.71，均值为 7.34，靠近残留有角闪石和金红石的壳源花岗岩 $w(Nb)/w(Ta) \approx 9$，Dostal and Chatterrajee，2000)。这些微量元素比值均说明矿区花岗岩和闪长岩主要由壳源物质演化而成。但主量元素研究表明，矿区花岗岩和闪长岩类 A/CNK 多为 1 附近，呈弱过铝质特征，说明这些花岗岩由沉积岩重熔而来的可能性很小，可能是早期壳源岩浆岩重熔而成。

20 个花岗岩类样品的 $w(La)/w(Sm) - w(La)$ 图解(图 4 - 23)显示，样品大致呈一斜线分布，根据岩浆部分熔融呈一斜线，分离结晶

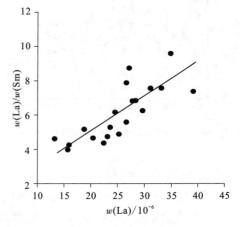

图 4 - 23　花岗岩类
$w(La)/w(Sm) - w(La)$ 图解

呈一水平线的特点，可推断矿区花岗岩形成过程为部分熔融，这与上述分析结论一致。

微量元素比值是探讨岩浆演化的重要参数，矿区岩浆岩 $w(Rb)/w(Sr)$，$w(Nb)/w(Ta)$，$w(Zr)/w(Hf)$ 比值见表 4 – 12。总体上，这些花岗岩中 $w(Rb)/w(Sr)$ 比值依次增大者为，闪长岩类、似斑状花岗闪长岩、似斑状二长花岗岩、花岗斑岩、花岗岩；$w(Nb)/w(Ta)$ 比值依次减少者为，闪长岩类、似斑状花岗闪长岩、似斑状二长花岗岩、花岗斑岩、花岗岩；$w(Zr)/w(Hf)$ 比值逐渐减小者为似斑状花岗闪长岩、闪长岩类、似斑状二长花岗岩、花岗斑岩、花岗岩。依据火成岩在演化过程中分异作用加强表现为：$w(Rb)/w(Sr)$ 比值增大，而 $w(Nb)/w(Ta)$，$w(Zr)/w(Hf)$ 比值减小 (李昌年，1992)，结合丰成友 (2011) 对矿区花岗闪长岩和二长花岗岩测年，大致可推断矿区侵入岩从早到晚的演化次序为闪长岩、似斑状花岗闪长岩、似斑状二长花岗岩、花岗斑岩、花岗岩。这种演化趋势与侵入岩中负铕异常由弱变强的变化趋势较一致，显示从早期到晚期斜长石逐渐从岩浆岩结晶分离出来。

表 4 –12　矿区花岗岩微量元素比值

样号	岩性	$w(Rb)/w(Sr)$	$w(Nb)/w(Ta)$	$w(Zr)/w(Hf)$
JY30	花岗岩	8.38	4.51	24.88
JY33	花岗岩	8.54	8.13	24.67
JY01	花岗岩	7.80	5.53	24.51
JY08	花岗岩	4.19	4.52	24.73
JY11	花岗岩	8.43	5.89	24.64
JY15	花岗岩	4.22	5.27	24.80
HJ – 05	黑云母花岗岩	2.50	6.91	30.23
JY31	似斑状二长花岗岩	1.39	9.18	32.39
JY32	似斑状二长花岗岩	1.91	9.27	31.86
JY35	似斑状二长花岗岩	1.66	6.60	29.91
HB – 030	似斑状花岗闪长岩	0.79	10.71	34.44
HD – 006	绢云母化花岗斑岩	2.68	7.92	30.32
HB – 020	蚀变花岗斑岩	3.17	5.97	25.24
HB – 079	含透闪石花岗斑岩	6.26	4.30	29.03
HB – 067	闪长玢岩	0.29	10.27	37.50

续表 4 - 12

样号	岩性	$w(Rb)/w(Sr)$	$w(Nb)/w(Ta)$	$w(Zr)/w(Hf)$
HB - 077	蚀变闪长玢岩	1.35	7.67	36.67
HB - 055	中细粒蚀变闪长岩	1.33	7.88	32.35
HB - 058	中粒闪长岩	0.52	9.69	33.93
HB - 070	中粗粒闪长岩	0.37	9.25	33.82
HB - 071	蚀变石英闪长岩	0.33	10.50	33.33

4.4 矿床成矿作用及成因

4.4.1 成矿大地构造背景

成矿大地构造背景是研究矿床成矿作用的重要部分之一，不同大地构造背景对应不同成矿作用。何书跃等(2008)和丰成友等(2010)认为该区经历了加里东期前寒武系结晶基底裂解成小洋盆；海西期洋、陆壳挤压抬升，小洋盆逐渐闭合；印支期挤压俯冲作用加强，中后期进入强烈造山阶段；从燕山期开始进入强烈陆陆碰撞阶段。这一观点与该区岩相学特征一致(前寒武系为古老结晶基底，奥陶－志留系为滨浅海至深海沉积，石炭系为滨浅海相沉积，三叠系为陆相火山岩组)。矿床成矿作用主要发生在中晚印支期(丰成友等，2011)，这一时期该区处于后碰撞构造背景(丰成友等，2012)。

花岗岩微量元素地球化学构造图解被广泛认为是探讨成矿背景的有效方法，Pearce 等(1984)利用微量元素图解系统划分了同碰撞花岗岩、板内花岗岩、火山弧花岗岩和洋脊花岗岩。丰成友等(2011)认为矿床成矿作用与矿区花岗岩密切相关，且岩体侵入时间为中晚三叠世。基于上述依据，利用花岗岩微量元素构造图解，结合前人对区域背景研究可探讨矿区成矿大地构造背景。

14 个具有代表性的花岗岩类采自矿区中晚三叠世的侵入岩中，绘制微量元素构造判别图解，其结果显示：在 $w(Nb)$ – $w(Y)$、$w(Ta)$ – $w(Yb)$ 中(图 4 -27)，投点位于板内花岗岩、火山弧花岗岩和同碰撞花岗岩中；而在 $w(Rb)$ – $w(Y)$ + $w(Nb)$、$w(Rb)$ – $w(Yb)$ + $w(Ta)$(图 4 -24)中，投点位于同碰撞花岗岩和岛弧花岗岩中，仅有 1 ~ 2 个样品位于板内花岗岩中。结合 4 个图解，总体上分析，多数花岗岩样品位于同碰撞花岗岩和岛弧花岗岩区域。

Harris 等(1986)所作 $w(Rb)/30$ – $w(Hf)$ – $w(Ta)$ × 3 图解中花岗岩投点全部落入碰撞大地构造背景中，这包括同碰撞和后碰撞；而在 $w(Rb)/10$ – $w(Hf)$ – $w(Ta)$ × 3 图中既有样品投点于碰撞背景中，又有部分样品分布于板内环境中(图 4 -25)。

上述不同花岗岩微量元素图解直观上显示出矿区存在 3 类成矿构造背景：同

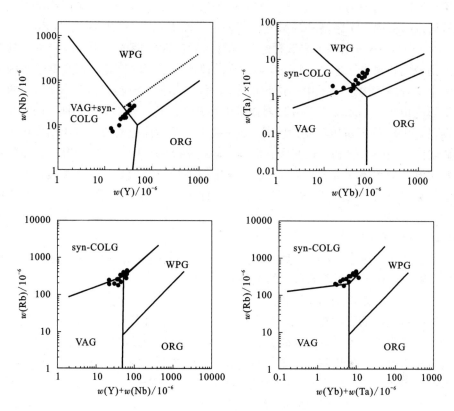

图 4 - 24 虎头崖矿床花岗岩微量元素构造判别图解

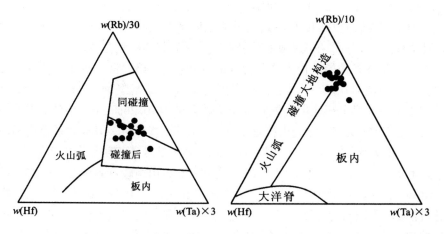

图 4 - 25 Harris 等 (1986) 花岗岩微量元素构造图解

碰撞、岛弧、板内构造环境。但据 Pearce 等(1984)研究表明,后碰撞花岗岩投点区域可以与板内、同碰撞和岛弧花岗岩重合,而 Harris 等(1986)的 $w(Rb)/30 - w(Hf) - w(Ta) \times 3$ 图解中多数样品恰好落入后碰撞区域内。研究区岩浆岩具有高钾钙碱性和来源于地壳的特征,显示出后碰撞岩浆岩的特点。据此推断矿区成矿发生于后碰撞构造背景中。这与何书跃等(2008),丰成友等(2010)认为的造山带环境相同。丰成友等(2012)对该区中晚三叠世花岗岩的研究表明,该区造山运动在240Ma 是由挤压转变为伸展,晚三叠世处于后碰撞阶段。测年结果显示比成矿岩体花岗闪长岩和二长花岗岩形成时间晚240Ma(丰成友等,2011),而微量元素比值分析和铕异常表明,参与成矿作用的钾长花岗岩晚于这两类侵入岩,因而这三类岩体应形成于后碰撞造山阶段,即成矿大地构造背景为后碰撞造山环境。

4.4.2 控矿地质条件

矿区地层、构造和岩浆岩是成矿作用不可分割的系统,分别探讨其对成矿作用的影响,有利于分析矿床形成的主要控制因素。

(1)地层对成矿的控制作用

地层对成矿的影响体现在两个方面,一为地层岩性特征,二为地层的成矿元素含量。纵观矿区各类地层,碳酸盐岩包括大理岩、含炭质结晶灰岩、白云岩、白云质灰岩等为矿区出露的主要岩性,这一岩性主要出露于狼牙山组、大干沟组和缔敖苏组地层中。该类岩性化学性质活泼,易于与成矿流体发生交代作用,形成矽卡岩和矿浆,并使成矿流体 pH 增大而利于矿质沉淀。此外,矿区狼牙山组地层中发育中 – 薄层状粉砂岩、砂质泥岩和含铁质石英砂岩、板岩,滩间山群发育玄武岩、凝灰岩和硅质岩,这些岩石化学性质不甚活泼,可形成隔挡层,圈闭成矿物质,抑或是由于软硬岩石相间,构造运动形成层间滑脱构造,形成矿体有利的赋存空间。此类作用主要发育在虎头崖矿区Ⅶ矿带大理岩与变质砂岩之间。

成矿元素在各地层和侵入体中的含量值见表 4 – 13。将这些地质体成矿元素含量值与黎彤值对比显示:狼牙山组强烈富集 Au,略富集 Pb、Zn、W、Sn,且这一地层中岩石化学分析表明含铁石英岩全铁含量为 10.26% ~32.64%,说明该地层也强烈富集 Fe 元素;滩间山群富集 Ag、Pb、Zn、W、Sn,但富集系数均不超过4;大干沟组仅略富集 Ag、Pb,强烈亏损 Cu、Zn;缔敖苏组明显富集 Ag、Cu、Pb、Zn、W 和 Sn,且富集系数为 3.7 ~29.3 之间;鄂拉山组较富集 Ag、Pb、Zn、W 和 Sn;而 Co 在各地质体中均为亏损。结合该矿床的主要矿种,认为矿区成矿物质来源可能部分源于缔敖苏组大理岩、白云质灰岩和炭质结晶灰岩中,以及富集 Fe 元素的狼牙山组中。这与矿区多个矿带产于缔敖苏组地层中或其余其他地层或侵入体接触部位的事实一致。表明虎头崖矿区部分成矿物质可能来源于上石炭统缔敖苏组和蓟县系狼牙山组地层。

表 4 – 13　地层或侵入岩成矿元素平均含量

采样位置	数量	Au	Ag	Cu	Pb	Zn	W	Sn
狼牙山组	246	120.0	68.2	10.7	18.5	45.5	1.3	2.8
滩间山群	316	2.1	175.6	54.7	63.3	130.0	2.7	5.9
大干沟组	80	1.1	81.9	4.7	17.7	21.7	0.7	1.2
缔敖苏组	295	3.0	577.7	342.6	123.3	349.2	32.3	21.6
鄂拉山组	315	3.4	259.3	24.7	49.9	137.5	3.2	11.9
二长花岗岩	23	–	283.0	54.6	38.7	85.5	8.4	6.7
斑状二长花岗岩	248	1.3	149.8	14.2	30.5	39.0	2.7	4.4
花岗闪长岩	48	–	262.0	60.4	47.4	44.3	3.0	3.8
闪长岩	51	1.6	163.1	57.4	101.1	136.1	2.2	9.7
地壳丰度值	–	4	80	63	12	94	1.1	1.7
中国花岗岩平均含量	–	0.48	60	5.5	26	40	1.0	2.2
中国闪长岩平均含量	–	0.81	54	27	15.5	90	0.47	1.3

注：Au 和 Ag 单位为 10^{-9}，其余为 10^{-6}。数据来源于马圣钞(2012)。地壳丰度值、中国花岗岩平均含量和中国闪长岩平均含量数值引自迟清华和鄢明才(2007)。

（2）构造对成矿的控制作用

断裂构造和层间滑脱是虎头崖多金属矿床的控矿构造。与区域上矿床受北北西向主构造线控制不同之处为，虎头崖矿床多个矿带产于近东西向断裂或接触带部位，且呈线状分布，明显受控于区域中近东西向的次级断裂构造。这些断裂具有伸展条件的走滑特征，为矿体形成提供了有利的低压成矿部位，或者为后期岩浆上侵提供空间，有利于岩体在上侵过程中与地层发生交代作用而形成矽卡岩和矿体。断裂构造在成矿过程为成矿物质运移和沉淀提供了导矿和容矿空间。

层间滑脱构造形成于炭质结晶灰岩或大理岩和粉砂岩或砂质泥岩之间，其在成矿过程中亦扮演重要的角色，特别是在矿区南部Ⅶ矿带中，矿体呈层状、似层状充填至层间滑脱部位。此类构造不仅为成矿热液创造了有利沉淀部位，而且为成矿热液提供与地层交代反应的空间。

此外，褶皱构造也为控制了矿体的产出形态。如在Ⅳ矿带中矿体产于岩石破碎、两翼产状陡倾的背斜靠近核部位置。

（3）岩浆岩对成矿的控制作用

岩浆岩对成矿的控制作用主要表现为三个方面：其一，为成矿物质迁移、富集提供流体和热源；其二，对富集成矿元素，可作为成矿母岩；其三，表现为岩体的成矿专属性。矿区内发育高温、高盐度的流体包裹体表明，岩浆气成热液参与了矿床的成矿作用，并为其提供成矿能量和流体，这在矿区中表现为在二长花岗岩、花岗岩与缔敖苏组、大干沟组碳酸盐岩的接触带及岩体内部，形成高温且矿化明显的矽卡岩化带、硅化蚀变及有关的铁铜矿体，在远离接触带的碳酸盐岩围岩中形成中低温的铜铅锌矿体。

将矿区侵入岩成矿元素平均含量与中国各类侵入岩成矿元素平均含量对比表明，花岗岩中 Cu、Pb、Zn、Ag、Sn、W 含量均高于中国花岗岩中这些元素平均含量，特别是 Cu、Sn、W 富集明显，Cu 含量为中国花岗岩平均铜含量的 12 倍，且从岩浆演化早期到晚期，成矿元素含量逐渐减少。前人（刘英俊和曹励明，1985）研究表明成矿岩体 Cu 含量通常为 $30 \times 10^{-6} \sim 40 \times 10^{-6}$，除演化后期的似斑状二长花岗岩外，矿区其他花岗岩铜元素平均含量高于此值。这些特征说明花岗岩具有成为成矿母岩的潜质。闪长岩中各成矿元素含量亦高于中国闪长岩平均含量值，其中 Pb 含量为中国闪长岩平均 Pb 含量的 6 倍，呈现出富集成矿元素的特征。前述稀土元素和微量元素表明闪长岩与花岗岩为同一演化系统，且闪长岩形成早于花岗岩，而矿区侵入岩从早期演化到晚期演化的岩体均富集成矿元素。这表明矿区侵入岩，尤其是花岗岩提供成矿物质的可能性大。

此外，矿区出露的二长花岗岩、花岗岩和花岗闪长岩均为高钾钙碱性的中酸性岩体，且这些岩体侵位于钙质、白云质碳酸盐岩地层中。这些特征与经典的矽卡岩型矿床相符，说明矿区具有寻找铜铅锌多金属矿床的潜力。

4.4.3 成矿物质来源

本次研究主要从硫、铅同位素，以及稀土元素方面探讨成矿物质源于何种地质体。

（1）硫、铅同位素成矿物质来源示踪与演化

矿区 $\delta(^{34}S)$ 为 $+0.6 \times 10^{-3} \sim +9.8 \times 10^{-3}$，平均值为 $+5.2 \times 10^{-3}$，这一范围落在花岗岩类 $\delta(^{34}S)$（$-13.4 \times 10^{-3} \sim +26.7 \times 10^{-3}$）（郑永飞等，2000）中，且与 $\delta(^{34}S)$ 为 $+0.6 \times 10^{-3} \sim +9.2 \times 10^{-3}$ 的磁铁矿系列花岗类成矿背景（Seal，2006）非常接近，但超出典型岩浆矿床硫同位素组成 $-2.0 \times 10^{-3} \sim +6.5 \times 10^{-3}$，而与古海相蒸发岩盐 $\delta(^{34}S)$ 的最小值（Seal，2006）有少量重叠。前人对祁漫塔格地区硫同位素研究表明，该区海西 - 印支期典型斑岩型矿床 $\delta(^{34}S)$ 为 $+0.5 \times 10^{-3} \sim +4.5 \times 10^{-3}$，矽卡岩型矿床 $\delta(^{34}S)$ 为 $-2.1 \times 10^{-3} \sim +10.1 \times 10^{-3}$，其成矿物质主要来自岩浆岩和被交代的地层（丰成友等，2010；吴庭祥和李宏录，2009；黄磊，2010）。虎头崖矿区硫同位素值正好位于这一范围之内，说明虎头崖矿床成矿物质可能主要源于岩浆岩，部分来源于地层。

利用三个铅稳定同位素比值，制作铅同位素构造环境判别图（见图 4 - 26），可分析成矿物质来源（Zartman and Doe，1981）。矿区铅同位素在 $n(^{206}Pb)/n(^{204}Pb)$ - $n(^{207}Pb)/n(^{204}Pb)$ 投点图（图 4 - 26 左）中，主要位于造山带与上地壳之间，少数

样品位于造山带生长线下面，以及上地壳线上面，除Ⅱ和Ⅲ矿带2个样品外，其余样品均在此投影图中呈一斜率较大的直线。$n(^{206}\text{Pb})/n(^{204}\text{Pb})$ – $n(^{208}\text{Pb})/n(^{204}\text{Pb})$投点图（图4-26右）中，矿区主要铅同位素值位于造山带附近的下地壳和上地壳之间，呈现一直线，仅有Ⅱ、Ⅲ矿带中2个样品为上地壳区域，偏离直线较远。Stacey和Hedlund(1983)等认为：造山带增长线是划分源区的重要分界线，矿石铅同位素的投点在其上方必然含有上地壳成分；而投点位于其下方则源于地幔或下地壳；投点位于其附近，表明具混合源特征。依据上述判断标准可推测矿区铅主要源于各储库的混合，且这种混合源主要以上地壳成分为主，含有少量地幔成分。

　　铅同位素构造图解仅能粗略判断成矿物质来源于何种储库，不能准确推断成矿物质来源于何种地质体，而朱炳泉等(2000)针对中国地质特征所创立的$\Delta\beta$—$\Delta\gamma$图解却能弥补这一不足。利用Geokit软件(路远发，2004)计算出矿区每个样品的$\Delta\beta$和$\Delta\gamma$，并将其投到$\Delta\beta$—$\Delta\gamma$图解中（图4-27）。矿区所有样品均限制于俯冲作用下上地壳与地幔混合岩浆作用范围内，且样品总体上呈一斜线分布。说明矿区成矿物质主要来源于俯冲作用时上地壳与地幔混合的岩浆岩。

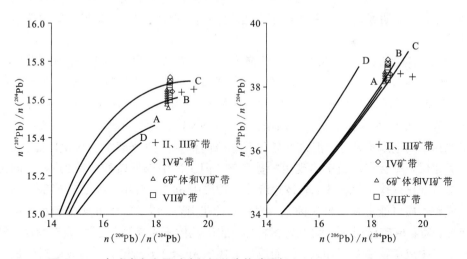

图4-26　虎头崖多金属矿床铅同位素构造图解(Zartman and Doe 1981)

A为地幔；B为造山带；C为上地壳；D为下地壳

　　铅同位素构造图解和$\Delta\beta$—$\Delta\gamma$图解均表明，虎头崖矿床铅元素源自上地壳与地幔混合，这与公式$\mu=\mu_{\text{C}}(1-X)+\mu_0 X$所得的地幔组分为0.07～0.22，地壳组分为0.78～0.93一致，说明矿区铅同位素主要为来自含少量地幔成分的上地壳物质。这与该区较高$^{87}\text{Sr}/^{86}\text{Sr}$初始比值和负$\varepsilon\text{Nd}(t)$值(丰成友等，2012)特征相符，说明地壳物质为主要的铅来源。形成这一混合铅储库原因可能为：祁漫塔格

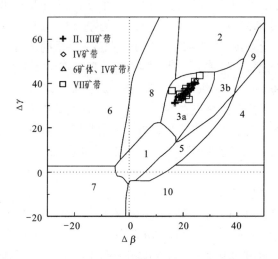

图 4-27　虎头崖多金属矿床 $\Delta\beta$—$\Delta\gamma$ 图解（朱炳泉等，1998）

地区所处板片经历晚古生代俯冲挤压时，部分洋壳残留物质以地幔楔形式上侵到地壳中，印支期残留洋壳和地壳发生重熔混合，形成该区印支期大量构造岩浆活动。

依据矿带或矿体与成矿岩体（花岗岩和二长花岗岩）的空间分布所划分的四组硫同位素值显示，从靠近成矿岩体矿带至远离成矿岩体矿带（从 Ⅱ 和 Ⅲ 到 Ⅳ 矿带，再到 6 号矿体和 Ⅵ 矿带，最后到 Ⅶ 矿带）矿石中硫同位素 $\delta(^{34}S)$ 有明显的增大趋势。从 $+1.0\times10^{-3}$ 附近逐渐增大至 $+9.8\times10^{-3}$，说明成矿过程中成矿物质来源在空间上发生变化，但这种变化并非硫同位素动力分馏中的氧化反应（如发生氧化反应则会在矿石中出现硫酸盐矿物，但矿区中未见硫酸盐矿物）。硫同位素这一变化规律可解释为：岩体边部成矿物质中 $\delta(^{34}S)$ 较小，接近于陨石 $\delta(^{34}S)$，其成矿物质可能主要来自矿区花岗岩和二长花岗岩，以矿区中 Ⅱ 矿带和 Ⅲ 矿带为典型；随着成矿作用在空间上远离岩体，成矿流体不断萃取地层中成矿物质，导致地层中成矿物质缓慢加入，因而成矿流体中 $\delta(^{34}S)$ 不断增大，离成矿岩体最远的 Ⅶ 矿带中，$\delta(^{34}S)$ 最大，在这一演化过程中依次形成具有代表性矿化的 Ⅳ 矿带、6 号矿体和 Ⅵ 矿带、Ⅶ 矿带。这种硫同位素的变化规律也与靠近岩体处矽卡岩化强烈，远离岩体处矽卡岩化变弱的矿床地质特征相对应，也与矿体在靠近岩体处呈透镜状、不规则条带状，远离岩体处为层状、似层状对应，还与成矿早期硫同位素值小于成矿晚期硫同位素值相对应。说明靠近岩体处成矿物质中岩浆成分占主体，温度较高，易于与碳酸盐岩发生交代作用形成强烈矽卡岩化，远离岩体处，来自于岩浆热液中的成矿物质在运移过程中经过较长时间与碳酸盐岩发生交代反应，成分逐渐稀释，温度也逐渐降低，因而形成较弱的矽卡岩化。

（2）稀土元素对成矿物质来源探讨

各地质体稀土元素总体上存在两大共同点：其一为富集轻稀土元素，其二为均存在负铕异常和弱的负铈异常。这表明矿区出露的火成岩、地层、矽卡岩和矿石之间具有一定的亲缘关系。而不同之处为稀土元素总量上变化大，最大值与最小值之间相差两个数量级，且富集轻稀土程度不同。如Ⅳ矿带中1个矿石样品富集重稀土元素，呈左倾式，与其他矿石稀土元素配分模式相差大。总体上，矿石和矽卡岩、岩体、地层具有非常类似的特征，不仅稀土总量相近，配分模式也非常相似，说明矿区这些地质体可能为同一成矿系统。

为了探讨成矿物质从何而来，本文研究了其他稀土元素特征参数，绘制稀土元素地球化学参数图。$w(La)/w(Sm) - w(Sm)/w(Nd)$［图4–28（a）］、$w(Nd) - w(Sm)/w(Nd)$［图4–28（b）］、$w(Gd)/w(Y) - w(Y)$［图4–28（c）］和$w(Nd) - w(La)$［图4–28（d）］均显示Ⅶ矿带矿石、火成岩岩体、地层和矽卡岩稀土元素地球化学参数具有线性关系，而Ⅳ矿带稀土元素特征则与其他地质体无线性关系。

结合稀土元素配分模式图表明，Ⅶ矿带矿石、岩浆岩、地层和矽卡岩同属一个成矿系统，而Ⅳ矿带矿石则不属于这一系统。根据$w(Sm)/w(Nd) > 0.3$来源于深源岩浆物质，$w(Sm)/w(Nd) \leqslant 0.3$来源于地壳物质（Yuan F et al.，2002）判断，Ⅳ矿带矿石$w(Sm)/w(Nd)$为$0.51 \sim 0.55$（>0.3），而其他地质体此值皆不大于0.3。说明Ⅳ矿带成矿物质可能源于深部岩浆，而Ⅶ矿带则来源于地壳，这与铅同位素值所得结果一致。

（3）成矿物质来源小结

硫同位素特征表明，成矿元素S主要来源于岩浆岩，部分来源于地层，且在靠近成矿岩体处硫同位素值较小，离岩体越远处硫同位素值逐增大，这也反映出成矿物质空间上演化为，靠近岩体处S主要来自岩体，远离岩体处地层中S逐渐加入。铅同位素中$n(^{208}Pb)/n(^{204}Pb)$、$n(^{207}Pb)/n(^{204}Pb)$和$n(^{206}Pb)/n(^{204}Pb)$值均变化范围小且稳定，铅同位素构造图解和朱炳泉的$\Delta\beta—\Delta\gamma$图解均表明：矿区铅主要源于地壳，少量来源于地幔，估算壳、幔比例分别为$0.78 \sim 0.93$和$0.07 \sim 0.22$。这与该区二长花岗岩、花岗岩形成于地壳花岗岩重熔的环境相符合。

Ⅶ矿带中，岩体、矽卡岩、地层、矿石，虽然稀土元素含量相差几个数量级，但其具有相似的稀土元素配分模式和微量元素蛛网图特征，推测矿区矿体、岩体、地层、矽卡岩共处于同一成矿系统，成矿物质可能源自该区的侵入岩和地层。而Ⅳ矿带矿石稀土元素特征则显示其成矿物质来源于深部岩浆，这一岩浆与矿区花岗质岩浆不同。

此外，对地层和岩浆岩控矿条件分析显示，大部分成矿金属元素可能主要来

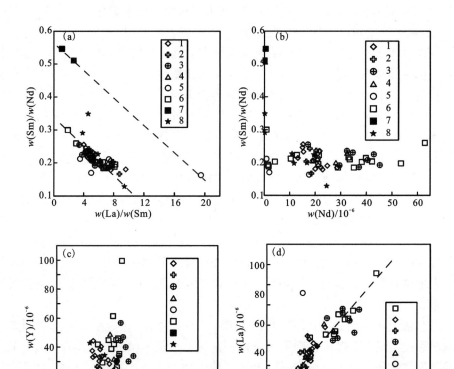

图 4-28 虎头崖矿区各地质体稀土元素特征参数图

图中代号为：1—花岗岩和二长花岗岩；2—花岗斑岩等其他花岗岩；3—闪长岩类(含闪长玢岩、石英闪长岩和闪长岩)；4—晶屑凝灰岩；5—地层(含低级变质岩、砂泥质碎屑岩和灰岩)；6—矽卡岩；7—Ⅳ矿带铜矿石；8—Ⅶ矿带矿石

源于花岗岩和二长花岗岩，部分成矿元素来源于地层中。流体包裹体在成矿早期具有高温、高盐度特征亦说明岩浆流体参与了成矿作用，并为其提供了所需的热量和迁移成矿元素的流体介质。

综合以上所述，矿床成矿物质主要来源于岩浆岩和地层，其中硫主要来源于岩浆岩，部分来源于地层，成矿所需的能量也是由岩浆岩提供，主要成矿元素Fe、Cu、Pb、Zn萃取于地层中。

4.4.4　成矿作用与成矿模式

（1）成矿物理化学条件

流体包裹体测温研究表明，矿区成矿流体包裹体均一温度为 170～550℃。从早期矽卡岩阶段到晚期矽卡岩阶段，再到铜硫化物阶段和铅锌硫化物阶段，矿床流体包裹体均一温度依次变小。主成矿阶段（铜硫化物阶段和铅锌硫化物阶段）成矿温度集中于 200～400℃，说明成矿作用发生于中、高温条件下。而形成这一成矿温度范围的环境有两种，一种为级别较高的区域变质作用，另一种为岩浆热液的参与。

依据本次研究和马圣钞（2012）研究成果表明，矿区盐度范围为 0%～45%，且从成矿早期阶段到晚期阶段盐度依次降低。盐度范围集中两个端元，其一为以低盐度（0%～8%）为特征的主成矿阶段，但含有菱镁矿子矿物；其二为以中高盐度为特征的矽卡岩期（15%～45%），含有较多的石盐子矿物。成矿流体中具有高盐度和中高温特征，表明岩浆流体参与成矿作用，而不是区域变质作用产生的流体。

由于 NaCl-H_2O 体系较简单，又未发现明显的沸腾现象，一般难以准确估算其成矿压力。为此，本次研究利用花岗岩的 Q-Ab-Or 图解和 Hammer 与 Rutherfold（2003）的经验公式（P = 5.8Ab-176）对与成矿关系密切的花岗岩和似斑状二长花岗岩进行成岩压力估算，具体步骤如下。

首先利用 Geokit 软件（路远发，2004）计算 CIPW（表4-14），并将经 CIPW 计算后的标准矿物 Q、Ab、Or 标准化为 100%，分别以 Q_n、Ab_n、Or_n 表示。在利用如下公式计算 Q′、Ab′、Or′，其中 An 为 CIPW 计算所得的 An。

表4-14　花岗岩 CIPW 计算结果及相应计算参数

样号	岩性	石英（Q）	钙长石（An）	钠长石（Ab）	正长石（Or）	刚玉（C）	紫苏辉石（Hy）	钛铁矿（Ⅱ）	磁铁矿（Mt）
JY30	花岗岩	36.94	3.77	29.02	27.90	0.20	1.42	0.11	0.58
JY33	花岗岩	35.75	2.63	28.82	31.15	0.21	0.68	0.08	0.66
JY01	花岗岩	34.38	3.69	32.13	27.17	0.16	1.76	0.12	0.54
JY08	花岗岩	39.89	2.84	30.88	24.74	0.40	0.48	0.10	0.64
JY11	花岗岩	36.72	2.54	31.45	26.98	0.51	0.95	0.10	0.73
JY15	花岗岩	35.23	5.75	28.63	28.22	0.06	1.46	0.23	0.35
JY31	似斑状二长花岗岩	28.40	7.11	32.81	24.84	0.86	3.99	0.58	1.21
JY32	似斑状二长花岗岩	30.13	6.81	32.68	25.21	0.46	2.65	0.46	1.44
JY35	似斑状二长花岗岩	29.92	7.07	31.35	26.56	0.34	3.23	0.46	0.91

续表 4 – 14

样号	岩性	石英(Q)	钙长石(An)	钠长石(Ab)	正长石(Or)	刚玉(C)	紫苏辉石(Hy)	钛铁矿(Ⅱ)	磁铁矿(Mt)
样号	磷灰石(Ap)	合计	Q_n	Ab_n	Or_n	Q'	Ab'	Or'	P/MPa
JY30	0.05	99.99	39.36	30.92	29.73	35.20	38.50	26.29	47.33
JY33	0.02	100.01	37.35	30.11	32.54	34.62	35.63	29.75	30.67
JY01	0.05	100.00	36.70	34.30	29.00	32.91	41.65	25.44	65.58
JY08	0.02	100.00	41.77	32.33	25.90	38.41	37.76	23.83	43.00
JY11	0.02	100.00	38.59	33.05	28.36	35.84	38.07	26.09	44.78
JY15	0.07	100.00	38.26	31.09	30.65	32.12	42.83	25.05	72.39
JY31	0.19	99.99	33.00	38.13	28.87	26.45	52.28	21.27	127.21
JY32	0.16	100.00	34.23	37.13	28.64	27.71	50.62	21.66	117.62
JY35	0.16	99.99	34.07	35.69	30.24	27.35	50.09	22.56	114.51

$$m(Q') = m(Q_n) \times [1 - 0.03 \times m(An) + 6 \times 10^{-5} \times m(Or_n \times An)] + 10^{-5} \times m(Ab_n \times Or_n \times An)$$
$$m(Or') = m(Or_n) \times [1 - 0.07 \times m(An) + 10^{-3} \times m(Q_n \times An)]$$
$$m(Ab') = 100 - m(Q') - m(Or')$$

将上述计算所得的 $m(Q')$、$m(Ab')$、$m(Or')$ 值对应投点到 Q – Ab – Or 图解（图 4 – 29）显示，矿区花岗岩和似斑状二长花岗岩形成温度为 700 ~ 750℃，但似斑状二长花岗岩上侵压力大于 300 MPa，而花岗岩上侵压力则为 100 ~ 300 MPa。利用静岩压力计算花岗岩的形成深度为 3.7 ~ 11.1 km，而似斑状二长花岗的形成压力则大于 11.1 km，这与典型矽卡岩形成深度及岩体的结构特征不符合。

而利用 Hammer and Rutherfold(2003) 的经验公式：$P = 5.8m(Ab') - 176$，所计算的花岗岩上侵压力为 43.0 ~ 127.2 MPa，用静岩压力计算花岗岩形成深度为 1.6 ~ 4.7 km，这一深度恰好与典型矽卡岩矿床的形成深度较一致。矿区未见明显的任何高压的宏观特征，如具棱角分明且可拼性的热液角砾，成矿热液主要沿断裂带迁移，加之围岩碳酸盐岩化学性质活泼，易于与围岩发生渗滤交代作用。因此可推断，成矿压力可能较花岗岩形成的压力低，成矿深度也较花岗岩侵位深度浅，即成矿压力应小于 127.2 MPa，深度应小于 4.7 km。

（2）成矿作用分析

早期矽卡岩阶段之后，大量地层低盐度流体参与成矿流体中，促使这一混合流体温度和盐度降低，局部出现不混溶现象和超临界流体。溶解度小的 Fe、W、Sn、Mo 等络合物在温度、压力降低，盐度变小条件下，其所形成的络合物在断裂

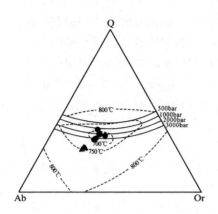

图 4 – 29　花岗岩温度、压力估算图解

底图来源于 Geokit 软件(2004)

或裂隙处分解，这些成矿元素以氧化物、钨酸盐和硫化物形式沉淀并富集成矿。流体中的其余成矿元素以 Cl 和 S 的络合物继续运移，且流体继续与地层反应，萃取成矿元素，同时，来自地层中的 S 逐渐增加。

　　成矿元素运移至离岩体较远处，岩浆所提供的热量减小，加之与地层中低温、低盐度流体混合，盐度、温度继续降低，但由于硅酸盐不饱和，流体与地层交代反应中剩余的 Mg^{2+} 处于饱和状态，其与 CO_3^{2-} 易结合形成菱镁矿，并在矿物缺陷中被捕获形成含菱镁矿子矿物三相包裹体。铜络合物在这一阶段分解沉淀，形成铜的硫化物，如黄铜矿、斑铜矿、辉铜矿、黝铜矿等，并交代早期形成的毒砂等矿物。

　　成矿流体在远离岩体处的地层裂隙中，以接触渗滤交代作用为主，地层中的低温、低盐度且含成矿元素 Cu、Pb、Zn 的流体进一步加入并与之混合，这一混合流体为中温、盐度接近地层中的流体，铜、铅、锌络合物在这一阶段由于温度继续降低，盐度低而在层间滑脱部位或断裂处以交代充填方式沉淀下来，形成似层状或受断裂控制的不规则铅锌矿体。至此，大部分金属元素已沉淀，残留的成矿流体继续沿裂隙运移，溶解裂隙周边的碳酸盐岩，在温度和压力剧降部位形成含少量方铅矿的方解石细脉。

　　综合前面分析可见，成矿物质来源于岩浆岩和地层中，硫和金属元素主要来源于岩浆岩，部分萃取于地层中。成矿环境为晚三叠世后碰撞造山环境中花岗质岩浆岩高侵位于碳酸盐岩中，高温高盐度的岩浆热液与地层发生交代反应，从早到晚形成一系列由高温、高盐度到中高温、低盐度的成矿流体，成矿物质在物理化学条件突变处形成矿体。此外，矿石结构构造具有明显的交代穿插结构，这些特征均表明矿床的形成与交代作用密切相关。多数矿体受断裂控制形成不规则状矿体或切穿地层岩石的矿体，以及在时间间隔相差巨大的地层中均出现同种类型的矿体，表明该矿床不是层控矿床或喷流沉积矿床。

基于上述分析，可推断虎头崖矿床为接触交代成因。虽然Ⅶ矿带铅锌矿体呈层状，且远离岩体，具有喷流沉积矿床和层控矿床的某些特征，但 Franco(2007)认为此类特征在矽卡岩型铅锌矿床中普遍存在。因此，虎头崖矿床应为矽卡岩型多金属矿床。

(3)成矿模式

通过对矿床成矿地质条件、成矿物质来源、成矿作用及矿床成因分析，绘制了成矿模式图(图4-30)。

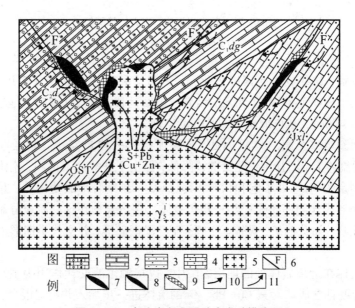

图4-30 虎头崖多金属矿床成矿模式图

1—上石炭统缔敖苏组；2—下石炭统大干沟组；3—奥陶-志留系滩间山群；4—蓟县系狼牙山组；5—中晚印支期花岗岩侵入体(含钾长花岗岩、二长花岗岩和花岗闪长岩)；6—东西向控矿断裂；7—铜铅锌矿体；8—铁多金属矿体；9—矽卡岩化带；10—高温、高盐度岩浆含矿流体运动方向；11—地层中低温、低盐度流体运动方向

中晚印支期祁漫塔格地区处于后碰撞造山的伸展环境，俯冲带花岗岩重熔而形成的花岗质岩浆在深 1.6~4.7 km 处上侵至上石炭统缔敖苏组的碳酸盐岩地层中，形成二长花岗岩和花岗岩等。岩浆在侵入过程中成岩矿物逐渐结晶固结，并分离出富含挥发分的高温岩浆气液流体，并与碳酸盐岩发生接触交代作用，在接触带形成矽卡岩并富集高温成矿元素如 Fe、W、Sn，形成铁多金属矿体。部分岩

浆流体沿断裂迁移，并与碳酸盐岩发生渗滤交代作用，在缔敖苏组和狼牙山组中的断裂带和层间破碎带形成不规则状、层状、似层状铜铅锌矿体。在岩浆气液流体与地层交代过程中，成矿物质 S、Pb、Cu、Zn、Fe 主要源自岩浆岩，部分来自地层，而成矿所需的能量主要由岩浆岩产生；从成矿早期至晚期，成矿流体温度、盐度逐渐减低，早期以岩浆气液成分为主，后期地层中低温、低盐度流体逐渐加入。

4.4.5　成矿规律与找矿标志

（1）成矿规律

矿区岩浆岩发育，东西向断裂构造控矿明显，且出露化学性质活泼的碳酸盐岩地层，这些地质条件决定了矿区具有重大的找矿潜力。成矿物质来源研究显示，矿区主要成矿物质来源于花岗质岩浆岩和地层；而控矿因素分析表明，成矿作用受地层、构造和岩浆岩共同控制。因此，分析矿床的成矿规律必须综合考虑上述三者的配置。

依据矽卡岩矿床的成矿理论，高温成矿元素如 Fe、W、Sn、Mo 等主要富集于靠近岩体中或岩体与地层的接触部位的矽卡岩化带，且这些矿体多呈不规则状和透镜状，而中高温成矿元素如 Cu、Pb、Zn 等主要赋存于接触带附近和离岩体较远地层中。这一成矿理论符合矿区的矿体分布规律，例如Ⅰ、Ⅱ、Ⅲ矿带产于花岗岩、二长花岗岩与大干沟组和缔敖苏组碳酸盐岩接触交代部位，这一部位矽卡岩化强烈发育，多数厚大矿体产于岩体的凹部或者发育有断层的接触带，其所形成的矿体主要为铁矿体，其次为铜和锡矿体，这些矿体常与石榴子石矽卡岩、透辉石矽卡岩和透闪石矽卡岩共生。形成这一规律的原因为岩浆热液与碳酸盐岩反应形成矽卡岩，且萃取地层中成矿元素，在低压部位形成矿体。矿区中高温成矿元素主要富集在离岩体较远的断裂带中，如Ⅳ、Ⅴ、Ⅵ、Ⅶ矿带均发育于碳酸盐岩的东西向破碎带和层间滑脱破碎带中，表面上与岩体没有成因上的联系，但稀土元素特征和硫、铅同位素特征均显示，岩体为这一成矿系统提供了不可或缺的能量和部分成矿元素。但是部分地表出露的破碎带并未在深部发育，而是往深部呈雁列式展布，因此布置工程时需考虑这一点。在地层内赋存的矿体，常产于大理岩和炭质结晶灰岩上部、粉砂岩或泥质粉砂岩下部，常伴随有强度不大的透辉石或石榴子石矽卡岩化。此外，张爱奎等（2008）研究认为，Ⅶ矿带矽卡岩化岩石中成矿元素含量远高于其他地质体，说明矽卡岩化作用是富集成矿物质的必要过程，这也间接表明该矿床为矽卡岩型矿床。

（2）找矿标志

矿区内存在直接和间接两种找矿标志。直接找矿标志主要为寻找透辉石、透闪石和石榴子矽卡岩化岩石露头，因为矿体常与这些矽卡岩化蚀变伴生，且矽卡岩化带是成矿元素高度富集的位置。另一直接找矿标志为各类矿化标志，矿区矿体在地表出露部位常具有铁帽、孔雀石化、黄铜矿化、黄铁矿化、铅锌矿化等，这些标志在野外地质调查中易于发现，且经工程验证多为有效标志，指示深部存在矿体。

研究区间接找矿标志为花岗质岩浆岩与碳酸盐岩接触带和矿区近东西向断裂部位。目前已在二长花岗岩、花岗岩与缔敖苏组和大干沟组接触带发现 3 个高温成矿元素矿带，说明其具有不错的成矿潜力，且硫同位素表明，该区为磁铁矿系列花岗岩类成矿背景(Seal, 2006)，因而，在接触带周围(包括岩体边部)继续寻找高温成矿元素矿体的潜力较大。地层中近东西断裂和层间滑脱构造部位也是非常重要的找矿标志，矿区内多数矿体产于这种构造部位，特别是在矽卡岩化破碎带，如Ⅳ矿带，以及不同岩性的层间滑脱构造部位或不整合部位。因此在不同时期的碳酸盐岩地层中，近东西向断裂构造和层间滑脱构造是该区寻找铜、铅、锌矿体的又一重要方向。此外，野外调查发现，在含有闪长岩脉的破碎带附近常发育工业矿体，这也可能是矿区找矿的一种标志。

第五章　尕林格铁多金属矿
地质特征与成矿作用

5.1　矿床地质特征

5.1.1　矿区地层

矿区第四系覆盖物厚度达 150~210 m，地表未出露基岩（图 5-1）。通过物探及钻孔方法，探明尕林格矿区下部基岩岩性为碎屑岩夹火山岩，在区域上相当于滩间山群的下部层位（OST^a）。该岩性组依据钻孔揭露的岩心对比分析自下而上可分为四个岩性段，即：

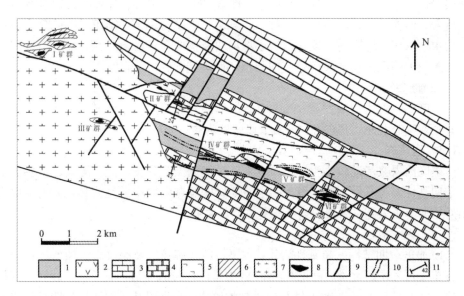

图 5-1　尕林格矿区地质简图（据马晓光等，2013）

1—泥质粉砂岩；2—蛇纹石交代岩；3—灰岩；4—大理岩；5—硅质岩；6—透辉石砂卡岩；
7—花岗闪长岩；8—矿体；9—断层；10—断裂破碎带；11—勘探线及编号

（1）灰-灰白色泥质硅质岩岩性段（OST^{a-1}）：纵横方向上变化大，岩性从泥质硅质岩过渡至泥质岩，部分硅质岩见条纹状构造。厚度大于 100 m；

（2）灰白-乳白色大理岩岩性段（OST^{a-2}）：岩性以灰白-乳白色块层状大理

岩为主,粒状变晶结构,块状构造,岩石普遍发生蛇纹石化。厚度20~200 m;

(3)灰紫色硅质泥质岩岩性段(OST^{a-3}):岩石组合特征与(1)岩段(OST^{a-1})基本相似,岩石成分以泥质为主,局部夹硅质,岩石的色调以灰紫—红紫色为主。厚150~250 m;

(4)灰白—乳白色大理岩岩性段(OST^{a-4}):岩石主要为灰白—乳白色块层状大理岩,特征与(2)岩段(OST^{a-2})相似,偶见有蛇纹石化及褐铁矿、赤铁矿化。

目前矿区已发现七个矿群,三个矿群产于岩体捕房体中,其他四个矿群均赋存于(2)、(4)两个大理岩岩性段中。

5.1.2 构造

(1)褶皱构造

矿区的总体格架为一走向北西西的向斜构造,向斜西段被岩体阻截破坏,主要发育在Ⅴ号矿群100线以东,沿115°方向向东带状延展。向斜轴部在东部位于Ⅵ、Ⅶ号矿群之间,向西经Ⅴ号矿群南侧至Ⅲ号矿群被花岗岩体阻截,南翼全被破坏,只能从Ⅲ号矿群捕房体中见到残留片段。向斜核部为英安岩,南、北两翼地层岩性一致,且对称分布,主要为大理岩、硅质泥质岩、白云质大理岩及泥质硅质岩。两翼地层产状不完全对称,呈南缓北陡态势,北翼倾角60°~70°,南翼倾角45°~60°,地层内部发育多级小型褶曲及挠曲。近轴部地层平缓,沿轴部发育两条较大的纵张构造破碎带。向斜枢纽西端翘起,东端倾伏。

(2)断裂构造

矿区的断裂构造很发育,其主断裂带延伸方向与向斜轴向基本一致,次一级断裂主要呈北北东、北东方向延伸,以张性为主。

5.1.3 岩浆岩

矿区内岩浆活动较为强烈,岩浆岩体种类繁杂,分布广泛,侵入岩主要有加里东期基性–超基性岩体、印支期中酸性岩体及燕山期中酸性岩体;火山–次火山岩主要有英安岩、闪长玢岩、英安质凝灰岩等。

(1)侵入岩

1)加里东期基性–超基性岩体:主要为蚀变辉长岩及蛇纹岩。蚀变辉长岩主要分布于Ⅳ号矿群北部,可见其沿F_1断裂带顺层侵入于硅质泥质岩、砂岩及砂板岩中。在Ⅴ号矿群ZK13801钻孔中见到蛇纹岩,与顶板硅质泥质岩呈明显的侵入接触,底板为构造破碎带。辉长岩呈灰绿–深灰色,中细粒辉长结构,块状构造。主要由斜长石(45%~60%)、单斜辉石(40%~55%)组成,并含有少量钛铁矿、碳酸盐矿物等。蛇纹岩呈黄绿–黑绿色,鳞片纤状变晶结构,块状构造、片状构造。主要由蛇纹石(纤蛇纹石、叶蛇纹石、胶蛇纹石等)组成,另含少量碳酸盐矿物、绿泥石、磁铁矿等。根据岩石中的残留结构及岩石化学计算推测,原岩为辉石岩。

2）印支期中酸性岩：为二长花岗岩，主要分布于Ⅱ、Ⅲ号矿群以西。岩石呈肉红色，似斑状结构，块状构造，主要由斜长石（30%）、钾长石（35%）、石英（25%）、黑云母（7%）和少量角闪石组成。依据 K – Ar 法同位素测年显示，其年龄为 201.0 Ma（吴庭祥，2009）。

3）燕山期中酸性岩：主要为花岗闪长岩、石英闪长岩、细粒闪长岩等。花岗闪长岩主要分布于Ⅱ、Ⅲ号矿群以西，局部石英含量较高，为石英闪长岩；闪长岩主要分布于Ⅰ号矿群附近，岩体规模较大。花岗闪长岩呈灰白色，似斑状结构，块状构造。主要由斜长石（40% ~ 50%）、钾长石（15% ~ 20%）、石英（20% ~ 28%）、黑云母（5% ~ 15%）、角闪石（0% ~ 3%）组成。闪长岩呈灰色 – 浅灰色，细粒结构，块状构造。岩体全岩 K – Ar 年龄为 177.0 Ma（吴庭祥，2009）。

（2）火山 – 次火山岩

包括英安岩、闪长玢岩、安山质凝灰熔岩等。英安岩主要产于向斜轴部，延伸方向与向斜轴向一致，少数分布于岩层中，是矿区的容矿围岩之一。闪长玢岩与安山质凝灰熔岩产于矿区东段，一般顺层产出。

英安岩主要呈浅灰 – 灰白色，斑状结构，块状构造。斑晶主要成分为斜长石及少量石英、钾长石等，基质主要成分为斜长石、石英、钾长石，副矿物为磁铁矿、钛铁矿等，可见晚期蚀变的碳酸盐矿物。闪长玢岩呈灰色，斑状结构，块状构造，斑晶主要成分为斜长石、角闪石，基质主要成分为斜长石、角闪石及少量石英、辉石等。

（3）岩相学

本次研究所采岩体样品主要为英安岩和花岗闪长岩。花岗闪长岩为中细粒结构、似斑状结构，块状构造。岩石的主要矿物成分为斜长石、石英、角闪石、钾长石等，含少量黑云母、普通辉石等。斜长石主要呈半自形 – 他形板状，粒径为 0.75 ~ 2.0 mm，聚片双晶清晰可见［见图 5 – 2（a）］，大部分颗粒发生不同程度的次生变化，以绢云母化、钠黝帘石化为主，部分大颗粒斜长石中包含细粒石英，含量 50% ~ 55%。石英主要呈他形晶［见图 5 – 2（b）］，粒状或粒状集合体，粒径 0.1 ~ 0.25 mm，颗粒边界呈锯齿状，与斜长石、钾长石等紧密嵌布，含量 20% ~ 25%。角闪石主要呈半自形 – 他形晶，粒状或柱状［见图 5 – 2（c）］，粒径 0.75 ~ 2.5 mm，大部分颗粒发生不同程度的次生变化，以绿帘石化、碳酸盐化为主，部分颗粒中包含细粒磷灰石或斜长石颗粒，含量 15% ~ 20%。钾长石主要为半自形晶，板状，粒径 0.75 ~ 2.5 mm，部分颗粒发生泥化、绿帘石化、碳酸盐化，可见卡斯巴双晶［见图 5 – 2（d）］，少量颗粒中包含斜长石颗粒，含量 5% ~ 10%。黑云母主要为他形片状，粒径 0.5 ~ 2.5 mm，分布于斜长石、钾长石、石英颗粒之间，含量 2% ~ 5%。

英安岩具有斑状结构、块状构造。斑晶的主要矿物成分为斜长石、钾长石，斜长石主要呈半自形板状,粒径 0.5~1.5 mm,可见聚片双晶,大部分发生程度不同的次生变化,以绢云母化、碳酸盐化、绿帘石化为主;钾长石主要呈半自形板状,粒径 0.5~1.5 mm,部分晶体颗粒发生泥化。基质具有霏细结构,主要矿物成分为石英、斜长石、钾长石等,颗粒较细,粒径一般 0.005~0.01 mm。

图 5－2　尕林格矿区岩浆岩镜下特征

(a)花岗闪长岩中斜长石(Pl)聚片双晶清晰可见,表面发生钠黝帘石化、绿泥石化(透光, +);(b)花岗闪长岩中石英(Q)呈他形粒状(透光, +);(c)花岗闪长岩中钾长石(Kf)隐约可见卡斯巴双晶,表面发生泥化(透光, +);(d)花岗闪长岩中角闪石(Hb)的简单双晶(透光, +)

(4)主量元素特征

本次研究样品采自尕林格矿区,均为新鲜或弱蚀变的岩石,岩石主量元素分析由广州澳实矿物实验室采用 X 荧光光谱分析,测试结果见表 5－1。

表5-1　尕林格矿区岩浆岩化学分析结果　　　　　　　　　　w/%

	GA-01	GA-18	GA-19	GA-20	中国花岗闪长岩平均值（迟清华等,1997）
	英安岩	花岗闪长岩	花岗闪长岩	英安岩	
SiO_2	67.80	63.78	64.02	65.50	66.40
Al_2O_3	15.73	15.07	15.53	15.86	15.23
TFeO	1.28	2.60	2.74	1.92	4.27
CaO	7.57	7.74	9.60	9.14	3.29
MgO	0.92	2.01	1.4	0.70	1.83
Na_2O	0.73	4.22	3.18	3.11	3.50
K_2O	0.63	0.28	0.14	0.58	3.05
TiO_2	0.54	0.50	0.44	0.50	0.484
MnO	0.13	0.07	0.07	0.03	0.072
P_2O_5	0.16	0.086	0.079	0.162	0.163
Cr_2O_3	0.01	0.01	0.01	0.01	-
SrO	0.04	0.03	0.01	0.01	-
BaO	0.13	0.01	0.01	0.19	-
LOI	3.20	2.46	2.91	2.13	
Total	98.86	98.86	100.15	99.86	
A/CKN	1.005	0.707	0.680	0.709	
K_2O+Na_2O	1.36	4.50	3.32	3.69	
Na_2O/K_2O	1.16	15.07	22.71	5.36	
$K_2O/(K_2O+Na_2O)$	0.46	0.06	0.04	0.16	
σ	0.04	0.52	0.28	0.34	
AR	1.12	1.49	1.30	1.66	

测试单位：广州澳实矿物实验室；测试方法：XRF 光谱分析；$A/CKN = m(Al_2O_3)/(m(CaO)+m(K_2O)+m(Na_2O))$；碱度率：$AR = m(Al_2O_3)+m(CaO)+m(K_2O+Na_2O)/m(Al_2O_3)+m(CaO)-m(K_2O+Na_2O)$

　　根据 Middlemost(1995)提出的深成岩 TAS 图化学分类和命名法，将区内侵入岩样品投入 TAS 图中，均落于花岗闪长岩范围；根据 Le Maitre(1989)年提出的火山岩 TAS 图化学分类和命名，将火山岩样品投图，均落入英安岩范围内。从化学分析结果可以看出，本区侵入岩 SiO_2 含量为 63.78% ~64.02%，平均63.9%，稍低于中国花岗闪长岩所含 SiO_2 的平均值66.4%（据迟清华,1997）,基本上属于硅酸弱饱和类岩石;铝饱和指数(ASI)A/CNK 为 0.680~0.707,相当于准铝质花岗闪长岩;岩石总碱含量 $w(K_2O+Na_2O)$ 为 3.32%~4.50%,平均值3.91%,低于中国花岗闪长岩平均值(6.55%),碱度率 AR 为 1.30~1.49, $K_2O<Na_2O$,属于钠质岩石,里特曼指数 σ 值为 0.28~0.52,反映出低碱的特点。与中国同类岩石相比,本区侵入岩明显贫 Fe、K,富 Ca。

本区火山岩 SiO_2 含量 65.5%~67.8%,平均66.65%,与中国英安岩所含 SiO_2 的平均值65.98%(据迟清华,1997)基本持平,基本上属于硅酸弱饱和类岩石;铝饱和指数(ASI)A/CNK 为 0.709~1.005,相当于准铝质花岗闪长岩;岩石总碱含量 $w(K_2O+Na_2O)$ 为 1.36%~3.69%,平均值2.53%,低于中国英安岩平均值(7.25%),碱度率 AR 为 1.12~1.66, $w(K_2O)<w(Na_2O)$,属于钠质岩石,里特曼指数 σ 值变化较大,为 0.04~0.34,反映出低碱的特点。与中国同类岩石相比,本区火山岩明显贫 Fe、K,富 Ca。

结合岩体 AR – SiO_2 图解和 A – F – M 图(图 5 – 3),所有样品投点,均落于钙碱性范围内,表明本区岩体属于钙碱性岩。按照 Barbarin(1999)的花岗岩分类法,属于含角闪石钙碱性花岗岩类(ACG)。ACG 是混合源的钙碱性花岗岩类,在富 CaO 和贫 K_2O 的 ACG 中,地幔成分是主要的(肖庆辉等,2002)。

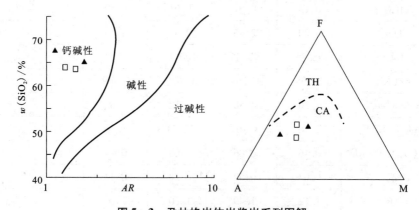

图 5 – 3   尕林格岩体岩浆岩系列图解

(a)SiO_2 与碱度关系图;(b)A – F – M 图,TH. 拉斑玄武岩系列区,CA. 钙碱性系列区,
F = TFeO, A = K_2O+Na_2O, M = MgO;▲—英安岩,□—花岗闪长岩

(5)微量元素特征

本区岩体样品微量元素分析结果见表 5 – 2,元素特征比值见表 5 – 3。

表5-2 尕林格矿区岩体微量元素分析数据 $w/10^{-6}$

	GA - 1 英安岩	GA - 20 英安岩	GA - 18 花岗闪长岩	GA - 19 花岗闪长岩	维氏值 (1962)
Ba	1330	1650	232	24.4	650
Co	7.9	1.5	5.3	2.1	18
Cr	10	10	30	20	83
Cs	28.2	3.02	2.42	6.73	3.7
Ga	20.8	19.7	16.1	20.1	19
Hf	10.9	11.4	5.7	6	1
Nb	19.6	18.3	10.2	8.9	20
Rb	26.3	168	10.1	6.6	150
Sn	5	3	7	6	2.5
Sr	481	304	291	113.5	340
Ta	1.2	1.1	1.3	1.1	2.5
Th	15.45	15.35	29.1	33.2	13
U	2.81	3.29	7.47	8.24	2.5
V	9	7	76	93	90
W	3	2	1	2	1.3
Zr	418	359	155	164	170
Cu	<5	6	5	5	47
Pb	492	20	32	12	16
Zn	274	30	37	27	83

测试单位：广州澳实矿物实验室

表5-3 尕林格矿区岩体微量元素特征比值

	$w(Nb)/w(Ta)$	$w(Rb)/w(Sr)$	$w(La)/w(Sm)$	$w(K)/w(Rb)$	$w(Zr)/w(Hf)$	$w(Ba)/w(Rb)$
GA - 01	16.33	0.05	5.49	198.82	38.35	50.57
GA - 18	7.85	0.035	4.81	230.10	27.19	22.97
GA - 19	8.09	0.058	4.53	176.06	27.33	3.70
GA - 20	16.64	0.55	6.76	28.65	31.49	9.82
陆壳平均值	17.27	0.234	5.66	274.36	41.43	7.49

注：陆壳平均值取自 Wedepohl(1995)

从表中可以看出，总体上看，尕林格地区侵入岩与火山岩具有相似的元素分布特征，Ba、Cs、Hf、Th、Zr 等不相容元素高于维氏值，而 Sr、Cr、V 等相容元素均低于维氏值。Ba($24.4 \times 10^{-6} \sim 1650 \times 10^{-6}$)、Rb($6.6 \times 10^{-6} \sim 168 \times 10^{-6}$)、Sr($113.5 \times 10^{-6} \sim 481 \times 10^{-6}$)、Pb($12 \times 10^{-6} \sim 492 \times 10^{-6}$)等变化范围很大。除 $w(Ba)/w(Rb)$($3.70 \sim 22.97$)值高于陆壳平均值外，其他特征值多低于陆壳平均值。

英安岩和花岗闪长岩的微量元素原始地幔标准化蛛网图（图 5 - 4）均表现为右倾的强不相容元素富集型，矿区岩体总体上富大离子亲石元素（如 Th、U、Rb、Ba 等），贫高场强元素（如 Ta、Nb、Sr、Ti、Zr、Hf 等），体现出岛弧火山岩的特征。Nb、Ta、Ti 的亏损，反映岩浆混染了大陆壳物质或花岗质岩石（李昌年，1992）。

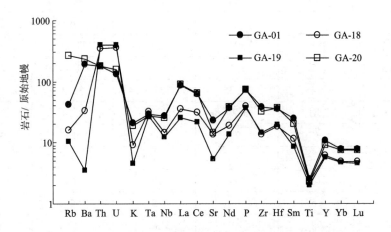

图 5 - 4　尕林格花岗闪长岩微量元素原始地幔标准化蛛网图

微量元素可以很好地反映岩石的板块构造环境。在 A - 型和 I - 型花岗岩的 $w(Ce) - w(SiO_2)$ 和 $w(Y) - w(SiO_2)$ 判别图（图 5 - 5）中，尕林格矿区侵入岩体均落入 I - 型花岗岩区域，相当于同熔型花岗岩。

运用 $w(Nb) - w(Y)$[图 5 - 6(a)]、$w(Ta) - w(Yb)$[图 5 - 6(b)]、$w(Rb) - w(Y + Nb)$[图 5 - 6(c)]及 $w(Rb) - w(Yb + Ta)$ 判别图[图 5 - 6(d)]，可以看出，尕林格地区岩体大部分落入了 VAG（火山弧花岗岩）区域，或 VAG 与 WPG（板内花岗岩）交界处，显示岩体产于活动陆缘，形成于挤压应力环境下，表明此时东昆仑地区处于洋壳俯冲阶段，底部受到大规模底侵作用。

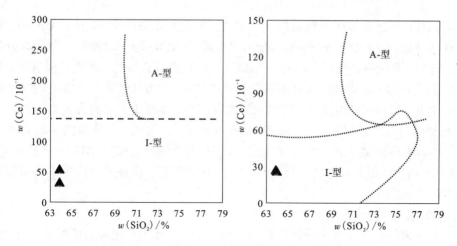

图 5 - 5　A - 型与 I - 型花岗岩的微量元素判别图

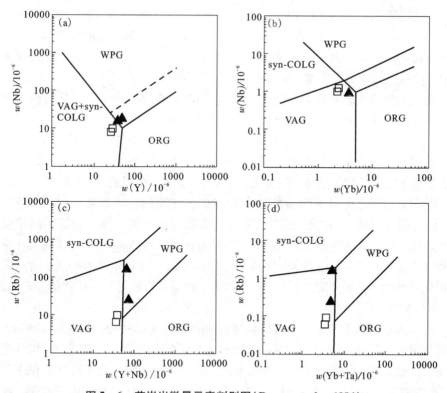

图 5 - 6　花岗岩微量元素判别图（Pearce et al. , 1984）

（a）Nb - Y 判别图；（b）Ta - Yb 判别图；（c）Rb -（Y + Nb）判别图；（d）Rb -（Yb + Ta）判别图；
Syn - COLG—同碰撞花岗岩；VAG—火山弧花岗岩；WPG—板内花岗岩；ORG—洋脊花岗岩；□：
花岗闪长岩；▲：英安岩

尕林格矿区岩体属于钙碱性花岗岩类，铝饱和指数小于1，具有富 CaO、贫 K_2O 的特点，$w(FeOt)/w(FeOt+MgO)<0.8$，按照 Barbarin(1999)的花岗岩分类法，属于含角闪石钙碱性花岗岩类(ACG)。ACG 是混合源的钙碱性花岗岩类，且以地幔成分为主。本区侵入岩体属于 I 型花岗岩，岩浆来源较深，为上地幔派生岩浆上升，与地壳同熔及混染所形成的岩浆产物。本区火山岩和侵入岩体都属于岛弧及活动陆缘环境，Hamilton 和 Dickinson(1970)提出，二者由同一岩浆源形成，后者来自消减中的大洋岩石圈上部层位海洋地壳的部分熔融(李春昱等，1986)。而岩体微量元素特征显示 Nb、Ta、Ti 的亏损，反映陆壳物质或花岗质岩石参与了成岩作用。

(6)稀土元素特征

矿区岩体稀土元素含量见表5-4。分析测试工作由广州澳实矿物室完成，方法为 ICP-MS。

花岗闪长岩的稀土元素总量为 $99.28\times10^{-6}\sim135.48\times10^{-6}$，差值为 36.2×10^{-6}，其轻稀土含量 $w(LREE)$ 为 $84.18\times10^{-6}\sim118.61\times10^{-6}$，重稀土含量 $w(HREE)$ 为 $15.1\times10^{-6}\sim16.87\times10^{-6}$，$w(La_N)/w(Yb_N)$ 比值为 $5.46\sim7.42$，δEu 为 $0.69\sim0.76$。其稀土元素球粒陨石标准化分布型式图(图5-7)表现为右倾斜，轻稀土元素分馏明显，重稀土元素分馏不明显。

英安岩的稀土元素总含量较高，为 $(275.65\sim280.64)\times10^{-6}$，其轻稀土含量 $w(LREE)$ 为 $(244.16\sim253.75)\times10^{-6}$，重稀土含量 $w(HREE)$ 为 $(26.89\sim31.49)\times10^{-6}$，$w(La_N)/w(Yb_N)$ 比值为 $11.22\sim11.97$，δEu 为 $0.45\sim0.68$。因此，其稀土元素球粒陨石标准化分布型式图(图5-7)表现为右倾斜，轻稀土元素分馏明显，重稀土元素分馏不明显，具有明显的负 Eu 异常，微弱负 Ce 异常。

英安岩的稀土配分曲线及特征参数与矿区花岗闪长岩非常相似，都呈右倾型，具有明显的负 Eu 异常，表明英安岩与矿区侵入岩体为同一岩浆不同阶段的演化产物，相比矿区花岗闪长岩，英安岩具有更强烈的负 Eu 异常，表明其在演化过程中混染了更多的陆壳物质。轻稀土相对富集、负 Eu 异常的特点，暗示岩浆在演化过程中，可能经历了斜长石、角闪石、石榴子石或辉石等矿物的分离结晶。

(7)岩体成因

本区大地构造上位于北祁漫塔格复合岩浆弧的南东段(高永宝等，2012)，祁漫塔格属于东昆仑造山带。根据已有资料，东昆仑造山带的岩浆混合作用与底侵作用，在加里东旋回发生在早-中泥盆世，在华力西-印支旋回则发生在中三叠世(莫宣学等，2007)。尕林格地区岩体多属印支期，形成时代为中三叠世，此期间，东昆仑一直处于俯冲结束-碰撞开始的转变期。三叠纪中期，在俯冲带中，上地幔镁铁质岩浆对大陆地壳的底侵作用导致了大陆地壳的垂向生长和增生。随着海洋地壳的不断俯冲，洋壳发生部分熔融，K、Na、SiO_2 和一些亲石元素逐渐从俯冲板块中分离，并富集上升至上覆板块，与壳源物质发生混合，使壳源物质发生重熔，形成本区 I 型花岗岩。

表 5-4 尕林格矿区岩体稀土元素分析数据 $w/10^{-6}$

	GA-01	GA-20	GA-18	GA-19
	英安岩	英安岩	花岗闪长岩	花岗闪长岩
La	59.3	61.6	24.5	17.5
Ce	109.5	116.00	55.60	38.70
Pr	13.30	14.40	6.78	4.74
Nd	49.7	50.7	25.4	18.5
Sm	10.80	9.11	5.09	3.86
Eu	1.56	1.94	1.24	0.88
Gd	10.10	8.07	4.76	3.85
Tb	1.56	1.25	0.78	0.67
Dy	8.54	7.27	4.63	4.20
Ho	1.63	1.45	0.97	0.89
Er	4.66	4.02	2.63	2.49
Tm	0.64	0.58	0.37	0.36
Yb	3.79	3.69	2.37	2.30
Lu	0.57	0.56	0.36	0.34
Y	49.90	42.00	27.70	26.20
$\sum$REE	275.65	280.64	135.48	99.28
LREE	244.16	253.75	118.61	84.18
HREE	31.49	26.89	16.87	15.10
$w(\text{LREE})/w(\text{HREE})$	7.75	9.44	7.03	5.57
$w(\text{La}_N)/w(\text{Yb}_N)$	11.22	11.97	7.42	5.46
δEu	0.45	0.68	0.76	0.69
δCe	0.92	0.92	1.04	1.02

测试单位：广州澳实矿物实验室

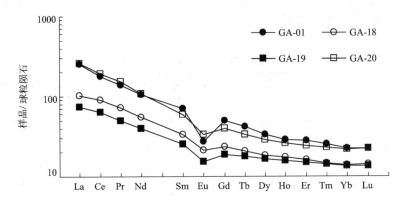

图5-7　尕林格花岗闪长岩稀土元素球粒陨石标准化分布型式图

5.1.4　矿体特征

尕林格铁矿床矿化带长约1400 m、宽2000~4000 m，矿化带呈北西—南东向展布，与区域构造线方向一致。矿区分布七个矿体群，三个矿体群产于捕虏体中，四个产于大理岩层位中，其中Ⅰ、Ⅱ号矿群在两个大理岩层位中均有矿化，Ⅳ、Ⅴ号矿体群产于OST^{a-2}段中，Ⅵ、Ⅶ号矿体群产于OST^{a-4}段中。

矿体共计47个，其中硫铁矿体9个，其余为磁铁矿体和含硫磁铁矿体。

矿区七个矿体群中，Ⅴ号矿体群工作程度最高，已探知的资源/储量占矿区资源/储量的绝大部分，是矿区最主要的矿群。

Ⅰ、Ⅱ、Ⅲ号矿群共由25个铁矿体组成，其中磁铁矿体3个，含硫磁铁矿体17个，硫铁矿体5个，矿体多呈透镜状、似层状、不规则状分布，产状较陡，倾角50°~67°，局部近于直立。走向近东西，倾向南。

Ⅳ号矿群由6个矿体组成，矿体多呈透镜状分布。在ZK10601孔中见有含银的铅锌矿石，铅锌矿的下部含少量磁铁矿。主矿体Ⅳ2产于透辉石石榴子石矽卡岩中；Ⅳ3矿体产于透辉石矽卡岩中；部分矿体产于蛇纹岩中。

Ⅴ号矿群是矿区工作程度最高、规模较大的矿群，由8个矿体组成，其中Ⅴ1、Ⅴ2、Ⅴ3矿体由磁铁矿和含硫磁铁矿组成，Ⅴ4矿体为含硫磁铁矿体，Ⅴ5、Ⅴ6矿体为硫铁矿体，Ⅴ7矿体为磁铁矿体，Ⅴ8矿体为含硫磁铁矿和硫铁矿体。最大的矿体为Ⅴ1、Ⅴ2号矿体。主矿体在212线为膨大部位，倾角由西向东渐缓，但变化不大，矿体在纵向及横向上大体与围岩产状一致，局部有明显斜交。

Ⅵ号矿群已控制3条矿体，产于向斜轴北英安岩与硅质泥质岩接触面，或大理岩与硅质泥质岩间的层间裂隙中。主矿体（Ⅵ1）形态为透镜状，主要由高硫铁矿及硫铁矿石组成。

Ⅶ号群已控制矿体4个，产于向斜轴南英安岩与大理岩接触面及与之斜交沟通的大理岩层间裂隙中,主要由高硫铁矿组成。

5.1.5　矿石特征

(1)矿石矿物组成

经野外观察和室内光薄片鉴定表明,矿区矿石中金属矿物种类简单,主要为磁铁矿、黄铁矿、磁黄铁矿、方铅矿、闪锌矿等。脉石矿物主要为石榴子石、透辉石、绿帘石等,其次为绿泥石、透闪石等。

磁铁矿:可分为粗、中、细粒三种。粗粒磁铁矿多呈半自形粒状,粒径0.1 ~ 0.5 mm,多呈粒状镶嵌或直边粒状镶嵌产出,大多数颗粒中包裹细小脉石矿物包体,且包裹体沿磁铁矿三组解理方向分布[图5 - 8(a)];中粒者主要呈他形不规则状,颗粒表面干净,可见其充填于粗粒磁铁矿之间;细粒者呈他形粒状,单体粒径0.02 ~ 0.05 mm,集合体多呈砂糖状,可见其与矽卡岩矿物共生[见图5 - 8(b)]。

黄铁矿:晶体形态多样,按晶体形态可分为粒状、脉状等,按晶体结构可分为他形晶、自形晶。自形黄铁矿主要产出于硅质岩中[见图5 - 8(c)],粒状,粒径0.03 ~ 0.1 mm,多呈立方体,浸染状分布;他形黄铁矿主要产于矽卡岩中,可分为粗粒、细粒及脉状三种,粗粒黄铁矿粒径0.2 ~ 0.8 mm,颗粒表面干净[见图5 - 8(d)],细粒黄铁矿单体粒径0.01 ~ 0.03 mm,集合体呈砂糖状[见图5 - 8(e)],包围粗粒黄铁矿,脉状黄铁矿粒径0.03 ~ 0.05 mm,多穿插于砂糖状黄铁矿中。

磁黄铁矿:矿区的主要金属矿物之一。多呈他形晶[见图5 - 8(f)],不规则状,硅质岩及矽卡岩化矿石中均有。硅质岩中颗粒较细,粒径一般为0.03 ~ 0.3 mm,浸染状分布;矽卡岩中颗粒较粗,粒径0.3 ~ 1.5 mm,多被砂糖状或脉状黄铁矿穿插。

方铅矿:主要分布于矽卡岩矿石中。多呈他形晶,不规则状,粒径0.15 ~ 1.5 mm,可见其呈星状交代闪锌矿,或充填于黄铁矿空隙中。

闪锌矿:主要分布于矽卡岩矿石中。多呈他形晶,不规则状,颗粒粗大,粒径0.9 ~ 2.5 mm,部分交代黄铁矿。

矿石类型按金属矿物组合可分为:磁铁矿矿石、黄铁 - 磁黄铁矿石、黄铁 - 磁铁矿石、黄铁 - 方铅 - 闪锌矿石。

(2)矿石结构构造

1)矿石结构

自形 - 半自形结构:部分黄铁矿、磁铁矿呈自形 - 半自形晶,黄铁矿呈星散浸染状分布于矿石中,磁铁矿多呈等轴粒状。

他形晶结构:是矿石中常见的结构,大部分金属矿物呈他形晶,如磁黄铁矿、方铅矿、闪锌矿等。

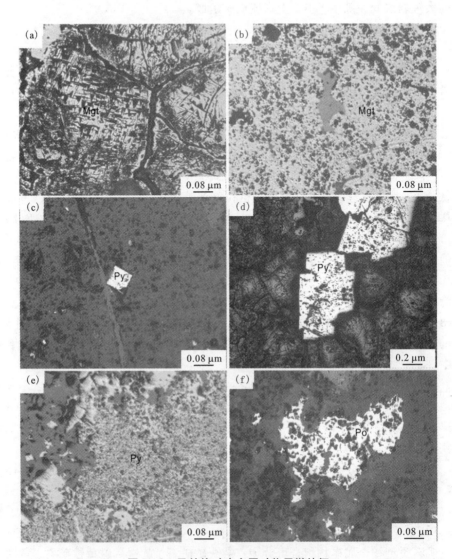

图5-8 尕林格矿床金属矿物显微特征

(a)粗粒磁铁矿(Mgt)粒间紧密镶嵌,矿物边界互成120°角,磁铁矿内部包裹体沿解理方向分布(反光,-);(b)细粒状磁铁矿与矽卡岩矿物共生(反光,-);(c)硅质岩中的自形黄铁矿(Py)(反光,-);(d)粗粒黄铁矿呈自形晶结构(反光,-);(e)细粒黄铁矿组成砂糖状集合体(反光,-);(f)他形磁黄铁矿(Po)(反光,-)

　　交代结构:先生成的矿物被后生成的矿物所交代,为矿区常见的矿石构造之一,包括交代充填、交代穿插等结构。如方解石充填于石榴子石颗粒内裂隙中[图5-9(a)],方铅矿交代闪锌矿[图5-9(b)],晚期黄铁矿脉穿插于相对较早的砂糖状黄铁矿中[见图5-9(c)]，晚期形成的磁铁矿交代早期形成的黄铁矿[见图5-9(e)]。

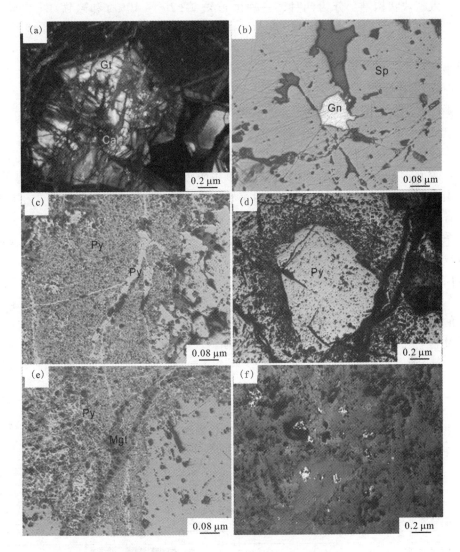

图5-9 尕林格矿床矿石典型结构构造

(a)方解石脉(Cal)沿石榴子石(Gt)裂隙交代充填(透光，+)；(b)方铅矿(Gn)呈星状交代闪锌矿(Sp)(反光，-)；(c)脉状黄铁矿(Py)穿插于砂糖状黄铁矿中(反光，-)；(d)砂糖状黄铁矿包围半自形粗粒黄铁矿(反光，-)；(e)晚期的磁铁矿(Mgt)交代早期形成的黄铁矿(Py)(反光，-)；(f)星散浸染状构造(反光，-)

包围结构：先生成矿物的全部或部分被后生成矿物所包含。如早期半自形粒状黄铁矿被相对较晚的砂糖状黄铁矿包围[图5-9(d)]。

环带结构：主要见到石榴子石环带。

2) 矿石构造

致密块状构造：分为两种，一种由黄铁矿（2% ~ 10%）和磁铁矿（70% ~ 90%）组成，另一种由磁黄铁矿（60%）、磁铁矿（15%）和黄铁矿（10%）组成。

浸染状构造：分为星散浸染状和稠密浸染状两种。磁黄铁矿或黄铁矿以星散浸染状分布于硅质岩中[图5-9(f)]；铅锌矿石多具稠密浸染状构造。

5.1.6 围岩蚀变

矿区主要的围岩蚀变种类为矽卡岩化、硅化、绿帘石化、绿泥石化、碳酸盐化、泥化、绢云母化等。其中最为强烈的蚀变为矽卡岩化、硅化及绿泥石化。

矽卡岩化是本区最主要的围岩蚀变之一，包括石榴石化、透辉石化、透闪石化。矽卡岩主要产于岩体与大理岩的接触带附近及外接触带的构造破碎带附近，英安岩与花岗闪长岩内也大量发育绿帘石、透辉石、石榴子石等，大理岩内则多发育石榴子石、透辉石等。矽卡岩化与磁铁矿化、方铅矿化、闪锌矿化均有密切关系。硅化作用在矿区分布广泛，岩体普遍发生硅化，石英含量增加。绿泥石化也较普遍，且与金属硫化物关系密切。

5.1.7 成矿期与成矿阶段

根据矿区矿体地质特征、矿石类型、矿石组合及矿物穿插关系，可以确定矿物的生成顺序，划分出矿床的成矿期次。尕林格矿床的成矿过程可分为两个成矿期及五个成矿阶段（见表5-5）。各成矿期特征如下：

表 5-5 尕林格矿床主要矿物生成顺序

成矿期次\矿物	矽卡岩期			石英硫化物期	
	早期矽卡岩阶段	晚期矽卡岩阶段	氧化物阶段	早期硫化物阶段	晚期硫化物阶段
石榴子石	▬▬				
透辉石	▬▬				
透闪石		▬▬			
磁铁矿		▬▬	▬		
绿帘石		▬▬		▬▬	
磁黄铁矿				▬▬	
黄铁矿				▬▬	▬▬
闪锌矿					▬▬
方铅矿					▬▬
绿泥石				▬	
石英				▬▬	▬▬
方解石					▬▬

矽卡岩期：早期矽卡岩阶段主要形成自形、半自形石榴子石、透辉石等无水硅酸盐矿物，无金属矿物生成；晚期矽卡岩阶段为磁铁矿的主要形成阶段，并伴随透闪石、绿帘石等含水硅酸盐矿物的出现，可见磁铁矿交代早期形成的矽卡岩矿物[图5-10(a)]；氧化物阶段作为矽卡岩期与石英硫化物期的过渡阶段，出现少量的石英、磁铁矿及绿帘石，后期出现少量磁黄铁矿、黄铁矿。

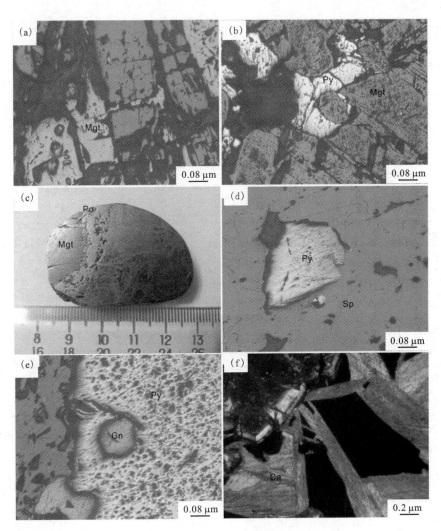

图5-10 尕林格矿床成矿期次划分依据

(a)磁铁矿(Mgt)交代穿插早期矽卡岩矿物(反光，-)；(b)黄铁矿(Py)沿磁铁矿(Mgt)粒间裂隙充填交代(反光，-)；(c)磁黄铁矿(Po)细脉穿插于磁铁矿(Mgt)裂隙中；(d)闪锌矿(Sp)沿黄铁矿(Py)边缘薄弱处交代(反光，-)；(e)方铅矿(Gn)充填于黄铁矿(Py)粒内孔隙中(反光，-)；(f)方解石(Ca)交代早期金属矿物(透光，+)

石英硫化物期:早期以出现大量的磁黄铁矿、黄铁矿为标志,可见黄铁矿沿磁铁矿粒间裂隙进行充填[图5-10(b)],磁黄铁矿细脉穿插于磁铁矿中[图5-10(c)],脉石矿物主要为石英、绿帘石及绿泥石,并有少量方解石;晚期以出现大量闪锌矿、方铅矿为特征,可见闪锌矿、方铅矿对黄铁矿晶体进行充填、交代[图5-10(d)、(e)],脉石矿物以方解石、石英为主,可见方解石交代早期形成的金属矿物[图5-10(f)]。

5.2 矿床地球化学特征

5.2.1 蚀变岩地球化学特征

(1)主量元素

尕林格矿区蚀变岩主量元素分析由广州澳实矿物实验室采用 X 荧光光谱分析,测试结果见表5-6。

表5-6 尕林格矿区蚀变岩主量元素分析结果 $w/10^{-6}$

	GA-25	GA-26	GA-31	GA-35
	含矿矽卡岩	含矿矽卡岩	石榴子石矽卡岩	透辉石石榴子石矽卡岩
SiO_2	33.67	33.33	40.84	38.87
Al_2O_3	4.42	1.65	3.02	10.84
Cr_2O_3	0.072	0.035	<0.001	0.12
TFeO	24.04	29.47	13.7	5.62
MnO	0.24	0.03	0.11	0.65
CaO	32.21	31.74	34.2	33.41
MgO	0.22	0.18	1.98	5.41
Na_2O	<0.01	0.02	0.20	<0.01
K_2O	0.02	0.03	0.09	0.01
TiO_2	<0.01	<0.01	<0.01	0.02
P_2O_5	0.54	0.60	0.32	0.11
SrO	0.01	0.01	<0.01	0.01
BaO	0.01	0.01	<0.01	<0.01
LOI	3.17	1.53	3.85	3.25
Total	98.61	98.62	98.32	98.32

测试单位:广州澳实矿物实验室

经过对比可以发现，矽卡岩普遍具有较高的 TFeO、CaO、MnO 含量，花岗闪长岩普遍具有较高的 SiO_2、Al_2O_3、碱质（$Na_2O + K_2O$）含量，英安岩具有与花岗闪长岩相同的特征，说明在矽卡岩的形成过程中，岩体提供了较多的 SiO_2、Al_2O_3，而碳酸盐岩则提供了 CaO。从岩体→透辉石石榴子石矽卡岩→石榴子石矽卡岩→含矿矽卡岩，TFeO 含量表现出由低到高的变化趋势，说明岩体中的 Fe 质被活化，进入含矿溶液中。当溶液沿着岩浆岩和石灰岩的接触面运移时，接触带上的石灰岩粒间形成碳酸盐饱和溶液，岩浆岩粒间形成铝硅酸盐饱和溶液，溶液不断上升，原有平衡被破坏，接触面两侧发生物质交换，石灰岩中的 CaO 向岩浆岩一侧扩散，岩浆岩中的 SiO_2、Al_2O_3 等向石灰岩一侧扩散，在接触带形成矽卡岩。

（2）微量元素

微量元素蛛网图见图 5–11，蚀变岩的微量元素测试数据见表 5–7。相比岩体，矽卡岩具有较高的成矿元素（Cu、Pb、Zn 等）含量，说明其含矿性好，是成矿元素在成岩之前于岩浆中已得到预富集的反映（吴言昌等，1998）。其中透辉石石榴子石矽卡岩（GA–35）的曲线与矿区侵入岩最相似，具有基本一致的波峰和波谷，明显继承了矿区岩体的成分特点，即富 Th、U 等大离子亲石元素，贫 Ta、Nb、Sr、Ti、Zr、Hf 等高场强元素。石榴子石矽卡岩样品（GA–31）的微量元素含量总体上稍低于透辉石石榴子石矽卡岩，但二者曲线形态基本相似，表明其同样继承了矿区岩体的成分。两个含矿矽卡岩样品（GA–25、GA–26）的微量元素曲线与无矿矽卡岩的曲线特征相似，但含量总体上比石榴子石矽卡岩更低。从图 5–11 中可以看出，四个矽卡岩样品微量元素总量差距不大，但总体上从透辉石石榴子

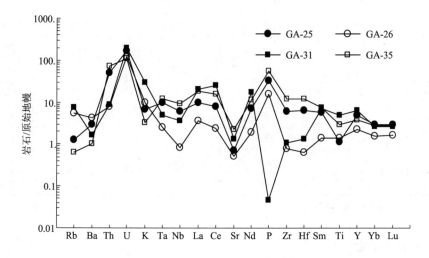

图 5–11　尕林格矿区蚀变岩微量元素蛛网图

石矽卡岩→石榴子石矽卡岩→含矿矽卡岩，微量元素表现出逐渐减少的趋势，可以推测早期形成的石榴子石透辉石矽卡岩中的微量元素在晚期含矿热液接触交代作用下发生了稀释(马圣钞, 2012)。

表 5 - 7 尕林格矿区蚀变岩微量元素分析数据   w/10⁻⁶

| | GA – 25 | GA – 26 | GA – 31 | GA – 35 | 维氏值 |
	含矿矽卡岩	含矿矽卡岩	石榴子石矽卡岩	透辉石石榴子石矽卡岩	(1962)
Ba	20. 4	30	11. 7	7. 3	650
Co	1. 8	4. 6	21. 1	11. 8	18
Cr	40	20	30	170	83
Cs	0. 42	9. 51	1. 38	0. 11	3. 7
Ga	5. 7	5. 2	5. 0	12. 3	19
Hf	2. 0	0. 2	0. 4	3. 7	1
Nb	4. 3	0. 6	2. 6	6. 5	20
Rb	0. 8	3. 4	4. 8	0. 4	150
Sn	10	5	26	3	2. 5
Sr	14. 7	10. 7	27. 7	47. 8	340
Ta	0. 4	<0. 1	0. 2	0. 5	2. 5
Th	4. 29	0. 69	0. 75	6. 02	13
U	3. 50	2. 52	4. 04	2. 26	2. 5
V	52	14	61	149	90
W	34	130	2	2	1. 3
Zr	68	9	12	138	170
Cu	5	6	25	17	47
Pb	265	3090	54	14	16
Zn	551	1220	7240	84	83
Ni	9	14	91	26	58

测试单位：广州澳实矿物实验室

(3)稀土元素

蚀变岩的稀土元素测试数据见表 5 - 8。稀土元素球粒陨石标准化分布型式图见图 5 - 12。

表5－8 尕林格矿区蚀变岩稀土元素分析数据 $w/10^{-6}$

	GA－25	GA－26	GA－31	GA－35
	含矿矽卡岩	含矿矽卡岩	石榴子石矽卡岩	透辉石石榴子石矽卡岩
La	6.6	2.5	13.7	12.8
Ce	14.4	4.3	44.8	28.5
Pr	2.18	0.63	6.71	3.77
Nd	9.7	2.6	23.5	15.7
Sm	2.53	0.63	3.20	3.40
Eu	0.96	0.30	5.07	0.94
Gd	2.72	0.75	2.78	3.06
Tb	0.44	0.14	0.40	0.49
Dy	2.78	0.99	2.47	2.85
Ho	0.61	0.24	0.57	0.57
Er	1.69	0.76	1.59	1.53
Tm	0.24	0.12	0.22	0.22
Yb	1.44	0.77	1.30	1.35
Lu	0.22	0.12	0.19	0.20
Y	22.5	10.3	29.7	17.4
∑REE	46.51	14.85	106.50	75.38
LREE	36.37	10.96	96.98	65.11
HREE	10.14	3.89	9.52	10.27
$w(LREE)/w(HREE)$	3.59	2.82	10.19	6.34
$(La/Yb)_N$	3.29	2.33	7.56	6.80
δEu	1.11	1.33	5.08	0.87
δCe	0.93	0.82	1.14	0.99

测试单位：广州澳实矿物实验室

含矿矽卡岩(GA－25、GA－26)稀土总量(14.85～46.51)×10^{-6}，其轻稀土含量 $w(LREE)$ 为(10.96～36.37)×10^{-6}，重稀土含量 $w(HREE)$ 为(3.89～10.14)×10^{-6}，$(La/Yb)_N$ 比值为2.33～3.29，δEu 为1.11～1.33。因此，其稀土元素球粒陨石标准化分布型式图(图5－12)表现为右倾斜，表明轻重稀土之间发

生分异作用,轻稀土相对富集,轻稀土元素分馏明显,重稀土元素分馏不明显;具弱正 Eu 异常,微弱负 Ce 异常。

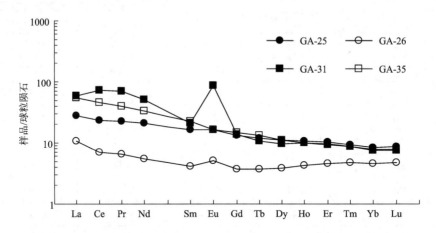

图 5 – 12　尕林格矿区蚀变岩及围岩稀土元素球粒陨石标准化分布型式图

　　石榴子石矽卡岩 GA – 31 稀土总量 106.5×10^{-6},其轻稀土含量 $w(LREE)$ 为 96.98×10^{-6},重稀土含量 $w(HREE)$ 为 9.52×10^{-6},$(La/Yb)_N$ 比值为 7.56,δEu 为 5.08。其稀土元素球粒陨石标准化分布型式图(图 5 – 12)表现为右倾斜,表明轻重稀土之间发生分异作用,轻稀土相对富集,轻稀土元素分馏明显,重稀土元素分馏不明显;具明显正 Eu 异常,弱正 Ce 异常。

　　透辉石石榴子石矽卡岩 GA – 35 稀土总量 75.38×10^{-6},其轻稀土含量 $w(LREE)$ 为 65.11×10^{-6},重稀土含量 $w(HREE)$ 为 10.27×10^{-6},$(La/Yb)_N$ 比值为 6.80,δEu 为 0.87。其稀土元素球粒陨石标准化分布型式图(图 5 – 12)表现为右倾斜,表明轻重稀土之间发生分异作用,轻稀土相对富集,轻稀土元素分馏明显,重稀土元素分馏不明显;具弱的负 Eu 异常,基本无 Ce 异常。

　　从图 5 – 12 中还可以看出,矽卡岩样品都表现出右倾的分布型式,其中透辉石石榴子石矽卡岩样品(GA – 35)在空间上离岩体最近,除 Eu 负异常程度外,其稀土配分曲线很好地继承了岩体的特点;其他样品都表现出不同程度的正 Eu 异常。矽卡岩中正 Eu 异常的形成,可能是由于钙铁榴石中八次配位的 Ca^{2+}($r = 1.12$)与 Eu^{3+}($r = 1.066$)离子半径相近,发生类质同像置换造成矽卡岩中 Eu 的富集,从而表现出正 Eu 异常(张志欣等,2011)。含矿矽卡岩是 4 个矽卡岩样品中总稀土含量最低的,主要因为在岩浆热液作用阶段,稀土元素主要富集在矽卡岩矿物中,而分配在硫化物中的稀土元素较低(刘英俊,1987;刘云华等,2006)。

5.2.2　单矿物稀土地球化学特征

选择四件磁铁矿矿石样品，并对矿石中磁铁矿进行提纯，使其纯度大于99%，送至广州澳实矿物实验室，采用等离子质谱定量分析法对其中稀土元素进行测定，各元素检出下限为：La、Ce、Y 0.5 × 10^{-6}，Nd 0.1 × 10^{-6}，Gd、Dy 0.05 × 10^{-6}，Pr、Sm、Eu、Er、Yb 0.03 × 10^{-6}，Tb、Ho、Tm、Lu 0.01 × 10^{-6}。分析结果见表5 - 9，横线表示含量低于检出限。

表5 - 9　尕林格矿区磁铁矿稀土元素分析数据　　　　　　$w/10^{-6}$

	G - 7	G - 13	G - 16	G - 22	平均值
La	–	–	–	–	–
Ce	2.90	1.40	4.10	–	2.80
Pr	0.38	0.15	0.52	–	0.35
Nd	1.90	0.50	2.10	–	1.50
Sm	0.33	0.11	0.34	–	0.26
Eu	–	–	–	–	–
Gd	–	–	0.07	–	0.07
Tb	–	–	0.03	–	0.03
Dy	–	0.15	0.11	–	0.13
Ho	0.02	0.04	0.04	–	0.03
Er	0.05	0.19	0.22	–	0.15
Tm	–	–	0.3	0.24	0.27
Yb	0.05	0.17	0.24	0.06	0.13
Lu	–	0.02	0.04	0.02	0.03
Y	0.6	2.6	1.9	–	1.7
ΣREE	5.63	2.73	8.11	0.32	4.20
LREE	5.51	2.16	7.06	–	4.91
HREE	0.12	0.57	1.05	0.32	0.515
$w(\text{LREE})/w(\text{HREE})$	45.92	3.79	6.72	–	18.81
$(\text{Ce}/\text{Yb})_N$	15	2.13	4.42	–	7.18
δEu	–	–	0.68	–	0.68

测试单位：广州澳实矿物实验室

从测试结果可以看出，磁铁矿稀土总量为 $(0.32 \sim 8.11) \times 10^{-6}$，平均值 4.20×10^{-6}；轻稀土总量为 $(2.16 \sim 7.06) \times 10^{-6}$，平均值 4.91×10^{-6}；重稀土总量为 $(0.12 \sim 1.05) \times 10^{-6}$，平均值 0.515×10^{-6}。轻重稀土比值在 $3.79 \sim 45.92$ 之间，变化较大，平均值为 18.81，表明轻稀土强烈富集。从图 5-13 中可以看出，矿区磁铁矿稀土配分曲线大致表现为右倾，比较各方面参数，认为磁铁矿的稀土配分型式与矿区岩体较为相似。

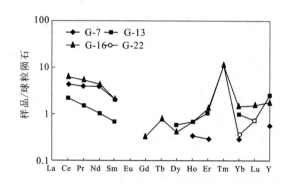

图 5-13　磁铁矿稀土元素球粒陨石标准化分布型式图

5.2.3　同位素地球化学

（1）铅同位素

本次测试共采集 7 件矿石样品，分别为磁铁矿、磁黄铁矿及方铅矿。测试结果见表 5-10。

表 5-10　尕林格矿区矿石铅同位素组成

样号	样品名称	$n(^{206}Pb)/n(^{204}Pb)$	$n(^{207}Pb)/n(^{204}Pb)$	$n(^{208}Pb)/n(^{204}Pb)$
G-6	方铅矿	18.519	15.688	38.693
G-7	磁铁矿	18.495	15.622	38.372
G-8	磁黄铁矿	18.446	15.626	38.440
G-9	磁铁矿	18.460	15.555	38.253
G-13	磁铁矿	18.475	15.659	38.635
G-16	磁铁矿	19.171	15.645	38.359
G-22	磁铁矿	18.445	15.615	38.474

测试单位：国土资源部中南矿产资源监督检测中心，宜昌

U、Th 是放射性成因铅的主要来源。硫化物中所含 U、Th 甚低，因此硫化物形成之后，U 和 Th 衰变所释放的放射成因铅非常少，几乎不影响其铅同位素的组成（张乾等，2000；张理刚，1992；沈能平等，2008）。本次测试中，G–16 号样品中 U 含量偏高（3×10^{-6}），得到的铅同位素比值受到放射成因铅的影响，因为未采取其他测年方法，因此无法对其进行校正，其测试值不具参考价值。其余样品所含 U 和 Th 含量很低，铅同位素变化不大，基本呈正常铅特征，可以代表矿物形成时的初始铅同位素比值。

由表可见，矿石 $n(^{206}\mathrm{Pb})/n(^{204}\mathrm{Pb})$ 变化范围为 18.445~19.171，平均值为 18.573，极差为 0.726；$n(^{207}\mathrm{Pb})/n(^{204}\mathrm{Pb})$ 变化范围为 15.555~15.688，平均值为 15.630，极差为 0.133；$n(^{208}\mathrm{Pb})/n(^{204}\mathrm{Pb})$ 变化范围为 38.253~38.693，平均值为 38.461，极差为 0.44。

根据 Holmes 和 Houtermans 提出的普通铅 H–H 模式计算得到尕林格矿区矿石铅同位素的相关参数见表 5–11。其中，$\Delta\alpha$、$\Delta\beta$、$\Delta\gamma$ 分别代表三种同位素与同时代地幔的相对偏差（朱炳泉，1998）：

$$\Delta\alpha = \left[\frac{\alpha}{\alpha_M(t)} - 1 \right] \times 1000$$

$$\Delta\beta = \left[\frac{\beta}{\beta_M(t)} - 1 \right] \times 1000$$

$$\Delta\gamma = \left[\frac{\gamma}{\gamma_M(t)} - 1 \right] \times 1000$$

表 5–11　尕林格矿区矿石铅同位素相关参数

样号	t/Ma	μ	ω	$w(\mathrm{Th})/w(\mathrm{U})$	$\Delta\alpha$	$\Delta\beta$	$\Delta\gamma$
G–6	197	9.63	37.79	3.80	82.16	23.92	41.20
G–7	133	9.50	36.00	3.67	75.76	19.33	29.77
G–8	173	9.51	36.57	3.72	76.02	19.76	33.34
G–9	73	9.37	35.10	3.63	69.15	14.71	24.00
G–13	193	9.57	37.52	3.79	79.28	22.01	39.46
G–16	−341	9.49	32.85	3.35	117.34	20.95	30.64
G–22	160	9.49	36.62	3.73	74.95	18.99	33.69

从表中可以看出，矿区矿石 μ 值变化范围为 9.37~9.63，平均 9.51，反映低放射成因深源铅特征，出现一个高值为 9.63，说明有高放射成因壳源铅的混入。地球壳幔物质的平均组成显示，地幔中 μ 为 8.92，ω 为 31.844；造山带中 μ 为

10.87，ω 为 39.567；上地壳中 μ 为 12.24，ω 为 41.861；下地壳中 μ 为 5.89，ω 为35.222(Doe et al.，1979)。对比可知，矿区样品各种特征值均介于地幔与造山带之间。特征模式年龄介于73～197 Ma 之间。

(2)硫同位素

对尕林格矿区 7 件矿石样品进行加工，分别挑选方铅矿、磁黄铁矿、磁铁矿单矿物，纯度达99%。在湖北宜昌地质矿产研究所同位素室进行硫同位素测试，测试结果见表 5－12。

表 5 –12　尕林格矿区硫同位素组成

送样号	样品名称	$\delta^{34}S_{CDT}/10^{-3}$
G－6	方铅矿	－3.08
G－7	磁铁矿	11.62
G－8	磁黄铁矿	－2.35
G－9	磁铁矿	2.80
G－13	磁铁矿	0.47
G－22	磁铁矿	12.23
G－16	磁铁矿	3.01

测试单位：国土资源部中南矿产资源监督检测中心，宜昌

从表中可以看出，磁铁矿的 $\delta^{34}S_{CDT}$ 分布范围相对集中，且都为正值，基本都在 $+0.47 \times 10^{-3}$ ～ $+12.23 \times 10^{-3}$ 之间，平均 $+6.026 \times 10^{-3}$，极差 11.76×10^{-3}，富重硫同位素。硫化物如方铅矿、磁黄铁矿等，其 $\delta^{34}S_{CDT}$ 值均为负值，分别为 -3.08×10^{-3}、-2.35×10^{-3}，贫重硫同位素。各类型矿石的不同硫化物按其 $\delta^{34}S_{CDT}$ 值大小顺序为磁铁矿 ($+6.026 \times 10^{-3}$) ＞磁黄铁矿 (-2.35×10^{-3})、方铅矿 (-3.08×10^{-3})，为正常顺序。反映在金属硫化物晶出的过程中，硫同位素的分配已处于平衡状态。

5.3　成矿作用及矿床成因分析

5.3.1　成矿物质来源

(1)硫同位素

对矿区 7 个样品作 $\delta^{34}S$ 分布频率直方图(图 5 –14)，可见矿石 $\delta^{34}S$ 值分别集中于 -3×10^{-3} ～ $+3 \times 10^{-3}$ 之间和大于 $+10 \times 10^{-3}$ 的范围内，这可能反映矿区金属成矿物质有两个来源。

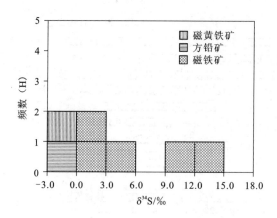

图 5 – 14　尕林格矿石 $\delta^{34}S$ 分布频率直方图

通常认为，地幔 $\delta^{34}S$ 值在 $0 \pm 2 \times 10^{-3}$ 的范围内，大洋岛弧玄武岩硫化物 $\delta^{34}S$ 值介于 $(1.0 \pm 1.9) \times 10^{-3}$ 范围内（Thode et al. , 1961）。第一组值介于地幔值与大洋岛弧玄武岩值之和范围内 $[(1 \pm 3.9) \times 10^{-3}]$，说明深源岩浆硫是该矿区硫的主要来源；第二组值较前一组大幅度增加，说明成矿流体在运移的过程中混染了各种来自地壳岩石的物质。

通过与自然界天然物质中硫同位素组成的对比（图 5 – 15），尕林格矿区矿石硫同位素组成与花岗岩硫同位素组成最相近，考虑到矿区基岩为一套中酸性侵入岩体，推测成矿物质来源与中酸性侵入体有关。

（2）铅同位素

采用特征值法、铅构造模式法及成因分类图解法对矿区 7 个样品的 Pb 同位素进行分析得出如下结果：

1）尕林格矿区矿石样品 μ 值变化范围为 9.37 ~ 9.63，平均 9.51；ω 值变化范围为 35.10 ~ 37.79，平均 36.06。由此可知，尕林格铁矿中的铅应该为造山带和地幔物质的混合铅。

2）从铅构造模式图（图 5 – 16）上可见，尕林格矿区矿石铅同位素组成主要落在造山带演化线靠近上地壳的部分，构成一倾斜直线，表明矿石矿物具有相同的成矿物质来源，且都来源于深部地壳（马圣钞，2012）。综合两图分析结果，认为矿区矿石铅可能主要来自于俯冲造山作用导致的地壳与地幔物质的混合。

3）朱炳泉（1998）提出铅的 $\Delta\alpha$ – $\Delta\beta$ – $\Delta\gamma$ 成因分类图解，$\Delta\alpha$、$\Delta\beta$、$\Delta\gamma$ 值见表 5 – 22，$\Delta\beta$ 变化范围 18.99 ~ 23.92，$\Delta\gamma$ 变化范围 24.00 ~ 41.20。将其投入 $\Delta\beta$ – $\Delta\gamma$ 成因分类图解（图 5 – 17），均落入上地壳与地幔混合的俯冲带型铅范围内。广义来讲，俯冲带型铅也是造山带铅的类型之一（吴开兴等，2002）。由此可知，

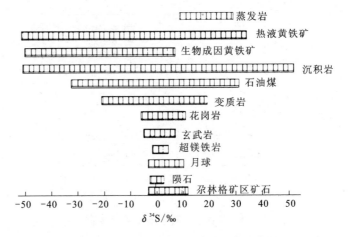

图 5 - 15　尕林格铁矿石硫同位素分布图

(据沈渭洲, 1987)

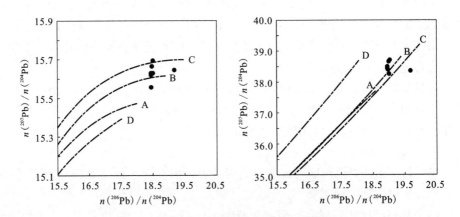

图 5 - 16　尕林格矿区铅构造同位素构造环境图解

(底图据 Zartman 和 Doe, 1981)

A - 上地幔; B - 造山带; C - 上地壳; D - 下地壳

矿区矿石铅应主要与岩浆作用有关, 来源于与俯冲作用有关的上地壳和上地幔铅两端元组分的混合, 这一结论与 Zartman 铅构造模式图的分析结果相符合。

5.3.2　成矿地质条件

(1) 岩浆岩与成矿的关系

祁漫塔格地区岩浆活动较为强烈, 广泛发育花岗闪长岩、二长花岗岩、闪长岩和花岗岩等。岩体的空间分布严格受区域构造控制, 其展布方向与所处区域构造线一致(谭文娟, 2011)。其形成时代主要为华力西期和印支期。区内发育多个

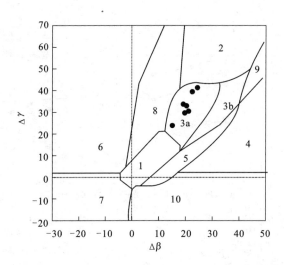

图 5 - 17　尕林格矿区矿石铅同位素的 $\Delta\beta - \Delta\gamma$ 成因分类图解（据朱炳泉，1998）

1—地幔源铅；2—上地壳铅；3—上地壳与地幔混合的俯冲铅（3a—岩浆作用；3b—沉积作用）；
4—化学沉积型铅；5—海底热水作用铅；6—中深变质作用铅；7—深变质下地壳铅；8—造山带
铅；9—古老页岩上地壳铅；10—退变质铅

与岩浆活动密切相关的矿床，如野马泉、虎头崖、卡尔却卡等。

　　本区侵入岩体为钙碱性 I 型花岗岩体，岩性主要为花岗闪长岩。对尕林格矿区侵入岩体测年的结果显示，本区成矿母岩的成岩年龄为 228.3 ~ 234 Ma（U - Pb 法）（高永宝，2012），表明其形成于印支期。成矿热液的形成与壳幔混合作用形成的中高温热液岩浆有密切关系。

　　综合对比矿区矿石与岩体的微量、稀土元素特征（图 5 - 18），发现矿区英安岩与花岗闪长岩具有相似的分布曲线，表明其为同一岩浆不同阶段演化的产物；磁铁矿分布曲线虽然有部分缺失，但是仍然表现出与侵入岩相似的特征，表明磁铁矿的形成与侵入岩有密切的关系；矽卡岩的微量组合特点也表现出与侵入岩相似的特点，说明其成岩与矿区岩浆的演化有密切关系。

　　（2）地层与成矿的关系

　　围岩岩性对矽卡岩的成分、矿质的沉淀、成矿方式及矿体规模都有极大影响。本区的赋矿层位主要为滩间山群地层，为一套火山—沉积地层，主要的岩性为硅质岩、大理岩及少量火山岩、凝灰岩夹层。前人对尕林格矿床的研究认为（吴庭祥，2009；陈世顺，2009），矿区围岩中富含 Co、Au、Cu、Bi、Ni、Pb、Zn 和 Fe 等成矿元素，是矿体形成的主要成矿物质来源。对本区硅质岩的微量元素分析表明（表 5 - 13），与维氏值相比，硅质岩中 Fe、Cu、Pb、Zn 等成矿元素含量较低，部分值远低于维氏值，即使围岩中成矿元素在后期岩浆作用下全部活化，也

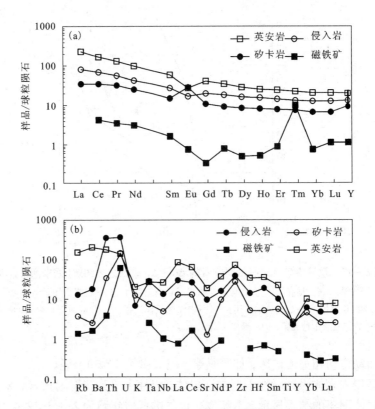

图 5-18　尕林格矿区稀土元素配分曲线及微量元素蛛网图

(a)尕林格矿区稀土元素配分曲线图；(b)尕林格矿区微量元素蛛网图

不足以提供充足的成矿物质，因此，可以认为矿区地层并不是主要的成矿物质来源。

　　滩间山群中的大理岩主要呈灰白—乳白色，具粒状变晶结构，薄层状构造，岩石普遍成分不纯，非常有利于接触交代型矿床的形成，也是尕林格铁矿床主要的赋矿层位。

表 5-13　尕林格矿区硅质岩成矿元素含量

元素	单位	GA-03-2	GA-17	GA-32	维氏值(1962)
Fe	%	3.16	3.23	0.59	4.65
Cu	10^{-6}	21	23	<5	47
Pb	10^{-6}	67	12	29	16
Zn	10^{-6}	50	39	58	83

测试单位：广州澳实矿物实验室

（3）构造与成矿的关系

从矿区大地构造背景看，尕林格矿床位于东昆仑祁漫塔格成矿带，成矿带隶属秦祁昆成矿域、昆仑成矿省、东昆仑成矿带之祁漫塔格 Fe - V - Ti - Au - Cu - Pb - Zn - 岩盐成矿亚带，具备良好的成矿背景（徐志刚，2008）。

矿区的总体格架为一走向北西西的向斜构造，尕林格矿区的 7 个矿群呈北西—南东向展布，与区域构造线方向一致。其中Ⅵ、Ⅶ号矿群位于向斜轴部，Ⅲ、Ⅳ、Ⅴ矿群位于向斜翼部。矿体随地层呈顺层产出，由于地层岩性不同，这些物理化学性质不同的岩石之间存在薄弱面，在褶皱形成的过程中容易形成滑脱构造，成为含矿溶液的通道。

发育于地层中的层间破碎带也为矿液运移、矿质沉淀提供了良好的条件。本区地层根据岩性共分为四段，根据区域资料，四段地层均呈不整合接触，存在于不同岩性间的层间破碎带、层间剥离带、构造裂隙等，极有利于矽卡岩矿床的形成。

5.3.3　矿床成因分析

前人对尕林格矿床的研究，吴小霞（2007）认为其属于火山喷流沉积—叠加改造型矿床，早期喷流沉积阶段为主要的成矿阶段，晚期的岩浆热液使地层中的成矿物质进一步活化、富集；陈世顺（2009）持相似观点，认为尕林格铁多金属矿的形成受火山气液作用，次火山作用及后期侵入岩的交代侵蚀作用的共同影响，滩间山群地层具有喷流沉积成因，是主要的成矿物质来源。但本文认为，尕林格矿床属于接触交代型矽卡岩矿床。证据及理由如下：

1）从矿床形成的大地构造背景看，尕林格矿区位于北祁漫塔格复合岩浆弧的南东段，属于岛弧及活动陆缘环境，为接触交代型铁矿床的有利大地构造背景。

2）从接触带的位置及矿体产状来看，接触带主要位于矿区中酸性岩浆岩与滩间山群下部碳酸盐岩接触部位。矿体形态多呈透镜状、似层状；矿体产状在纵向及横向上大体与围岩一致，局部有明显斜交；矿体既产于岩体与围岩的接触带中，也产于围岩的层间裂隙中，如Ⅳ号矿体产于透辉石石榴子石矽卡岩或透辉石矽卡岩中，Ⅵ号矿体产于向斜轴北英安岩与硅质泥质岩接触面，或大理岩与硅质泥质岩间的层裂隙中，Ⅶ号矿体产于向斜轴南英安岩与大理岩接触面及与之斜交沟通的大理岩层间裂隙中。反映含矿热液在接触带部位形成后，沿层间破碎带发生了运移。

3）从矿石的组分及结构构造上看，本区矿石中主要的金属矿物为磁铁矿、黄铁矿、磁黄铁矿、方铅矿、闪锌矿等；非金属矿物主要为石榴子石、透辉石、绿帘石、绿泥石、透闪石等矽卡岩矿物。结构主要以交代结构、包围结构为主；矿石构造以致密块状构造、浸染状构造为主。

4）从成矿物质方面看，岩体主量元素测试结果表明，矿区花岗闪长岩参与了 Fe 质的活化，为矿体提供了物质来源；微量稀土元素结果表明，矿体的形成与矿区岩体有密切的关系。区域的大量研究成果表明，区内形成的多个大中型矿床都与区内的中酸性岩体有关，且岩体主要形成于中－晚三叠世，说明印支晚期的侵入活动为成矿提供了能量。围岩中成矿元素含量低，无法为成矿提供充足的物质来源，不是矿体形成的主要成矿物质来源。

5）从成矿作用上看，主要为与矿区侵入岩有关的接触交代作用。

在华力西晚期—印支早期，本区处于板块大规模俯冲阶段；印支中晚期，由于海洋地壳的不断俯冲，洋壳发生部分熔融，地幔物质通过底侵作用与陆壳物质发生混合，形成了矿区钙碱性 I 型花岗岩类的源岩浆。携带有大量成矿物质与挥发分的岩浆沿深大断裂上侵至地壳浅部，与滩间山群下部地层发生接触交代变质作用。滩间山群下部地层岩性差异大，层间破碎带发育，含矿热液沿破碎带运移并在破碎带内的有利部位发生沉淀，形成矽卡岩矿床。

第六章 区域成矿条件及成矿规律

6.1 成矿地质背景及构造演化

陈国达认为，中生代以前，中国大陆境内已逐步形成三个巨型槽台演化系统，分属三个巨型壳体，即北部壳体、东部壳体和西部壳体。西部壳体又可分为西北部壳体和西南部壳体(陈国达，1996)。祁漫塔格地区就位于西北部壳体内，其成长历史复杂，属古中亚壳体的一部分，古中亚壳体的成长是以塔里木地区太古宙陆核为中心，自北向南逐步推进。

前寒武纪本区还处于前地槽演化阶段，代表构造层为前寒武系金水口群片岩、片麻岩以及冰沟组大理岩、白云岩和硅质条带结晶灰岩等，反映壳体处在成长的幼年期。当壳体或其中的地段演化进入幼年期，在性质上则由洋壳转为雏陆壳。此时，硅铝层刚刚形成，厚度不大，同时硅镁质构造层及地幔岩构造层也较薄，易受变动破裂，在活动区阶段，由于地幔蠕动作用，使得拉张区裂谷发育，导致幔源岩浆喷出，产生了一些与海底热水喷流活动有关的沉积建造、矿化富集或矿源层，如区域上的万宝沟群岩石，其金属含量相对较高(丁清峰，2004)。

寒武纪初进入地槽演化阶段的早期，即初动期，地壳从前地槽体制向活化区转化，开始出现反差逐渐增大的构造及地貌起伏，标志着地壳成长进入少年期。区内中部出现了昆仑中间隆起带 – 地背斜(常以岛弧、岛链形式分布)，而南北两侧则产生了具一定方向和系统的地槽及地槽凹陷。随着地槽部分地壳的下沉，海水逐渐侵入。刚开始地背斜大部分露出海面，从地背斜及邻侧隆起区剥蚀而来的陆源碎屑较丰富。随着地背斜面积和高度逐渐减小，海侵范围扩大，碎屑物质减少，且从较粗渐变为较细。初动期构造变动不够强烈，伴随地槽产生的断裂切割深度有限，此时很少发育火山碎屑沉积。进入剧烈期，地壳运动增强，构造和地貌反差加大，地壳在较大下沉速度中产生差异升降，在地槽区发育了一系列断裂，特别是在地槽与邻侧隆起区和地槽与地背斜间的深断裂，往往插入玄武岩圈及上地幔，导致基性、超基性岩浆大量喷发。本区大洋玄武岩、与基性火山岩有关的热水喷流沉积岩，及相关成矿作用均产于此构造背景中。在地槽剧烈期或直接形成矿床，如驼路沟钴矿，或形成富矿质的矿源岩，如肯德可克矿区的矿源岩，为后期叠加改造提供了物质基础(丁清峰，2004)。此后，地壳下沉趋势减弱，构造 – 地貌反差逐渐减小，碎屑物质供应较少，以泥质和碳酸盐岩沉积为主。在加里东晚期，出现一定规模的岩浆侵入，局部产生了以花岗岩为主的岩浆建造，并形成少量与岩体和热液成矿有关的矿床,如白干湖矿床(丁清峰,2004)。但因岩浆活动强度有限,且成矿后受构造影响,所以区域成矿规模较小。

随着碳酸盐岩沉积建造的形成,地槽区的地壳下沉达到极限,开始转入上升期,构造 – 地貌反差又逐渐增大,碎屑物质供应变丰富,常有火山碎屑沉积物。此时处于激烈期后半期,地壳运动还算强烈,产生众多中小型断裂,为海西期花岗质岩浆侵入提供了条件。但海西期岩浆活动跟本区成矿关系并不密切,海西期并非重要构造期,而属于海西 – 印支演化阶段的一部分,且海西期岩浆多呈岩基产出,不利于矿床的形成及保存(丁清峰,2004)。

地槽阶段继续发展,壳体成长到青年期,随着水平运动的进一步增强,壳体内部或壳体之间的挤压(如与北部柴达木古地台的相互作用),出现造山运动,地槽沉积被褶皱隆起,形成一系列以紧闭型褶皱和逆断层为主的构造型相,变成褶皱带山脉和介于其间的山间拗陷与山前塌陷。本区以昆中、昆北断裂带为界,构造演化存在差异。地槽阶段昆北断裂以北地区已经进入褶皱带期,昆中断裂及以南地区则还处于地槽阶段,局部发育新生地槽,地质构造演化较复杂。此时壳体演化阶段为印支期,本区发生了强烈的壳 – 幔相互作用。通过壳体内部块段之间水平挤压拉伸运动或差异升降运动,使区内岩石圈变薄,为深部幔源物质参与岩浆活动和成矿作用提供了物质基础。印支期的构造背景和成矿作用使其在本区成为最重要的成岩成矿期,矿床类型以斑岩型、矽卡岩型、热液脉型和叠生改造型为主,典型矿床有:卡尔却卡铜多金属、虎头崖铅锌矿、尕林格铁矿、乌兰乌珠尔铜矿、鸭子沟矿床等(徐国端,2010)。

印支期末,东昆仑地槽封闭,进入地槽余动期,地壳运动强度开始逐渐减弱,运动形式由水平运动为主变为垂直运动为主,褶皱带山脉随剥蚀作用不断进行而逐渐降低,构造和地貌反差越来越小,终于成为准平原,标志着地台发展阶段的开始(陈国达,1994)。地台阶段是壳体或其中某些地段演化转入活动性弱的阶段,属于演化的青年后期。地台初"定"期的地壳仍然具有较大活动性,但整体以大面积垂向运动为主。而后的地台和缓期,构造强度及岩浆活动逐渐减弱,以陆相沉积为主。总体上,本区地台阶段短暂,于燕山运动初期便已衰亡,大部分地区缺失地台构造层。

中、晚侏罗世,本区开始进入地洼演化阶段,一个壳体或其中某地段演化到达中年期的标志是地洼阶段的出现。地洼区发展过程中,其处地壳以热能增强、发生膨胀为特点。地槽区发展总顺序是先沉降后上升,而地洼区发展的总过程是以上拱为主,先逐渐膨胀隆起,后收缩沉降。初动期,导致地壳膨胀的热能刚开始聚集,地壳活动强度有限,主要出现地穹的隆起和地洼的坳陷。激烈期,地幔蠕动活跃,地热增高,岩浆活动及变质作用强烈。由于地幔平向蠕动的分异性,兼有幔隆及幔凹垂向作用影响,壳体内部挤压区与拉张区及隆起区与相对陷落区广泛分布,形成了地穹山脉与地洼盆地相间,线性构造与环形构造交织。隆起区与地陷区的接触带上,常产生深断裂,不仅导致火山作用频发,还发育大量中酸性侵入岩浆建造。地穹部位是有色金属、贵金属、放射性元素等内生矿床产出部位,如区域内的高温钨、锡矿床。而地洼部位则为油气、煤、油页岩、膏盐等外生矿床所在地。及至喜山运动期还有广泛活动,目前尚处于地洼激烈期(陈国达,1982)。

纵观本区地质及构造演化史,现今所见大部分矿床,特别是赋存在地壳演化较早阶段构造层中时代较老的矿床,大都受后续大地构造演化的影响,是由于多次大地构造阶段演化成矿作用的综合结果,所以明显具多方面综合成因特征,即多因复成矿床(陈国达,1982)。东昆仑地区漫长及复杂的地质背景和构造演化使得区内大部分矿床具多大地构造成矿阶段、多成矿物质来源、多成矿作用、多控矿因素及多成因类型等"五多"特征,成矿潜力和找矿前景巨大(陈国达,1996)。

6.2　成矿物质来源

6.2.1　成矿元素来源

矿质来源一直是成矿规律研究基本内容和必须要解决的问题,矿产的来龙去脉对准确高效地指导相似地区和相同类型矿床的勘察起到至关重要的作用。现在最主流的判别物源方法为地球化学法,也是本次研究的主要手段。

(1)同位素示踪

1)铅同位素特征

总体上,肯德可克、卡尔却卡、虎头崖、尕林格四个矿区的铅同位素特征如前所述。各矿区的 $w(Th)/w(U)$ 值介于 $3.35 \sim 3.80$,有两个低值分别为 3.35 和 3.46,其他数值均大于 3.57,位于中国大陆上地壳平均值 3.47 和全球上地壳平均值 3.88 之间,表明矿石铅有上地壳源特征。祁漫塔格地区典型矿床矿石 μ 值变化于 $9.37 \sim 9.75$ 间,除去一个低值 9.37 和一个高值 9.75,其余为 $9.45 \sim 9.67$,均值 9.53,数值在地壳 $\mu_C = 9.81$ 与原始地幔 $\mu_0 = 7.80$ 之间(吴开兴等,2002),并集中靠近地壳 μ_C 值,表明矿石铅以壳源铅为主,并含有地幔来源。此外,据沈能平等(2008)研究认为,具高 μ 值($\mu > 9.58$)的铅为高放射性壳源铅,$\mu < 9.58$ 的铅为低放射性深源铅,结合本次测试数据认为,祁漫塔格地区矿石铅具高放射性壳源铅和低放射性深源铅双重特征。

在铅同位素组成 Zartman 图解(图 6-1)中,四个矿区样品均落于上地壳和造山带铅演化线间,较集中靠近造山带铅演化线,表明矿石铅为上地壳铅与造山带铅的混合产物。此外,铅同位素构造环境判别图解中(图 6-2),数据点集中落入造山带范围内,少量落入与上地壳或下地壳范围内,与前述 Zartman 图解结论一致。肯德可克、虎头崖及尕林格投点大致呈线性分布,反映铅为混合来源,卡尔却卡矿区投点较离散，铅源较复杂，可能说明卡尔却卡斑岩型成矿跟矽卡岩型成矿具有不同的铅源。

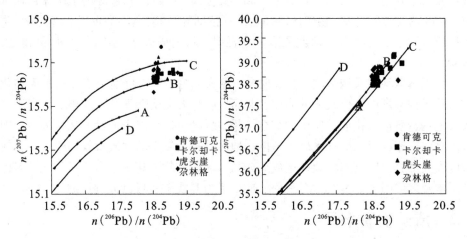

图 6-1　铅同位素组成图解

（据 Zartman and Doe, 1981）

A. 地幔；B. 造山带；C. 上地壳；D. 下地壳

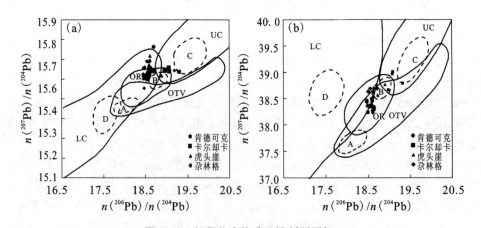

图 6-2　铅同位素构造环境判别图解：

LC—下地壳；UC—上地壳；OIV—洋岛火山岩；OR—造山带；

图中 A、B、C、D 代表各区域中样品相对集中区

前述铅同位素组成图解仅能粗略判断成矿物质源于何种储库，为深入探讨卡尔却卡矿石铅的物质来源，用 $\Delta\beta$ 和 $\Delta\gamma$ 分析成因示踪，能提供更丰富的地质过程与物质来源信息（朱炳泉等，1998）。利用测值计算出矿物与同时代地幔的相对偏

差值 $\Delta\alpha$、$\Delta\beta$ 和 $\Delta\gamma$ 并进行铅同位素成因 $\Delta\beta$ - $\Delta\gamma$ 分类图解(图6-3)可知,四个矿床所有数据点均分布于与岩浆作用有关的上地壳与地幔混合铅源区,反映铅为混合来源。结合前述观点,认为祁漫塔格矿区矿石铅组成具混合铅特征,这种混合主要为大陆型壳体与大洋型壳体间或大陆型壳体内部块段间的垂向差异运动、壳段间及壳层(层体)间拆离、逆冲推覆等差异升降造山运动造成,是一种与岩浆作用有关的以壳源铅为主并混合了少量深源地幔铅的成矿作用。

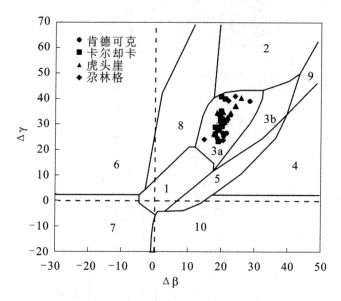

图6-3 铅同位素 $\Delta\beta$ - $\Delta\gamma$ 分类图解

(据朱炳泉等,1998)

1—地幔铅;2—上地壳铅;3—上地壳与地幔混合的俯冲带铅(3a 岩浆作用,3b 沉积作用);4—化学沉积型铅;5—海底热水作用铅;6—中深变质作用铅;7—深变质下地壳铅;8—造山带铅;9—古老页岩上地壳铅;10—退变质铅

2)硫同位素特征

肯德可克7件样品,$\delta^{34}S_{CDT}$ 值为 -2.0×10^{-3} ~ 1.5×10^{-3},均值 0.4×10^{-3},靠近0;卡尔却卡9件样品,$\delta^{34}S_{CDT}$ 值为 4.4×10^{-3} ~ 11.0×10^{-3},均值 7.8×10^{-3},均为正值;虎头崖样品较多,为21件,$\delta^{34}S_{CDT}$值为 -3.1×10^{-3} ~ 11.6×10^{-3},均值 6.1×10^{-3},正负值均有,变化较大;尕林格5件样品,$\delta^{34}S_{CDT}$ 值为 -2.4×10^{-3} ~ 12.2×10^{-3},均值 3.2×10^{-3},变化较大(图6-4)。

一般来说,用硫同位素示踪矿源是以总硫作为研究对象,据徐文忻(1995)研究,岩浆硫来源的矿床其全硫同位素组成范围靠近0值,波动较小;戚长谋(1994)认为总硫 $\delta^{34}S_{CDT}$ 为 5.0×10^{-3} ~ 15.0×10^{-3} 间的硫源应为过渡硫(局部围岩混合硫）。从硫同位素直方图 6 - 4 可知，祁漫塔格地区总硫跨度较大，但明显有两个峰值区间分别为 $1 \times 10^{-3} \sim 2 \times 10^{-3}$ 和 $7 \times 10^{-3} \sim 8 \times 10^{-3}$。一个与岩浆硫范围一致，另一个区间靠近过渡硫范围，具围岩硫特征，表明祁漫塔格硫一部分来源于岩浆，一部分来源于成矿围岩，成矿物质具多源性。

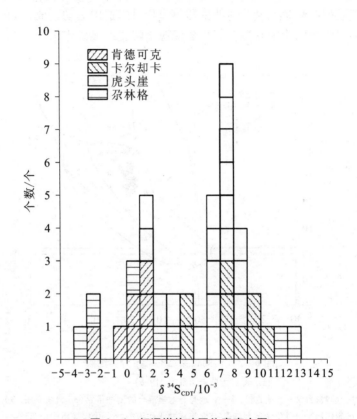

图 6 - 4　祁漫塔格硫同位素直方图

（2）稀土微量元素综合研究

从典型矿床稀土元素地球化学研究可知，矿石稀土元素丰度值差别较大，但稀土球粒陨石配分模式曲线较一致（图 6 - 5），$w(LREE)/w(HREE) > 1$，均属右倾轻稀土富集。Eu 一般为三价，与其他稀土元素共生，但二价时，则表现为与稀土元素分离，形成负 Eu 异常；当 Eu 出现正异常，表明 Eu 易与稀土元素共生，应为三价，一般出现在表生或浅部地质环境中，如浅成热液充填矿床或喷流沉积床中常具正 Eu 异常，因此 Eu 异常是判别成岩成矿物质来源的一个重要参数（赵振华，1997）。

从图 6 - 5 可知，三个典型矿床矿石的 Eu 异常各具特点：肯德可克矿区矿石

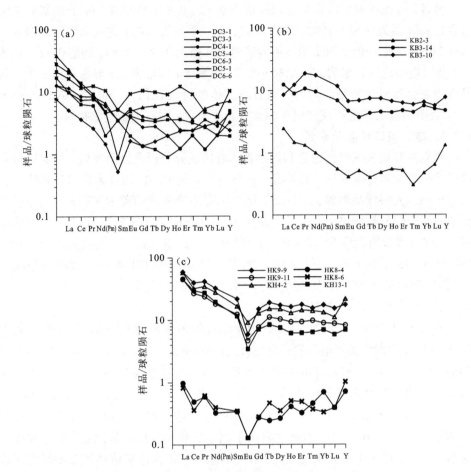

图 6-5 祁漫塔格典型矿床矿石及单矿物稀土元素配分图

(a)肯德可克;(b)卡尔却卡;(c)虎头崖

Eu 异常变化大,δEu 值为 0.19~1.77,从负异常到正异常均有出现;卡尔却卡矿区数据较少,矿石 δEu 值为 0.72~0.89,均值 0.79,变化较小,为弱负异常;虎头崖矿石的 δEu 值最小,为 0.31~0.61,均值 0.43,可见明显铕谷,属铕负异常型。这些特征表明,肯德可克成矿过程相对复杂,正、负 Eu 异常表明成矿环境发生了改变,可能经历了喷流沉积阶段或后期受浅成热液改造;而虎头崖成矿环境和成矿期相对稳定和集中,Eu 异常波动较小。

此外,Eu 易富集于早期结晶的斜长石中,使得残余熔浆 Eu 亏损,表现为 Eu 负异常,所以,壳源岩浆 δEu 值较小,为强-中等负异常,幔源岩浆 δEu 值接近 1,为弱 Eu 异常或 Eu 正常;壳幔型岩浆则介于两者之间(李昌年,1992)。

再者，肯德可克矿区岩浆岩 δEu 值为 0.72~0.83，均值 0.77；卡尔却卡矿区岩浆岩 δEu 值为 0.53~1.42，均值 0.82，有一个高值 1.42；虎头崖岩浆岩 δEu 值为 0.21~0.72，均值 0.56；尕林格岩浆岩 δEu 值为 0.49~0.83，均值 0.71。总体上，祁漫塔格地区岩浆岩 δEu 值略小于 1，以负 Eu 异常为主，异常程度不大，具有壳幔混合型岩浆特征。同时，矿石跟岩体的特征比值 $w(Sm)/w(Nd)$ 均小于 0.3，表明祁漫塔格地区成岩成矿物质以壳源为主，混有少量幔源物质。

6.2.2 成矿流体性质及来源

研究主要通过氢氧同位素和矿物裹体群体成分分析两方面进行。氢氧同位素研究共采集卡尔却卡矿区 7 件样品，石英为与矿化关系密切且为流体包裹体发育的主矿物。先将样品磨碎，双目镜下挑出纯度达 98% 的石英单矿物，送北京核工业地质研究院分析测试中心分析。使用美国 Therrno Fisher 公司 MAT 同位素质谱仪，氢同位素分析精度为 $\pm 2 \times 10^{-3}$，氧同位素为 $\pm 2 \times 10^{-3}$，氢同位素测试利用 DZ/T0184.19-1997 锌还原法测定，氧同位素则用 DZ/T0184.13-1997 五氟化溴法测定，标准为平均大洋水（SMOW），测试数据见表 6-1。

（1）成矿流体氢氧同位素特征

从表 6-1 可知，卡尔却卡矿区 $\delta^{18}O_{V-SMOW}$ 值为 $9.8 \times 10^{-3} \sim 15.9 \times 10^{-3}$，均值 12.3×10^{-3}，是较大的正值。利用分馏公式：$1000\ln\alpha_{Q-H_2O} \approx 3.38 \times (10^6/T^2) - 2.90$（郑永飞等，2000），卡尔却卡矿区 T 利用包裹体的捕获温度 305℃，计算出卡尔却卡矿床成矿流体的 $\delta^{18}O_{水}$ 为 $2.59 \times 10^{-3} \sim 8.69 \times 10^{-3}$。测试出 δD_{V-SMOW}（$\times 10^{-3}$）值介于 $-121.1 \times 10^{-3} \sim -73.5 \times 10^{-3}$，均值 -87.5×10^{-3}，利用 $\delta^{18}O_{水}$ 和 δD 值投图（图 6-6）可知，数据主要位于原生岩浆水和雨水线附近，靠近原生岩浆水，有一个点位于岩浆水范围内，表明卡尔却卡矿区成矿流体的来源跟岩浆水相关，并有大气降水等混入，与前述流体包裹体研究结论相吻合。

表 6-1 祁漫塔格部分矿床氢氧同位素组成

样号	矿物	$\delta^{18}O_{V-SMOW}/\permil$	$\delta D_{V-SMOW}/\permil$	$\delta^{18}O_{水}/\permil$
KTB-3	石英	10.8	-74.9	3.59
KTB-13	石英	15.9	-87.8	8.69
KTB-14	石英	14.4	-83.1	7.19
KD-16	石英	9.8	-73.5	2.59
KCD1-4	石英	10.7	-82.9	3.49
IB-9	石英	12.5	-89	5.29
ZKB28-13	石英	12	-121.1	4.79

续表 6 - 1

样号	矿物	$\delta^{18}O_{V-SMOW}/‰$	$\delta D_{V-SMOW}/‰$	$\delta^{18}O_{水}/‰$
GL11 - 6 *	磁铁矿	0.1	—	8.02
GL11 - 7 *	磁铁矿	0.1	—	8.02
GL11 - 8 *	磁铁矿	1.9	—	9.82
GL11 - 9 *	磁铁矿	0.9	—	8.82

测试单位：核工业北京地质研究院分析研究中心，* 标记数据来源于高永宝等(2012)

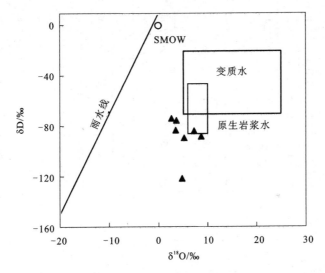

图 6 - 6　氢氧同位素组成图解

　　另据高永宝等(2012)对区内尕林格矿床磁铁矿氧同位素测定可知，其 $\delta^{18}O_{V-SMOW}‰$ 值为 0.1~1.9，均值 0.75，接近 0 值，用磁铁矿平均形成温度计算出 $\delta^{18}O$ 为 8.02~9.82，变化小，接近 $\delta^{18}O$ 约为 5‰~10‰ 的岩浆水。

　　总之，卡尔却卡与尕林格矿床氢氧同位素特征表明，祁漫塔格矿集区成矿流体来源与岩浆关系密切，原始成矿流体应为岩浆水，后期有大气降水的加入。

　　(2)流体包裹体特征

　　综合各矿床群体流体包裹体成分分析数据可知(表 6 - 2)，祁漫塔格地区成矿流体气相成分中，按含量排序为 H_2O、CO_2、H_2、CH_4，极少的样品中含痕量 C_2H_2、C_2H_6 和 N_2。液相成分中的组分较复杂，各个矿区含量变化较大，主要有：F^-、Cl^-、NO_3^-、SO_4^{2-}、Na^+、K^+、Mg^2 和 Ca^{2+}，以 F^-、Cl^-、SO_4^{2-}、Na^+、K^+ 和 Ca^{2+} 为主。

表6-2 祁漫塔格矿集区各矿床包裹体群体分析结果

矿区	样号	矿物名称	气相成分/10⁻⁶								液相成分/10⁻⁶								$w(Na^+)$ $/w(K^+)$	$w(Cl^-)$ $/w(F^-)$
			H_2	N_2	CH_4	CO_2	C_2H_2	C_2H_6	H_2O	CO_2/H_2O	F^-	Cl^-	NO_3^-	SO_4^{2-}	Na^+	K^+	Mg^{2+}	Ca^{2+}		
1	KP1-10	石英	2.17	-	23.11	449.98	11.24	3.25	1396	0.32	5.62	10.35	0.54	8.46	5.94	3.72	-	8.93	1.60	1.84
2	RM-3	石榴子石	6.37	-	12.33	516.38	-	-	1795	0.29	-	3.97	0.03	4.25	2.16	1.92	-	2.21	1.13	-
2	RA-4	石英	10.47	-	7.39	760.97	1.39	-	1349	0.56	2.31	5.92	0.19	6.38	3.64	2.11	-	6.79	1.72	2.57
3	HB44-1	石榴子石	14.97	-	43.15	514.62	0.09	13.06	1028	0.50	2.41	10.55	-	8.67	2.48	4.64	1.82	24.05	0.53	4.38
3	HB44-2	斑铜矿	6.52	-	-	805.00	-	-	1297	0.62	4.09	26.15	-	9.46	1.25	3.16	1.29	15.29	0.40	6.39
3	HB44-4	斑铜矿	7.58	-	-	917.47	-	-	2216	0.41	4.57	28.60	-	12.96	1.53	2.92	-	14.44	0.52	6.26
3	HB44-5	萤石	0.62	0.56	0.11	51.74	-	-	234	0.22	12.04	3.70	-	2.36	1.58	2.81	-	16.04	0.56	0.31
3	HB44-6	萤石	0.72	0.72	0.22	62.05	-	-	359	0.17	11.28	3.15	-	2.60	1.72	2.65	-	17.33	0.65	0.28
3	HB45-7	石榴子石	4.63	-	-	541.25	-	-	1089	0.50	2.65	16.09	-	1.36	3.75	12.55	1.05	19.08	0.30	6.07
3	HB45-7	方解石	2.31	-	6.05	639.61	-	-	548	1.17	5.94	2.05	-	5.83	0.78	-	-	23.67	-	0.35
3	HB45-7	方铅矿	0.16	-	17.09	782.15	-	-	363	2.15	3.19	5.22	-	80.42	1.63	-	-	55.29	1.64	1.64
3	HK4-3	方铅矿	0.33	-	9.22	76.79	-	-	823	0.09	3.72	3.98	-	69.04	7.61	0.42	1.52	44.83	18.12	1.07
3	HK8-4	闪锌矿	0.17	-	1.09	237.40	-	-	979	0.24	4.67	4.98	1.26	216.51	15.47	-	12.97	120.34	-	1.07
3	HK8-6	闪锌矿	0.29	-	1.29	213.19	-	-	658	0.32	4.93	4.77	1.36	198.36	12.90	-	8.62	113.22	-	0.97
3	HK9-1	闪锌矿	0.91	-	1.52	119.37	-	-	382	0.31	3.24	5.22	-	132.19	8.26	-	2.17	92.56	-	1.61
3	HK9-8	闪锌矿	0.75	-	1.92	101.03	-	-	473	0.21	3.31	7.40	-	111.45	1.88	-	1.11	82.05	-	2.24
3	HK13-1	方铅矿	0.33	-	10.62	31.08	-	-	243	0.13	3.99	2.15	8.56	12.09	3.58	1.29	-	42.56	2.78	0.54
4	GA-29	方解石	1.26	痕	9.06	778.24	-	-	495	1.57	3.40	10.93	-	4.96	4.11	0.24	痕	17.71	17.18	3.21
4	GA-30	方解石	1.07	痕	13.70	516.22	-	-	513	1.01	3.15	9.80	-	5.02	4.56	0.42	痕	18.26	11.00	3.11

测试单位：中南大学包裹体成分分析实验室，1—青德可克，2—卡尔却卡，3—虎头崖，4—尕林格

　　虎头崖矿区的金属样品中气相成分相对简单,脉石矿物相对复杂,含少量 N_2 跟 C_2H_2、C_2H_6。对 HB45 – 7 样品中的石榴子石、方解石和方铅矿均进行了包裹体群体分析,测值显示从石榴子石→方解石→方铅矿,CO_2 含量逐渐上升,而 H_2O 含量逐渐降低。石榴子石生成于矽卡岩期,方解石生成晚于石榴子石,方铅矿最晚,为铅锌硫化物阶段产物。从生成顺序来看,包裹体捕获的流体随着成矿作用的不断推进,体系中 CO_2 含量逐渐升高,表明 CO_2 利于矿质沉淀,特别是 CO_2 相从流体中分离,改变了体系 pH 值,影响其酸碱平衡,造成矿质析出,同时池国祥等(2008)研究认为 CO_2 在一定的条件下,也可携带及运输部分矿质。

　　卡尔却卡矿区斑岩样品中 F^- 和 Ca^{2+} 含量与矽卡岩样品中该值对比呈降低趋势,可能反映流体中的 Ca^{2+} 消耗在岩体与围岩的交代作用中,以钙硅酸盐岩等矽卡岩矿物形式沉淀下来(宋文彬等,2012)。

　　根据 Roedder(1977;1984)研究,流体 Na^+/K^+ 比值可作为判断其来源的标志。一般来说,岩浆热液 $w(Na^+)/w(K^+)$ 值小于1,数据显示,虎头崖矿床绝大部分样品 $w(Na^+)/w(K^+)$ 值小于1,有一个高值 18.12,肯德可克、卡尔却卡及尕林格矿区样品较少,$w(Na^+)/w(K^+)$ 均大于1。此外,流体的 $w(Cl^-)/w(F^-)$ 值也可作为判定成矿流体来源依据:$w(Cl^-)/w(F^-) > 1$ 表明成矿流体有地下水或天水加入,虎头崖样品的 $w(Cl^-)/w(F^-)$ 值变化较大,以大于1为主,其他矿区也均大于1。以上特征说明,祁漫塔格地区成矿流体应来源于演化程度较高的岩浆水,在后期成矿及演化过程中有地下水和(或)天水等外来流体的混入。总之,祁漫塔格地区成矿热液为含二氧化碳和甲烷的 $F^- – Cl^- – SO_4^{2-} – Na^+ – K^+ – Ca^{2+}$ 型水。

6.3　成矿规律及成矿模式

6.3.1　地层

　　东昆仑地区矿产丰富,矿床种类多样,目前已知的许多矿床的矿体产出于特定的地层中,主要有金水口群、万宝沟群、部分二叠系和三叠系、巴颜喀拉山群等地层。这些地层一般具浊流沉积碎屑岩特征,同时伴有火山活动,沉积了厚层–巨厚层的碎屑岩系,富集了大量微晶硫化物特别是黄铁矿,也是 W、Sn、Au、Sb 等矿质富集部位,成为部分矿床的初始矿源层(丁清峰,2004)。

　　具体到祁漫塔格研究区,赋矿层位主要有:基底变质杂岩系的金水口群、海相火山 – 沉积建造的滩间山群、磨拉石建造的泥盆系地层、碎屑岩 – 碳酸盐建造的石炭系地层以及陆相火山建造的三叠系部分地层,大体上,不同地层火山岩发育,火山活动强烈、陆源碎屑丰富,带来大量成矿物质,形成一些矿床的矿源层,如肯德可克、卡尔却卡、虎头崖、尕林格矿床以及研究区邻区的乌兰乌珠尔及野马泉等矿床(徐国端,2010)。研究区赋矿地层及特征见表 6 – 3。

表6-3 研究区主要赋矿地层及特征

地层	岩性特征	产出矿床
长城纪金水口群	石英(片)岩、云母岩、偶夹黑云斜长片麻岩等,其原岩为砂(泥)岩-碳酸盐岩建造	以W、Sn为主,矽卡岩-云英岩-石英脉型钨锡矿床的主要赋矿层位,如邻区白干湖钨锡矿床
蓟县纪狼牙山群	(白云质)大理岩、矽卡岩化大理岩、白云岩、(生物碎屑)灰岩等,还有少量硅质岩、长石石英粉砂岩、板岩、千枚岩、绢云母石英岩等,为一套以浅变质碳酸盐岩为主夹碎屑岩建造	以Pb、Zn为主,如区内虎头崖铅锌矿,邻区有维宝铅锌矿和维东铅锌矿等
志留-奥陶系滩间山群	一套海相中-基性火山岩、砂岩、碳酸盐岩夹硅质岩建造	以Fe多金属为主,区内的肯德可克、卡尔却卡B区及尕林格矿床,邻区有野马泉、牛苦头矿点
石炭系大干沟组、缔敖苏组	主要为碎屑岩和碳酸盐岩建造	以矽卡岩型Pb、Zn矿体赋矿层位为主,如虎头崖矿床

6.3.2 岩浆岩

据前人统计表明本区与矿化有关的岩浆岩主要有花岗闪长岩、石英闪长岩、二长花岗岩和正长花岗岩等中酸性岩体,而且有"小岩体成大矿"的特点(徐国端,2010)。本区在海西期大面积分布的中酸性侵入岩基本不成矿,而印支期的中酸性侵入体呈岩株状、岩脉状产出则对成矿十分有利。此外,与中酸性侵入岩有关的矿化主要与岩浆热液有关,包括斑岩型、矽卡岩型、热液脉型等(丁清峰,2004)。

研究区及邻区矿床成矿岩体及矿石年龄统计如表6-4所示,总体上祁漫塔格地区矿床的成矿岩体主要集中于200~250 Ma,对应为印支期,主要形成矽卡岩型、斑岩型或叠加改造型矿床,代表矿床有卡尔却卡、尕林格和虎头崖矿床。还有部分岩体产出于400~450 Ma,对应加里东期,以高温热液矿床和矽卡岩为主,代表矿床为邻区白干湖和牛苦头矿区(点)。总体上,研究区存在两期岩浆活动与成矿作用密切,即印支期和加里东期,且印支期为区内最主要成岩成矿期。受岩浆活动影响,本区矽卡岩型矿床分布最广,矿床(点)数量多,储量大。矽卡岩矿床的围岩主要为各时代地层中的碳酸盐岩(如金水口群大理岩、滩间山群的大理岩及灰岩、石炭纪的各种灰岩)。因此,在同时出露多个时代的矿床中常有多层矽卡岩型矿体分布,形成"一体多层"的矽卡岩矿床。"一体"为侵入岩,"多层"为交代不同时代碳酸盐岩形成的矽卡岩型矿体。

表6-4 祁漫塔格地区成矿岩体岩性特征及时代统计表

矿区	岩体	测试对象	测试方法	年龄	资料来源
肯德可克	英安质熔结凝灰岩	锆石	LA-ICP-MS	(227.1±1.2)Ma	潘晓萍等，2013
	二长花岗岩	锆石	LA-ICP-MS	(229.5±0.5)Ma	肖晔等，2013
虎头崖	花岗闪长岩	锆石	LA-ICP-MS	(235.4±1.8)Ma	丰成友等，2009
	二长花岗岩	锆石	LA-ICP-MS	(219.2±1.4)Ma	丰成友等，2009
	矽卡岩铜钼矿石	辉钼矿	Re-Os	(225.0±4.0)Ma	丰成友等，2011
	矽卡岩钼矿石	辉钼矿	Re-Os	(230.1±4.7)Ma	丰成友等，2011
卡尔却卡	A区似斑状二长花岗岩	锆石	LA-ICP-MS	(245.0±1.0)Ma	李东生等，2011
	A区似斑状二长花岗岩	锆石	SHRIMP	(227.3±1.8)Ma	丰成友等，2009
	B区花岗闪长岩	锆石	SHRIMP	(236.9±1.7)Ma	王松等，2009
	B区铜钼矿石	辉钼矿	Re-Os	(239.0±11.0)Ma	丰成友等，2009
	B区铜钼矿石	辉钼矿	Re-Os	(245.9±1.6)Ma	高永宝等，2012
尕林格	二长闪长岩	锆石	LA-ICP-MS	(228.3±0.5)Ma	高永宝等，2012
	二长岩	锆石	LA-ICP-MS	(234.4±0.6)Ma	高永宝等，2012
	花岗岩	锆石	SIMS	(227.8±1.7)Ma	丰成友等，2011
白干湖	二长花岗岩	锆石	LA-ICP-MS	(430.4±1.1)Ma	高永宝等，2012
	云英化二长花岗岩	锆石	LA-ICP-MS	(429.5±3.2)Ma	高永宝等，2012
	石英脉型矿石	锡石	LA-ICP-MS	(427±13)Ma	高永宝等，2012
乌兰乌珠尔	花岗斑岩	锆石	SHRIMP	(215.1±4.5)Ma	高永宝等，2012
牛苦头	石英闪长岩	锆石	LA-ICP-MS	(399.2±1.3)Ma	高永宝等，2012

6.3.3 构造

构造动力学背景控制着一个地区的地质构造演化，进而控制着各类岩浆活动和各种成矿作用。

前寒武纪本区还处于前地槽演化阶段，由洋壳向雏陆壳转化。此时硅铝层、硅镁质构造层及地幔岩构造层也较薄，导致幔源岩浆喷出，产生了一些与海底热水喷流活动有关的沉积建造、矿化富集或矿源层。寒武纪初进入地槽演化阶段。区内中部出现了昆仑中间隆起带－地背斜，而南北两侧则产生了具一定方向和系统的地槽及地槽凹陷，发育了一系列深断裂，往往插入玄武岩圈及上地幔，导致基性、超基性岩浆大量喷发。大洋玄武岩、相关的热水喷流沉积岩及成矿作用均产于此构造背景中。在地槽剧烈期或直接形成矿床或形成富矿质矿源岩，为后期叠加改造提供了物质基础。在加里东晚期，出现一定规模的岩浆侵入，局部产生了以花岗岩为主的岩浆建造，并形成少量与岩体和热液成矿有关的矿床。无论是加里东期发生的成矿作用或后期各矿床的形成都直接受控于加里东期地槽构造演化格局。

本区另一个显著的地质演化过程和强烈成矿时期应为印支期的强烈的壳－幔相互作用。当地槽阶段发展到后期，壳体内部或壳体之间的挤压，出现造山运动，地槽沉积被褶皱隆起，形成一系列以紧闭型褶皱和逆断层为主的褶皱带山脉和介于其间的山间凹陷与山前塌陷。此时壳体演化阶段为印支期，发生了强烈的壳－幔相互作用。通过壳体内部块段之间水平挤压拉伸运动或差异升降运动，使区内岩石圈变薄，为深部幔源物质参与岩浆活动和成矿作用提供了物质基础。印支期的构造背景和成矿作用使其在本区成为最重要的成岩成矿期。

除地槽演化阶段的两个构造－岩浆－成矿旋回外，也不能忽视地洼期的成矿作用。印支末期，东昆仑地槽封闭，经历短暂地台阶段后，中、晚侏罗世，本区开始进入地洼演化阶段。地洼区发展过程是以上拱为主，先逐渐膨胀隆起，后收缩沉降。激烈期，地幔蠕动活跃，地热增高，岩浆活动及变质作用强烈。隆起区与地洼区的接触带上，常产生深断裂，不仅导致火山作用频发，还发育大量中酸性侵入岩浆建造。地穹部位是有色金属、贵金属、放射性元素等内生矿床产出部位，如区域内的高温钨、锡矿床。而地洼则为油气、煤、油页岩、膏盐等外生矿床所在地。

断裂是区内最主要的控矿构造，特别是昆北、昆中、昆南等区域性深大断裂，它们对区域成矿控制作用明显。表现在深大断裂带附近矿床（点）密集分布，此外，这些断裂带是区域地质演化和成矿带的分界线，控制了成矿带的形成和演化。来自深部的含矿流体以深大断裂为通道到达地壳浅部，并在其旁侧一系列次级构造中富集成矿，是区域导矿构造，局部甚至为控矿和容矿构造（丁清峰，2004）。区内诸多矿床矿体受深大断裂及其次级构造的控制，北西向与北东向断裂交汇部位是各类矿床较为集中分布部位。总体上，北西向构造为主要导矿和控矿构造，是成矿流体迁移及贯通的通道；而北东向构造以次级断裂为主，其与北西向构造交汇部位多为成矿流体物化条件改变、成矿物质富集沉淀的场所，为良好的储矿构造（徐国端，2010）。

6.3.4　空间分带

据徐国端(2010)及高永宝(2013)对祁漫塔格地区的研究,依据成矿地质背景,结合矿床分布特征及成矿作用,按北西向构造线方向近平行将本区大致划分了四个成矿带,特征如表6-5:

表6-5　祁漫塔格地区成矿带及特征(据徐国端,2010修改)

成矿带	成矿特征	分布矿床
滩北雪峰加里东隆起区 W-Sn-Au-Cu 成矿带	以金水口群为基底,其上为区域矿源层——滩间山群,沿北西向断裂发育加里东期和少量印支期侵入岩,形成斑岩型铜锡矿床。由北西向北西西方向弧形压剪性断裂带上含金石英脉及含金硅化蚀变带发育,是找剪切带型石英脉型 Cu、Au 矿和热液钨锡矿脉的潜力区	白干湖钨锡矿床、乌兰乌珠尔铜矿
祁漫塔格前山加里东-印支 Fe-Cu 多金属成矿带	此带中分布金水口群、蓟县系狼牙山组、滩间山群、上石炭统缔敖苏组等矿源层。出露一组由北西向深断裂和两组北西向及北东向附属交切断裂组成的区域控岩构矿构造网络系统。印支期中酸性岩浆活动发育	尕林格矿床、肯德可克矿床、牛苦头沟矿床
祁漫塔格前山印支造山隆起区 Cu-Mo 多金属成矿带	区内既有变质岩基底,又有早、晚古生代两套盖层,特别是印支期二长岩、花岗闪长岩、花岗斑岩等小岩体及富铅偏钙碱的岩株、岩脉发育,是找寻斑岩型铜钼多金属矿床的潜力区	鸭子沟、迎庆沟斑岩型多金属矿床
祁漫塔格后山加里东-印支叠加隆起区 Cu-W-Sn 多金属成矿带	前寒武纪变质基底出露较广,加里东期花岗岩广泛分布,西部已发现矽卡岩-斑岩型铜多金属叠加矿床,东端万宝沟一带,铜铅锌金银的地球化学异常明显,找矿前景良好	卡尔却卡铜多金属矿床

6.3.5　成矿模式

东昆仑祁漫塔格矿集区呈东西向展布于新疆、青海和西藏之间,本区于寒武纪初进入地槽演化阶段。随着地槽部分地壳的下沉,海水逐渐侵入,地壳在较大下沉速度中产生差异升降,在地槽区发育了一系列断裂或裂陷区,特别是深断裂往往插入玄武岩圈及上地幔,导致基性、超基性岩浆大量喷发。在这种拉张环境中,利于热水对流循环,来源地壳或上地幔的流体沿同沉积断裂上升,并不断萃取富矿质围岩中的有用组分形成成矿流体,遇到沿张性断裂不断下渗的低温海水引发化学反应,矿质主体以沉积方式富集,形成如肯德可克矿区产出的大量具原生沉积组构的微细粒胶状黄铁矿、磁黄铁矿和具隐晶质结构且富含铁锰氢氧化物的硅质岩（黄敏，2010）。反应后残余少量矿质的流体继续被加热并与周围岩石发生反应，或与汇入的陆源碎屑发生反应，不断萃取成矿矿质，循环富集。在地槽剧烈期或直接形成工业矿床，或仅是矿质的预富集，形成规模很小的矿体或矿源岩，如肯德可克矿区的矿源岩，为后期叠加改造提供了物质基础（黄敏，2013）。

随后地槽区的地壳下沉达到极限，开始转入上升期，地壳运动还算强烈，产生众多中小型断裂，为海西期花岗质岩浆侵入提供了条件。但海西期岩浆活动跟本区成矿关系并不密切，其岩浆多呈岩基产出，不利于矿床的形成及保存（丁清峰，2004）。

当地槽阶段发展到后期，壳体内部块断之间及壳体之间（如与北部此时为柴达木古地台，与残存的古洋壳体）的水平和垂向运动剧增。此时壳体演化阶段为印支期，通过壳体内部块段之间水平挤压拉伸运动使地槽沉积被褶皱隆起，形成一系列紧闭型褶皱和逆断层，或通过垂向差异升降运动，又使壳层的岩石圈变薄，造成拆离或推覆构造，发生强烈的壳－幔相互作用。壳体间剧烈的相互作用过程中，本区发生强烈构造变形，发育深大断裂，这些构造多具深切割和多期活动特征，在构造运动激烈地带丰富的壳源沉积物与深部地幔物质形成熔体，经陆壳混染，形成原始岩浆。

印支早期以挤压俯冲作用为主，晚期则为强烈陆陆碰撞造山作用。深部地质作用及壳幔相互作用深化和扩大了区域成矿体系，含深部幔源物质的岩浆沿构造向浅部侵入运移，有的岩体在侵入前期岩体中，逐步演变成含一定矿质的成矿母岩浆，在前期蚀变破碎带中形成如卡尔却卡斑岩型铜、钼矿化；有的岩体上侵过程中，由于挥发组分的释放以及热能传递，与接触的碳酸盐岩发生物质交换，在接触带上产生大量矽卡岩，形成如虎头崖矽卡岩型铅、锌等多金属矿化；还有的岩浆演变成高温高盐度富金属矿质的岩浆热液，并不断萃取矿源层矿质，在构造有利部位形成矿化，或叠加改造早期矿化或矿体，如肯德可克矿区在喷流沉积成矿作用基础上，叠加复合形成特有的矽卡岩及铁、铜、铅锌等金属矿化。

印支－晚燕山期，本区矿床具有不同的成矿特征：1)肯德可克矿区中酸性岩浆岩广泛发育，受岩浆热液交代影响，在前期喷流沉积成矿作用及矽卡岩矿化基础上，成矿流体继续向浅部运移，受大气降水或其他浅部地体水的影响，在有利构造空间或破碎围岩中叠加中－低温热液钴、金矿化（黄敏等，2013）。2)卡尔却卡在斑岩型矿化及矽卡岩型矿化基础上，在蚀变交代作用过程中，从岩体演化出的热液不断萃取如滩间山群等富矿质围岩中的有用组分形成成矿流体，向浅部运移中受外来流体的混合冷却，形成规模较小的中低温热液脉型金矿化（宋文彬，2012）。3)虎头崖矿石结构构造具明显交代穿插特征，多数矿体呈不规则状，并受断裂控制形成切穿地层的矿体，以及不同地层中出现的同类型矿体，表明成矿以交代作用为主。成矿过程大致以岩浆热液交代碳酸盐岩的形式进行，靠近岩体部位富集高温成矿元素，而远离岩体部位，成矿流体萃取地层中的矿质富集成矿（雷源保，2013）。4）尕林格矿区在岩浆与钙镁质碳酸盐岩发生接触交代作用产生无矿化砂卡岩后，随着成矿作用的继续，成矿流体演化成富挥发分和矿质的中高温低盐度流体，交代早期形成的退化蚀变矿物，并形成大量金属矿化（于淼，2013）。总体上，这些矿床具多大地构造成矿阶段、多成矿作用、多成矿物质来源、多控矿因素及多成因类型等"五多"特征，为多因复成矿床（陈国达，1996）。综上所述，祁漫塔格区域成矿模式图见6-7。

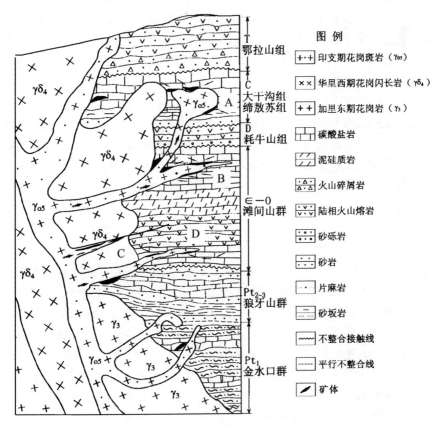

图6-7 祁漫塔格成矿模式示意图

A—虎头崖；B—肯德可克；C—卡尔却卡；D—尕林格

结 论

通过上述研究，得到以下主要结论：

（1）从地洼学说和壳体大地构造学角度厘定了青海祁漫塔格地区区域地质背景及构造演化史，将大地构造演化分为前地槽、地槽、地台和地洼阶段，认为前寒武纪为前地槽演化阶段；寒武纪初为地槽演化阶段前期；加里东期为地槽激烈前半期；海西期为地槽激烈后半期；印支期为地槽褶皱带期；印支末地槽封闭，褶皱带山脉逐渐夷平，成为准平原，地台发展阶段开始；地台阶段短暂，于燕山运动初期便已衰亡；中、晚侏罗世，本区进入地洼演化阶段，至喜山期还有广泛活动，目前尚处于地洼激烈期。

（2）通过矿床地质特征研究，查明肯德可克矿床矽卡岩型成矿过程可分为矽卡岩期和硫化物碳酸盐期，后期叠加了岩浆热液改造，为矽卡岩型－热液叠加改造型矿床；卡尔却卡矿床分为斑岩型矿化区和矽卡岩型矿化区，前者表现为斑岩中产出低品位细脉浸染状铜矿，后者跟传统矽卡岩型矿化相似，为斑岩－矽卡岩复合型矿床；虎头崖矿床与尕林格矿床为典型的接触交代矽卡岩型—热液型矿床。

（3）利用典型矿床岩体、地层围岩、矽卡岩及矿石矿物等不同地质体进行稀土元素地球化学综合研究，查明各矿床岩体稀土总量不同，稀土元素配分曲线均呈右倾轻稀土富集型，弱－中等负铕异常，铈异常微弱，成岩物质具壳源特征并反映混合成岩过程；典型矿区地层围岩稀土元素配分曲线均呈右倾，为轻稀土富集型，不同岩性的稀土总量不同，泥（质）岩最高，砂岩其次，碳酸盐岩最低。铕异常较弱，为弱负异常，铈总体正常，其中肯德可克矿区碳酸盐岩具海相沉积岩铈负异常特征，其他矿区围岩具普通陆相沉积岩铈弱负异常－正常型特征。典型矿区矽卡岩稀土元素地球化学特征表明矽卡岩成岩物质以壳源组分为主，局部含深源组分。矿石稀土元素配分曲线均为右倾轻稀土富集型，跟岩体、地层及矽卡岩模式大体相似。肯德可克矿石稀土配分模式跟地层围岩及矽卡岩更相似，继承性较好，成矿与地层及矽卡岩关系密切。而虎头崖矿石稀土配分模式则与岩体更为相似，矽卡岩次之，成矿与岩体及矽卡岩关系更为密切。

（4）通过岩石化学全分析、微量元素地球化学分析显示祁漫塔格地区岩浆岩以中酸性岩为主，里特曼指数大体小于 3.3，为钙碱性岩石，侵入岩为铝质不饱和－弱过铝质，各矿区花岗岩大体显示高钾特征，具有准铝质－弱过铝质高钾钙碱性特征，与 I 型花岗岩相当。各矿床中酸性岩浆岩富集大离子亲石元素 Rb、Th、

K、Nd 等，明显亏损 Nb、Sr、P、Ti，具造山带花岗岩特征。岩浆岩微量元素标准化曲线展布形式一致，呈右倾"M"型多峰谷模式，可能表明每个矿区岩浆岩具有相同的源区。特征比值显示区域岩浆岩形成过程中混染了陆壳物质。结合主量、稀土、微量元素地球化学研究，认为祁漫塔格地区侵入岩应为早期壳源岩浆重熔而成，形成于造山作用过程中，其间发生混染作用，具多来源特点。

(5)首次通过流体包裹体开展区域典型矿床成矿流体特征研究，结果显示区域矿床样品中的流体包裹体以气液两相水溶液包裹体为主，含盐类子矿物水溶液包裹体为辅，代表祁漫塔格地区成矿流体盐度及密度较高。普遍发育的不混溶包裹体群显示成矿流体在成矿过程中发生了不混溶或沸腾作用，特别是 CO_2 不混溶分离，打破了流体物理化学平衡，促使矿质沉淀富集，揭示成矿流体的不混溶分离及沸腾作用对本区成矿十分有利。区内多金属成矿环境以中温为主，成矿压力变化大，成矿深度小于 5 km，以浅 - 中深环境为主。流体盐度随时间演化呈下降趋势，表明区域成矿流体在成矿过程中，均受外来低盐度流体混合稀释。

(6)分析了卡尔却卡矿区成矿流体的 $\delta^{18}O$ 水和 δD 值，结果显示数据主要位于原生岩浆水和雨水线附近，靠近原生岩浆水，说明卡尔却卡矿区成矿流体来源与岩浆水相关，并有大气降水混入。尕林格矿床磁铁矿氧同位素显示 $\delta^{18}O$ 值与岩浆水氧同位素值接近。结合流体包裹体成分分析，揭示祁漫塔格地区成矿流体应来源于演化程度较高的岩浆水，后期演化过程中有大气降水等外来流体的混入，成矿热液为含二氧化碳和甲烷的 $F^- - Cl^- - SO_4^{2-} - Na^+ - K^+ - Ca^{2+}$ 型水。

(7)铅同位素表明区域矿石铅以壳源铅为主并混有地幔来源，具高放射性壳源铅和低放射性深源铅的双重特征。各类铅源区研究显示祁漫塔格地区矿石铅组成具混合铅特征，这种混合是大陆型壳体与洋壳体间或大陆型壳体内部块段间、壳段间及壳层间拆离、逆冲推覆等垂向差异升降造山运动造成的，是一种与岩浆作用有关的以壳源铅为主并混合了少量深源地幔铅的作用。祁漫塔格地区总硫($\delta^{34}S_{CDT}$)跨度较大，两个峰值区间分别为 1‰ ~ 2‰ 和 7‰ ~ 8‰。一个区间与岩浆硫范围一致，另一区间靠近过渡硫范围，具围岩硫特征，说明祁漫塔格矿石硫一部分来源于岩浆，一部分源于成矿围岩，具多源性。

(8)从区域角度研究了与成矿密切的矿源层及赋矿地层、成矿岩体年代及作用方式、成矿构造、成矿带特征，总结区域成矿规律，建立了区域成矿模型，并总结了典型矿床具多大地构造成矿阶段、多成矿作用、多成矿物质来源、多控矿因素及多成因类型等"五多"特征，为多因复成矿床。

参考文献

[1] Angus S, Amstrong B and de Reuck K M. International thermodynamic tables of the fluid state, Carbon Dioxide[M]. Oxford: Pergamon Press, 1976, 1 – 385.

[2] Bea F, Arzamastsev A, Montero P, et al. Anomalous alkaline rocks of Soustov, Kola: Evidence of mantle – drived matasomatic fluids affecting crustal materials [J]. Contribution of Mineralogy and Petrology, 2001, 140: 554 – 566.

[3] Bernard B. A – type granites and related rocks: Evolution of a concept, problems and prospects [J]. Lithos, 2007, 97: 1 – 29.

[4] Bostrom K. Langban – An exhalative sedimentary deposit [J]. Econ. Geol, 1979, 74: 10002 – 10011.

[5] Brown P E. and Hagemann S G. MacFlincor: A computer program for fluid inclusion data reduction and manipulation[C]. In: De Vivo B and Frezzotti M L (eds.), Fluid Inclusions in Minerals: Methods and Applications. Short Course of the Working Group (IMA) "Fluid Inclusions in Minerals", 1994, 231 – 250.

[6] Brown P E. FLINCOR: A microcoputer program for the reduction and investigation of fluid inclusion data [J]. Am. Mineral., 1989, 74: 1390 – 1393.

[7] Chi G, Dube B, Williamson K and Williams – Jones A E. Formation of the Campbell – Red Lake gold deposit by H_2O – poor, CO_2 – dominated fluids[J]. Mineral Deposita, 2006, 40(6 – 7): 726 – 741.

[8] Doe B R, Zartman R E. Plumbotectonics: the Phanerozoic[M]//Barnes H L. Geochemistry of Hydrothermal Ore Deposits. New York: John Wiley and Sons, 1979, 22 – 70.

[9] Dostal J and Chatterjee A K. Contrasting behavior of Nb/Ta and Zr/Hf ratios in a peraluminous granitic pluton Nova Scotia, Canada [J]. Chemical Geology, 2000, 163: 207 – 218.

[10] Franco P. Hydrothermal processes and mineral systems[M]. Geological Survey of Western Australia, Springer, 2007, 781 – 786.

[11] Hammer J E, Rutherfold M J. Petrologic indicators of preeruption magma dynamics [J]. Geology, 2003, 31(1): 79 – 82.

[12] Harris N B, Pearce J A, Tiudle A G. Geochemical characteristics of collision zone magmatism [J]. Geological Society, London, Special Publications, 1986, 19: 67 – 81.

[13] Huang Min, Lai Jianqing, Mo Qingyun. Fluid Inclusions and Metallization of the Kendekeke Polymetallic Deposit in Qinghai Province, China[J]. ACTA GEOLOGICA SINICA (English Edition), 2014, 88(2): 570 – 583

[14] Joseph B W, Kenneth L C, and Bruce W C. A – type granites: geochemical characteristics, discrimination and petrogenesis[J]. Contributions to Mineralogy and Petrology, 1987, 95: 407

-419.

[15] Lai J, Chi G, Peng S, Shao Y and Yang B. Fluid evolution in the formation of the Fenghuangshan Cu - Fe - Au deposit, Tong - ling, Anhui, China [J]. Economic Geology, 2007, 102(5): 949 -970.

[16] Li H, Xi X S, Wu C M, et al. Genesis of the Zhaokalong Fe - Cu Polymetallic Deposit at Yushu, China: Evidence from Ore Geochemistry and Fluid Inclusions [J]. Acta Geologica Sinica (English Edition), 2013, 87(2): 486 -500.

[17] Marching V. Some geochemical indicators for discrimination between diagenetic and hydrothermal metalliferous sediments [J]. Marine Geology, 1982, 50: 241 -256.

[18] Middlemost E A K. Naming Materials in the Magma/Igneous Rock System[J]. Earth - Science Reviews. 1994, 37(3/4): 215 -224.

[19] Ohmoto H. Systematics of sulfur and carbon in hydrothemal ore deposits [J]. Econ. Geol. , 1972, 67: 551 -578.

[20] Pearce J A, Harris N B W and Tindle A G. Trace element discrimination diagrams for the tectonic interpretation of granitic rocks[J]. Journal of Petrology, 1984, 25: 956 -983.

[21] Peccerillo A, Taylor S R. Geochemistry of Eocene Calc - Alkaline Volcanic Rocks from the Kastamonu Area, Northern Turkey [J]. Contributions to mineralogy and petrology, 1976, 58 (1): 63 -81.

[22] Roedder E. Fluid inclusions as tools in mineral exploration [J]. Economic Geology, 1977, 72 (3): 503 -525.

[23] Roedder E. Fluid inclusions [C]. In: Ribbe H. P. , (eds.), Reviews in Mineralogy, Mineralogical Society of America, Washington, DC, 1984, 12: 1 -644.

[24] Seal R R II. Sulfur isotope geochemistry of sulfide minerals[J]. Rev. Mineral. Geochem. , 2006, 61: 633 -677.

[25] Stacey J S, Hedlund D C. Lead isotope compositions of diverse igneous rocks and ore deposits from southwestern New Mexico and their implications for early Proterozoic crustal evolution in the western United States[J]. Geol. Soc. AM. Bull. , 1983, 94: 43 -57.

[26] Stanton R L. Constitutional features and some exploration implications of three zinc - bearing stratiform skarns of eastern Australia[C]. Trans. Instn. Min. Metall. (Sect. B: Appl. earth Sci.), 1986, 96, B37 - B57.

[27] Sun Li and Gao Yang. Fluid inclusion characteristics of Caixiashan Pb - Zn deposit in eastern Tianshan, China and its meaning for ore genesis and prospecting [J]. Acta Geologica Sinica (English Edition), 2013, 87(s): 776 -777.

[28] Thode H G, Monster J, Dunford H B. Sulphur isotope geochemistry[J]. Geochim Cosmochim Acta, 1961, 25: 159 -174.

[29] Thompson R N. Magmatism of the British Tertiary Volcanic Province[J]. Scottish Journal of Geology, 1982, 18(1): 59 -107.

[30] XU Jiuhua, LIN Longhua, WEI Hao, WU Xiaogui and XIAN Defeng. Fluid Inclusion Study on

the Dongtongyu gold deposit in Xiaoqinling Mt area, China[J]. Acta Geologica Sinica (English Edition), 2013, 87(supp.): 808 –810.

[31] Yan Y T, Zhang N, Li S R, et al. Mineral Chemistry and Isotope Geochemistry of Pyrite from the Heilangou Gold Deposit, Jiaodong Peninsula, Eastern China [J]. Geoscience Frontiers, 2014, 5: 205 –213.

[32] Yuan F, Zhou T, Liu X, et al. Geochemistry of rare earth elements of Anqing copper deposit inAnhui Province[J]. Journal of Rare Earths, 2002, 20(3): 223 –227.

[33] Zartman R E, Doe B R. Plumbo tectonics – the model [J]. Tectonophysics, 1981, 75: 135 – 162.

[34] 曹勇华, 赖健清, 康亚龙, 等. 青海德合龙洼铜(金)矿流体包裹体特征及成矿作用分析 [J]. 地学前缘, 2011, 18(5): 147 –158.

[35] 陈世顺, 付永侠, 保广英, 等. 青海省东昆仑西段尕林格铁多金属矿床特征及成因[J]. 矿产与地质, 2009, 23(6): 542 –546.

[36] 池国祥, 赖健清. 流体包裹体在矿床研究中的作用[J]. 矿床地质, 2009, 28(6): 850 –855.

[37] 池国祥, 卢焕章. 流体包裹体组合对测温数据有效性的制约及数据表达方法[J]. 岩石学报, 2008, 24(9): 1945 –1953.

[38] 迟清华, 鄢明才. 应用地球化学元素丰度数据手册[M]. 北京市: 地质出版社, 2007: 101.

[39] 邓小华, 糜梅, 姚军明. 河南土门萤石脉型钼矿床流体包裹体研究及成因探讨[J]. 岩石学报, 2009, 25(10): 2537 –2549.

[40] 丰成友, 王雪萍, 舒晓峰, 等. 青海祁漫塔格虎头崖铅锌多金属矿区年代学研究及地质意义[J]. 吉林大学学报(地球科学版), 2011, 41(6): 1806 –1817.

[41] 丰成友, 李东生, 屈文俊, 2009.青海祁漫塔格索拉吉尔矽卡岩型铜钼矿床辉钼矿铼–锇同位素定年及其地质意义[J]. 岩矿测试, 28(3): 223 –227.

[42] 高永宝, 李文渊, 马晓光, 等. 东昆仑尕林格铁矿床成因年代学及 Hf 同位素制约[J]. 兰州大学学报(自然科学版), 2012, 48(2): 36 –47.

[43] 高永宝, 李文渊, 谭文娟. 祁漫塔格地区成矿地质特征及找矿潜力分析[J]. 西北地质, 2010, 43(4): 35 –43.

[44] 高永宝, 李文渊, 马晓光, 等.东昆仑尕林格铁矿床成因年代学及 Hf 同位素制约[J]. 兰州大学学报(自然科学版), 2012, 48(2): 36 –47.

[45] 何书跃, 祁兰英, 舒树兰, 等. 青海祁漫塔格地区斑岩成矿的成矿条件和远景[J]. 地质与勘探[J]. 2008, 44(2): 14 –22.

[46] 黄磊. 新疆若羌县维宝铅锌矿地质特征及矿床成因[D]. 北京:中国地质大学, 2010.

[47] 黄敏, 赖健清, 马秀兰, 等. 青海省肯德可克多金属矿床地球化学特征与成因[J].中国有色金属学报, 2013, 23(9): 2659 –2670

[48] 黄敏. 东昆仑祁漫塔格矿集区区域成矿作用与找矿预测研究[D]. 长沙:中南大学, 2015.

[49] 黄敏. 青海省肯德可克多金属矿床流体包裹体特征及成因分析[D]. 长沙：中南大学, 2010.

[50] 姜春发, 杨经绥, 冯秉贵, 等. 昆仑开合构造[M]. 北京：地质出版社, 1992, 125 – 143.

[51] 孔德峰, 赖健清, 刘洪川, 等. 尕林格铁多金属矿床成矿物质来源——以 S、Pb 同位素组成为依据[J]. 现代矿业, 2013(11)：42 – 44, 50

[52] 匡俊, 东昆仑成矿带钴矿床特征及形成作用探讨[D]. 长春：吉林大学, 2002.

[53] 赖健清, 黄敏, 宋文彬, 等. 青海卡尔却卡铜多金属矿床地球化学特征与成矿物质来源[J]. 地球科学—中国地质大学学报, 2015, 40(1)：1 – 16

[54] 雷源保, 赖健清, 王雄军, 等. 虎头崖多金属矿床成矿物质来源及演化[J]. 中国有色金属学报, 2014, 24(8)：2117 – 2128

[55] 雷源保. 青海省虎头崖矿床地质地球化学特征及成矿作用研究[D]. 长沙：中南大学, 2013.

[56] 李昌年. 火成岩微量元素岩石学[M]. 武汉：中国地质大学出版社, 1992, 107 – 108.

[57] 李春昱, 郭令智, 朱夏. 板块构造基本问题[M]. 北京：地震出版社, 1986.

[58] 李东生, 张占玉, 苏生顺. 青海卡尔却卡铜钼矿床地质特征及成因探讨[J]. 西北地质, 2010, 43(4)：239 – 244.

[59] 李洪普. 东昆仑祁漫塔格铁多金属矿成矿地质特征与成矿预测[D]. 北京：中国地质大学, 2010.

[60] 李龙, 郑永飞, 周建波. 中国大陆地壳铅同位素演化的动力学模型[J]. 岩石学报, 2001, 17(1)：61 – 68.

[61] 李世金, 孙丰月, 王力, 2008. 青海东昆仑卡尔却卡多金属矿区斑岩型铜矿的流体包裹体研究[J]. 矿床地质, 27(3)：399 – 407.

[62] 李闫华, 鄢云飞, 谭俊, 2007. 稀土元素在矿床学研究中的应用[J]. 地质找矿论丛, 22(4)：294 – 298.

[63] 刘英俊, 曹励明. 元素地球化学导论[M]. 北京：地质出版社, 1987, 185 – 188.

[64] 刘云华, 莫宣学, 张雪亭. 东昆仑野马泉地区矽卡岩矿床地球化学特征及其成因意义[J]. 华南地质与矿产, 2006, (03)：31 – 36.

[65] 卢焕章, Guy Arcambault, 李院生, 等. 山东玲珑—焦家地区形变类型与金矿的关系[J]. 地质学报, 1999, 73(2)：174 – 188.

[66] 卢焕章, 范宏瑞, 倪培, 等. 流体包裹体[M]. 北京：科学出版社. 2004, 1 – 487.

[67] 卢焕章, 郭迪江. 流体包裹体的研究进展和方向[J]. 地质评论, 2000, 46(4)：386 – 392.

[68] 路远发, 2004. GeoKit：一个用 VBA 构建的地球化学工具软件包[J]. 地球化学, 33(5)：459 – 464.

[69] 马圣钞, 丰成友, 李国臣. 青海虎头崖铜铅锌多金属矿床硫、铅同位素组成及成因意义[J]. 地质与勘探, 2012, 48(2)：321 – 331.

[70] 孟祥金, 侯增谦, 李振清. 西藏冈底斯三处斑岩铜矿床流体包裹体及成矿作用研究[J]. 矿床地质, 2005, 24(4)：398 – 408.

[71] 莫宣学, 罗照华, 邓晋福, 等. 东昆仑造山带花岗岩及地壳生长[J]. 高校地质学报,

2007, 13(3): 403-414.

[72] 潘彤.青海东昆仑肯德可克钴金矿床硅质岩特征及成因[J].地质与勘探.2008, 44(2): 51
-54.

[73] 戚长谋, 邹祖荣, 李鹤年, 1993.地球化学通论[M].北京: 地质出版社, 167-180.

[74] 青海省地质矿产局.青海省区域地质志[M].北京: 地质出版社, 1991.

[75] 青海省地质矿产局.青海省区域矿产总结[M].北京: 地质出版社, 1990.

[76] 青海省地质矿产局.青海省岩石地层[M].北京: 中国地质大学出版社, 1997.

[77] 佘宏全, 李进文, 丰城友等. 西藏多不杂斑岩铜矿床高温高盐度流体包裹体及其成因意
义[J]. 地质学报, 2006, 80(9): 1434-1447.

[78] 沈能平, 彭建堂, 袁顺达, 2008.湖北徐家山锑矿床铅同位素组成与成矿物质来源探讨
[J].矿物学报, 28(2): 169-176.

[79] 沈渭洲. 稳定同位素地质[M]. 北京市: 原子能出版社, 1987.

[80] 宋文彬, 赖健清, 黄敏, 等. 青海省卡尔却卡铜多金属矿床流体包裹体特征及成矿流体
[J].中国有色金属学报, 2012, 22(3): 733-742

[81] 孙丰月, 陈国华, 迟效国, 等. "新疆—青海东昆仑成矿带成矿规律和找矿方向综合研究"
[R]. 中国地质调查局, 2003.

[82] 谭文娟, 姜寒冰, 杨合群, 等. 祁漫塔格地区铁多金属矿床成矿特征及成因探讨[J]. 地
质与勘探, 2011, 47(2): 244-250.

[83] 王超, 刘良, 罗金海, 等. 西南天山晚古生代后碰撞岩浆作用: 以阔克萨彦岭地区白雷公
花岗岩为例[J]. 岩石学报, 2007, 023(08): 1830-1840.

[84] 王力, 孙丰月, 陈国华, 等.青海东昆仑肯德可克金—有色金属矿床矿物特征研究[J].世
界地质, 2003, (1): 50-56.

[85] 王守旭, 张兴春, 秦朝建等. 滇西北中甸普朗斑岩铜矿流体包裹体初步研究[J]. 地球化
学. 2007, 36(5): 467-478.

[86] 王松, 丰成友, 柏红喜. 青海祁漫塔格地区卡尔却卡矽卡岩型铜多金属矿床矿物组合特
征及成因[J].矿物学报, 2009, (S1): 483-484.

[87] 王松, 丰成友, 李世金. 青海祁漫塔格卡尔却卡铜多金属矿区花岗闪长岩锆石 SHRIMP U
-Pb 测年及其地质意义[J].中国地质, 2009, 36(1): 74-83.

[88] 王旭东, 倪培, 袁顺达, 吴胜华.江西黄沙石英脉型钨矿床流体包裹体研究[J]. 岩石学
报, 2012(1): 122-132.

[89] 卫岗.青海祁漫塔格地区铁多金属矿成矿规律及成矿潜力评价[D].北京: 地质大
学, 2012.

[90] 吴开兴, 胡瑞忠, 毕献武, 等. 矿石铅同位素示踪成矿物质来源综述[J]. 地质地球化学,
2002, 30(3): 73-81.

[91] 吴开兴, 胡瑞忠, 毕献武, 等. 2002.矿石铅同位素示踪成矿物质来源综述[J].地质地球
化学, 30(3): 73-79.

[92] 吴庭祥, 李宏录. 青海尕林格地区铁多金属矿床的地质特征与地球化学特征[J]. 矿物岩
石地球化学通报, 2009, 28(2): 157-161.

[93] 吴小霞, 保广英, 伊有昌, 等. 青海省尕林格富铁矿床地质特征及成因探讨[J]. 黄金科学技术, 2007, 15(4): 36-40.

[94] 吴言昌, 常印佛. 关于岩浆矽卡岩问题[J]. 地学前缘, 1998, 5(4): 291-301.

[95] 吴言昌. 安徽省沿江地区矽卡岩型金矿成矿条件和成矿规律[C]. 见: 沈阳地质矿产研究所编. 中国金矿主要类型找矿方向与找矿方法文集(第二集). 北京: 地质出版社, 1994, 203-267.

[96] 武广, 陈毓川, 李宗彦, 刘军, 杨鑫生, 乔翠杰. 豫西银家沟硫铁多金属矿床流体包裹体和同位素特征[J]. 地质学报, 2013, 87(3): 353-374.

[97] 肖庆辉. 花岗岩研究思维与方法[M]. 北京: 地质出版社, 2002.

[98] 徐国端. 青海祁漫塔格多金属成矿带典型矿床地质地球化学研究[D]. 昆明: 昆明理工大学, 2010.

[99] 徐志刚, 陈毓川, 王登红, 等. 中国成矿区带划分方案[M]. 北京: 地质出版社, 2008: 1-138.

[100] 杨勇, 罗泰义, 黄智龙. 西藏纳如松多银铅矿 S、Pb 同位素组成: 对成矿物质来源的指示[J]. 矿物学报, 2010, 30(3): 311-318.

[101] 伊有昌, 焦革军, 张芬英. 青海东昆仑肯德可克铁钴多金属矿床特征[J]. 地质与勘探, 2006, 42(3): 30-35.

[102] 张爱奎, 莫宣学, 李云平, 吕军, 曹永亮, 舒晓峰, 李华. 青海西部祁漫塔格成矿带找矿新进展及其意义[J]. 地质通报, 2010, 29(7): 1062-1074.

[103] 张理刚. 铅同位素地质研究现状及展望[J]. 地质与勘探, 1992, 28(4): 21-29.

[104] 张乾, 潘家永, 邵树勋. 中国某些多属矿床矿石铅来源的铅同位素诠释[J]. 地球化学, 2000, 29(3): 231-238.

[105] 张绍宁. 青海省肯德可克铁金多金属矿床特征、成因及找矿预测研究[D]. 长沙: 中南大学, 2005.

[106] 张雪亭, 杨生德, 杨站君, 等. 青海省板块构造研究—1:100万青海省大地构造图说明书[M]. 北京: 地质出版社, 2007, 128-156.

[107] 张志欣, 杨富全, 柴凤梅, 等. 新疆阿尔泰乌吐布拉克铁矿床稀土元素地球化学研究[J]. 矿床地质, 2011, 30(1): 87-102.

[108] 赵俊伟, 祁正林, 高永旺, 等. 青海省祁漫塔格地区成矿规律与矿产预测典型示范成果报告[R]. 西宁: 青海省地质调查院, 2009.

[109] 赵振华. 微量元素地球化学原理[M]. 北京: 科学出版社, 1997, 1-6.

[110] 郑明华, 周渝峰, 刘建明, 等. 喷流型与浊流型层控金矿床[M]. 成都: 四川科学科技出版社, 1994, 273.

[111] 郑永飞, 陈江峰. 稳定同位素地球化学[M]. 北京: 科学出版社, 2000, 220-225.

[112] 朱炳泉, 李献华, 戴橦谟. 地球科学中同位素体系理论与应用-兼论中国大陆地壳演化[M]. 北京: 科学出版社, 1998, 216-230.

图书在版编目(CIP)数据

青海祁漫塔格成矿带典型多金属矿床成矿作用研究/赖健清,黄敏,王雄军著. —长沙:中南大学出版社,2015.11
ISBN 978 - 7 - 5487 - 2026 - 3

Ⅰ. 青... Ⅱ. ①赖...②黄...③王... Ⅲ. 多金属矿床 - 成矿作用 - 研究 - 青海 Ⅳ. P618. 201

中国版本图书馆 CIP 数据核字(2015)第 279011 号

青海祁漫塔格成矿带典型多金属矿床成矿作用研究

赖健清 黄　敏 王雄军 著

□责任编辑　刘石年　　胡业民
□责任印制　易建国
□出版发行　中南大学出版社
　　　　　　社址:长沙市麓山南路　　　邮编:410083
　　　　　　发行科电话:0731-88876770　传真:0731-88710482
□印　　装　长沙鸿和印务有限公司

□开　　本　720×1000　1/16　□印张 14　□字数 269 千字
□版　　次　2015 年 11 月第 1 版　　□印次　2015 年 11 月第 1 次印刷
□书　　号　ISBN 978 - 7 - 5487 - 2026 - 3
□定　　价　55.00 元